"十四五"职业教育国家规划教材

"十三五"职业教育国家规划教材
"十二五"职业教育国家规划教材

U0261626

泵与风机（第四版）

主　编　谭雪梅

副主编　仇晨光　梁　倩　张良瑜

参　编　曾　俊　王亚荣　李　凌
　　　　高　斌　陈志昕　贺德元

主　审　龙新平　万　骥

中国电力出版社
CHINA ELECTRIC POWER PRESS

内 容 提 要

　　本书主要阐述叶片式泵与风机的工作原理、构造、基础理论及运行方面的基本知识。针对火电厂运行岗位对中高级应用型人才的职业能力和素质的要求，重点介绍了叶片式泵与风机的性能、运行工况调节、运行特点和常见问题。为了加强知识的实用性和针对性，在最后一章从用户角度简要阐述了泵与风机的节能问题。各章选编了适当的例题，并附有思考题和习题。

　　本书可作为高职高专热能与发电工程类的热能动力工程技术专业、发电运行技术专业和高等职业教育本科热能动力工程专业泵与风机课程的教材，也可作为"1＋X"证书参考教材，还可供现场岗位培训和岗前培训使用。

图书在版编目（CIP）数据

泵与风机/谭雪梅主编 . —4 版 . —北京：中国电力出版社，2019.10（2024.8 重印）
"十二五"职业教育国家规划教材
ISBN 978-7-5198-3912-3

Ⅰ.①泵…　Ⅱ.①谭…　Ⅲ.①泵-高等职业教育-教材②鼓风机-高等职业教育-教材
Ⅳ.①TH3②TH44

中国版本图书馆 CIP 数据核字（2019）第 237070 号

出版发行：中国电力出版社
地　　　址：北京市东城区北京站西街 19 号（邮政编码 100005）
网　　　址：http://www.cepp.sgcc.com.cn
责任编辑：吴玉贤（010-63412540）
责任校对：黄　蓓
装帧设计：郝晓燕
责任印制：吴　迪

印　　　刷：三河市航远印刷有限公司
版　　　次：2005 年 8 月第一版　2019 年 10 月第四版
印　　　次：2024 年 8 月北京第二十三次印刷
开　　　本：787 毫米×1092 毫米　16 开本
印　　　张：11.5
字　　　数：271 千字
定　　　价：32.00 元

前　言

扫码获取资源

为认真贯彻落实《国家职业教育改革实施方案》(职教20条)精神，着力推动职业教育"三教"改革，本书坚持产教融合、呈现职教特色，遵循技术技能人才成长规律，知识传授与技术技能培养并重，充分体现精讲多练的原则，践行够用、适用、能用、会用，主动服务于分类施教、因材施教的需要。

本书从工程实际出发，紧密联系生产实际，力求体现新技术、新工艺和新方法的应用，充分体现作业安全、工匠精神及团队合作能力的培养。

本书2005年第一版为教育部职业教育与成人教育司推荐教材，2014年第三版被评为"十二五"职业教育国家规划教材，2020年第四版被评为"十三五"职业教育国家规划教材。

此次修订保持了原教材的体系、编写原则和指导思想。考虑到近年来我国电力工业发展迅速，新技术层出不穷，学习手段要求越来越高等因素，此次修订主要结合泵与风机新技术的发展情况，增加了课程思政、动画、微课、说课等数字资源，调整了部分内容的编排顺序。

本书主编谭雪梅率团队多次获得湖北省高等学校教学成果奖，获得中国电力教育协会授予的优秀论文一等奖，其主持研发的"专业过程管理与评价系统"在全国15所电力类职业技术学院应用。

本书由武汉电力职业技术学院谭雪梅主编。武汉电力职业技术学院仇晨光、梁倩、张良瑜副主编，武汉电力职业技术学院曾俊、保定电力职业技术学院王亚荣、华能应城热电有限责任公司的李凌、华能武汉发电有限责任公司高斌和贺德元、华能国际电力股份有限公司湖北分公司陈志昕参编。其中，第一、二章由谭雪梅修订，第三、四章由仇晨光、王亚荣修订，第五、六章由梁倩、张良瑜、李凌修订。本书数字资源制作分工：仇晨光18个，梁倩8个，高斌6个，贺德元6个，陈志昕8个，所有资源的编辑工作由曾俊完成。本书由谭雪梅统稿。

本书由武汉大学的龙新平教授、华能霞浦核电有限公司总经理万骥教授级高工担任主审。

限于编者水平，书中的疏漏之处难免，恳请广大师生和读者不吝赐教。

编　者

2021年9月

第一版前言

本书为教育部职业教育与成人教育司推荐教材,是根据教育部审定的电力技术类专业主干课程的教学大纲编写而成的,并列入教育部《2004～2007年职业教育教材开发编写计划》。本书经中国电力教育协会和中国电力出版社组织专家评审,又列为全国电力职业教育规划教材,作为职业教育电力技术类专业教学用书。

本书体现了职业教育的性质、任务和培养目标;符合职业教育的课程教学基本要求和有关岗位资格和技术等级要求;具有思想性、科学性、适合国情的先进性和教学适应性;符合职业教育的特点和规律,具有明显的职业教育特色;符合国家有关部门颁发的技术质量标准。本书既可以作为学历教育教学用书,也可作为职业资格和岗位技能培训教材。

编者在本书的编写过程中,理论上不刻意追求其完整性,教材内容的选取力求突出针对性和实用性,努力贯彻以必需、够用为度的原则,删繁就简,并尽量反映国内外先进水平。考虑到火电厂集控运行及相近专业的特点和要求,本书的编写力求理论与电厂生产实际相结合,并注意应用知识的说明。为加强实用性和针对性,有利于学生掌握能为生产实际服务的应用性知识,本书在最后一章从用户角度简要阐述了泵与风机的节能问题。教材内容的编排力求结构合理;考虑知识点的模块化,不单独分析轴流式泵与风机;先后顺序尽量按照知识的衔接和学生接受的特点编排。编写中努力做到通俗易懂、概念明确、易教易学。为使学生能掌握所学内容,培养和提高分析解决问题的能力,各章选编了适当的例题、思考题和习题。

本书由武汉电力职业技术学院张良瑜、谭雪梅、保定电力职业技术学院王亚荣合编。第一章、第四章由谭雪梅编写,第二章、第三章由王亚荣编写,第五章、第六章及附录由张良瑜编写。本书由张良瑜统稿,并对全书内容进行修改和增删。

本书由武汉大学龙新平教授和阳逻发电厂万骥高级工程师主审。他们认真审阅稿件并提出了许多宝贵意见,编者深表谢意!在编写过程中,得到了同行们的热情帮助,在此一并致谢。

限于编者水平,书中的缺点和不足之处难免,恳请广大师生和读者不吝赐教。

编 者

2005 年 5 月

第二版前言

本书是《教育部职业教育与成人教育司推荐教材 泵与风机》的修订版。修订后的教材保持了原教材的体系、编写原则和指导思想。本次修订加强了火电厂常用的非叶片式泵与风机的介绍，增加了600MW以上超临界压力机组泵与风机内容的说明，使教学内容能更好地适应电力生产的实际情况。此外，本次修订还调整了部分内容的编排顺序，修改了少量内容的描述，力求使内容的编排更合理，问题的说明更清楚，概念的表达更明确。

本书第一、三、五、六章由武汉电力职业技术学院张良瑜修订，第二章由张良瑜和保定电力职业技术学院王亚荣共同修订，第四章由武汉电力职业技术学院谭雪梅修订。每章内容提要由张良瑜增补，本书由张良瑜统稿。

限于编者水平，书中疏漏和不足之处在所难免，恳请广大师生和读者批评指正。

编 者

2009 年 11 月

第三版前言

本书第一版为教育部职业教育与成人教育司推荐教材，2010 年修订为第二版，2014 年修订第三版，被评为"十二五"职业教育国家规划教材。

本书是在第二版教材的基础上修订的。修订后的教材保持了原教材的体系、编写原则和指导思想。考虑到近年来我国电力工业发展迅速，大量 1000MW 超超临界参数机组投入运行，因而此次修订主要对第二章第五节火电厂常用泵与风机的典型结构部分的内容做了增删，加强了火电厂大容量、高参数机组配套泵与风机结构形式的介绍。为使教学内容能更好地适应电力生产的实际情况，教材中增加了 1000MW 超超临界参数机组泵与风机知识的说明；第五章第五节泵与风机运行中的几个问题中也增补了现场内容。此外，还调整了部分内容的编排顺序，修改了少量内容的描述，力求内容编排合理，概念表达准确，便于教，易于学。

本书由武汉电力职业技术学院张良瑜修订。修订过程中参考了大量的文献和资料，在此表示感谢！

编 者

2014 年 6 月

目　录

第一章 泵与风机概述

【导读】 泵与风机是热力发电厂重要的辅助设备，同时还广泛应用于农业、石油、化工、采矿、冶金、航天等各行各业。泵与风机是耗电总量中的大户，其性能优劣、能耗指标对深度推进节能增效、实现工业的低碳发展有着不可或缺的作用。绿水青山就是金山银山，让我们一起走进泵与风机的世界吧。

通过本章的学习，我们将形成对泵与风机的初步认知，学习泵与风机的机械类别、分类方法，泵与风机在国民经济建设和热力发电厂中的地位和作用，泵与风机的主要性能参数，泵与风机工作扬程或全压的确定方法，泵与风机的工作原理、特点和应用等相关知识。

资源1 "泵与风机"课程说课

第一节 泵与风机及其在发电厂中的作用

泵与风机是一种利用外加（原动机）能量输送流体的机械。通常将输送液体的机械称为泵，输送气体的机械称为风机。

泵与风机的机械类别可从不同角度来理解。按其作用，泵与风机用于输送液体和气体，属于流体机械；按其工作性质，泵与风机是将原动机的机械能转换为流体的动能和压能，因此又属于能量转换机械。另外，泵与风机广泛应用于国民经济的各个方面，故其隶属于通用机械的范畴。

泵与风机是在人类社会生活和生产的需要中产生和发展起来的，是应用较早的机械之一。当今社会，泵与风机在国民经济的各部门应用十分广泛。例如：农业中的排涝、灌溉；石油工业中的输油和注水；化学工业中的高温、腐蚀性流体的输送；采矿工业中坑道的通风与排水；冶金工业中冶炼炉的鼓风及流体的输送；航空航天中的卫星上天、火箭升空和超声速飞机的蓝天翱翔；其他工业和人们日常生活中的采暖通风、城市的给水排水等都离不开泵与风机。统计表明，在全国的总用电量中，约有三分之一是泵与风机耗用的。由此可见，泵与风机在我国国民经济建设中占有重要的地位。

在火力发电厂中，泵与风机是最重要的辅助设备，担负着输送流体、实现电力生产热力循环的任务。图1-1是热力发电厂生产过程的系统简图，其中锅炉、汽轮机和发电机是电能生产的主要设备。电力生产的基本过程是：燃料在锅炉炉膛中燃烧产生的热量将给水加热成为过热蒸汽；过热蒸汽进入汽轮机膨胀做功，推动汽轮机转子旋转带动发电机发电。做过功的乏汽排入凝汽器冷却成凝结水，凝结水由凝结水泵升压，通过除盐装置、低压加热器后进入除氧器；除过氧的水再由前置泵、给水泵升压，经高压加热器、省煤器后送入锅炉重新加热成为过热蒸汽。

电力生产过程中，需要许多泵与风机同时配合主要设备工作，才能使整个机组正常运行，如炉膛燃烧的煤粉需要排粉机或一次风机送入；燃料燃烧所需的空气需要送风机送入；炉内燃料燃烧后的烟气需要引风机排出。向锅炉供水需要给水泵；向汽轮机凝汽器输

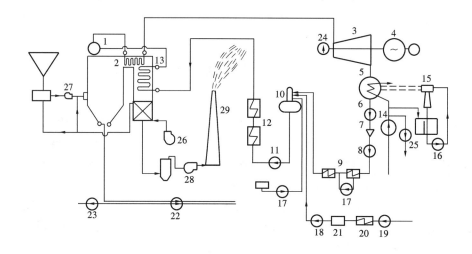

图 1-1　热力发电厂系统简图

1—锅炉汽包；2—过热器；3—汽轮机；4—发电机；5—凝汽器；6—凝结水泵；7—除盐装置；8—升压泵；9—低压加热器；10—除氧器；11—给水泵；12—高压加热器；13—省煤器；14—循环水泵；15—射水抽气器；16—射水泵；17—疏水泵；18—补给水泵；19—生水泵；20—生水预热器；21—化学水处理设备；22—渣浆泵；23—灰渣泵；24—油泵；25—工业水泵；26—送风机；27—排粉风机；28—引风机；29—烟囱

送冷却水需要循环水泵；排送凝汽器中的凝结水需要凝结水泵；排送热力系统中的某些疏水需要疏水泵；为了补充管路系统的汽水损失，又需有补给水泵；排除锅炉燃烧后的灰渣需有灰渣泵和冲灰水泵；供给汽轮机调节、保安及轴承润滑用油需有主油泵；供各冷却器、泵与风机、电动机轴承等冷却用水需有工业水泵。此外，还有辅助油泵，交、直流润滑油泵，顶轴油泵，发电机的密封油泵，化学分场的各种水泵，汽包的加药泵，各种冷却风机等。

核电厂的能量转换过程：核裂变能→热能→机械能→电能。其中，后两种能量转换过程与常规火力发电厂基本相同，只是在设备的技术参数上有所不同。核反应堆从功能上相当于火力发电厂的锅炉系统，但由于它是强放射源，流经反应堆的冷却剂带有一定的放射性，不能直接送入汽轮机，因此，压水堆核电厂设置三套水回路系统。图 1-2 所示为压水堆核电厂工作流程。

一回路是核电厂中最重要的系统，也称为反应堆冷却剂系统和核蒸汽供应系统，由核反应堆、主泵（又称主循环泵）、稳压器、蒸汽发生器和相应的管道、阀门及其他辅助设备组成。二回路是热→功→电转化系统，是常规岛的核心部分，包括蒸汽系统、汽轮机发电机组、凝汽器、蒸汽排放系统、给水加热系统和辅助给水系统等。三回路是开式冷却水循环系统，冷的海水进入凝汽器，热的海水排向大海。压水堆核电厂中设置主泵、给水泵、凝结水泵、循环水泵等，主泵将冷却剂升压，补偿系统的压力降，为反应堆堆芯提供足够的冷却流量并保证反应堆冷却剂的循环，核电厂给水泵、凝结水泵和循环水泵的作用与火力发电厂类似。

总之，泵与风机在发电厂中应用极为广泛，起着极其重要的作用。其正常运行与否，直接影响火力发电厂的安全性和经济性。泵与风机发生故障，有可能引起停机、停炉这样的重

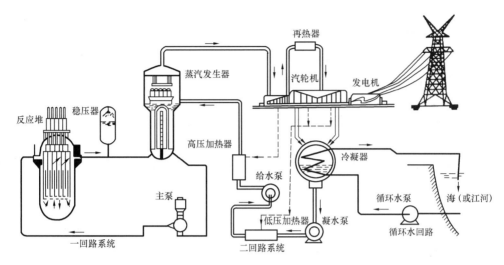

图 1-2　压水堆核电厂工作流程

大事故，造成巨大的经济损失。例如，现代的大型锅炉，容量大，汽包的水容积相对较小，如果锅炉给水泵发生故障而中断给水，则汽包会在 1～2min 的时间内"干锅"而迫使停炉、停机。

资源2 泵与风机定义

第二节　泵与风机的性能参数及其发展趋势

一、泵与风机的性能参数

泵与风机的工作状况可用一组物理量来描述，这组物理量能从不同角度反映出泵或风机的工作性能特征，因此，称它们为泵与风机的性能参数。泵与风机的性能参数有流量、扬程或全压、功率、效率、转速，水泵还有允许吸上真空高度或允许汽蚀余量等。在泵与风机的铭牌（见图 1-3）上，一般都标有这组参数的具体数值，以说明泵与风机在额定工作状况下的性能。下面结合图 1-4 介绍这些参数的概念。

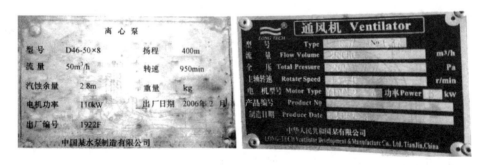

图 1-3　泵与风机铭牌

1. 流量

流量是指单位时间内泵与风机输送流体的数量。可分为体积流量 q_V 和质量流量 q_m，体积流量 q_V 的单位为 m^3/s、m^3/h、L/s，质量流量 q_m 的单位为 kg/s、t/h。体积流量与质量流量之间的关系为

$$q_m = \rho q_V \qquad (1\text{-}1)$$

式中 ρ——输送流体的密度，kg/m^3。

泵与风机的流量可通过装设在其工作管路上的流量计测定。测量的方法较多，电厂常用孔板或喷嘴流量计和笛形管式流量计来测定。

2. 扬程或全压

单位重力流体通过泵或风机后的能量增加值，称为扬程(或称能头)，用符号 H 表示，单位为 $N \cdot m/N$ 或 m 流体柱。泵提供给液体的能量通常用扬程表示。

若流体在泵或风机进口断面处的总比能为 e_1、出口断面处的总比能为 e_2，如图 1-4 所示，则其扬程为

$$H = e_2 - e_1 \qquad (1\text{-}2)$$

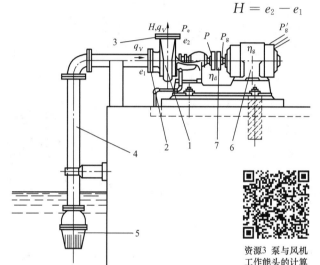

单位体积流体通过泵或风机后的能量增加值，称为全压（又称压头），用符号 p 表示，单位为 Pa。风机提供给气体的能量通常用全压表示。

全压与扬程之间的关系为

$$p = \rho g H \qquad (1\text{-}3)$$

3. 功率

泵与风机的功率可分为有效功率、轴功率两种，通常所说的功率是指轴功率。此外还有原动机的配用功率。

有效功率是指单位时间内通过泵或风机的流体所获得的功，即泵与风机的输出功率，用 P_e 表示，单位为 kW。有效功率可由泵与风机的

资源3 泵与风机工作能头的计算

图 1-4 泵与风机的性能参数说明
1—泵体；2—泵入口；3—泵出口；4—吸入管；
5—带滤网底阀；6—电动机；7—联轴器

输出流量及扬程或全压求得，即

$$P_e = \frac{\rho g q_V H}{1000} \quad \text{kW} \qquad (1\text{-}4)$$

或

$$P_e = \frac{q_V p}{1000} \quad \text{kW} \qquad (1\text{-}5)$$

轴功率即原动机传到泵与风机轴上的功率，又称输入功率，用 P 表示，单位为 kW。轴功率通常由电测法确定，即用功率表测出原动机输入功率 P'_g，则

$$P = P_g \eta_d = P'_g \eta_g \eta_d \qquad (1\text{-}6)$$

式中 P_g、η_g——原动机输出功率及原动机效率；

η_d——传动装置效率。

挠性联轴器传动的 $\eta_d = 1$；三角皮带传动的 $\eta_d = 0.95$。

分析图 1-2 可知：有效功率、轴功率和原动机输出、输入功率之间的关系为 $P_e < P \leqslant P_g < P'_g$。

原动机配用功率是指选配原动机的最小输出功率，用 P_0 表示，单位为 kW。在选配原动机时，P_0 可由式 (1-7) 确定，即

$$P_0 = K \frac{P}{\eta_d} \tag{1-7}$$

式中　K——原动机的容量安全系数，其值随轴功率的增大而减小，一般为 1.05～1.4。

4. 效率

效率是泵与风机总效率的简称，指泵与风机输出功率与输入功率之比的百分数。用符号 η 表示，即

$$\eta = \frac{P_e}{P} \times 100\% \tag{1-8}$$

泵与风机工作时，由于内部存在各种能量损失，其输入功率不可能全部传递给被输送的流体。效率的实质是反映泵或风机在传递能量过程中轴功率被有效利用的程度。

5. 转速

转速是指泵与风机叶轮每分钟的转数，用 n 表示，单位为 r/min。

转速是影响泵与风机结构和性能的一个重要参数。泵与风机的转速越高，流量、扬程（全压）就越大。这对电厂锅炉给水泵十分有利。因在传递相同能量的情况下，转速增高可使泵叶轮的级数减少、外径减小。级数减少和叶轮外径减小可使泵的体积减小，泵轴缩短，这样不仅减轻了泵的重量、节约了材料，还增强了泵运行时的安全可靠性。但因提高转速受到材料强度、泵汽蚀、泵效率等因素的制约，目前国内锅炉给水泵的转速大多采用 5000～6000r/min。

【例 1-1】　有一离心式通风机，全压 $p = 2000$Pa，流量 $q_V = 47\,100\text{m}^3/\text{h}$，现用联轴器直联传动，试计算风机的有效功率、轴功率及应选配多大的电动机。风机总效率 $\eta = 0.76$。

解

$$P_e = \frac{p q_V}{1000} = \frac{2000 \times \dfrac{47\,100}{3600}}{1000} = 26.16(\text{kW})$$

$$P = \frac{P_e}{\eta} = \frac{26.16}{0.76} = 34.42(\text{kW})$$

取电动机容量富余系数 $K = 1.15$，传动装置效率 $\eta_m = 0.98$，则

$$P'_g = K \frac{P}{\eta_m} = 1.15 \times \frac{34.42}{0.98} = 40.39(\text{kW})$$

二、泵与风机的发展趋势

随着科学技术的不断进步和电力行业的飞速发展，近年来，火力发电厂中广泛采用了大容量、高参数的锅炉和汽轮机设备，这就促进了泵与风机向着大容量、高参数、高转速、高效率、高度自动化、高可靠性和低噪声的方向发展。以给水泵为例：20 世纪 40 年代，50MW 的汽轮发电机组被看成是一项重大技术成就，而今这一动力只能用来驱动一台 1300MW 大型机组给水泵。给水泵的出口压强由超高压的 13.7～15.7MPa，到亚临界 17.7～22 MPa，再到超临界的 25.6～31.5MPa；我国现在 1000MW 超超临界压力机组给水泵的额定扬程达 35.5MPa（3620mH$_2$O）以上。给水泵的效率由 60% 左右提高到超临界的

85％左右，1000MW 超超临界压力机组给水泵的效率达 86％以上。给水泵的转速也由 3000r/min 提高到 7500r/min。风机方面，1000MW 锅炉配套的二级叶轮轴流式引风机的驱动功率已接近 8000kW，额定流量 800m³/s 左右。另外，设计方法上也有了很大进步，大大改善了其动力特性、汽蚀性能和振动特性。

第三节　泵与风机的分类及工作原理

一、泵与风机的分类

泵与风机的应用广泛，种类繁多，分类方法也有多种，但主要是按工作原理进行分类。

1. 按工作原理分类

泵与风机按工作原理可分为三大类。

资源4 旋转叶片
泵工作原理
及优缺点

（1）叶片式。利用装在旋转轴上的叶轮的叶片对流体做功来提高流体能量而实现输送流体的泵与风机。

这类泵与风机有离心式、轴流式、混流式。此外旋涡泵也属于此类。

（2）容积式。利用工作室容积周期性变化来提高流体能量而实现输送流体的泵与风机。

这类泵与风机由于工作室内工作部件的运动不同，又有往复式和回转式之分。往复式有活塞泵、柱塞泵、隔膜泵和空气压缩机；回转式有齿轮泵、螺杆泵、滑片泵、罗茨风机、螺杆风机和水环式真空泵。

（3）其他形式。工作原理不能归入叶片式和容积式的各种泵与风机，如喷射泵、水击泵等。

2. 按产生的压头分类

（1）泵与风机也可按产生的压头进行分类。

泵按产生的压头可以分为低压泵：$p<2MPa$；中压泵：$2MPa<p<6MPa$；高压泵：$p>6MPa$。

风机按产生的压头可以分为通风机：$p<15kPa$；鼓风机：$15kPa<p<340kPa$；压气机：$p>0.6MPa$。

（2）通风机可以分为离心通风机和轴流通风机。

离心通风机又可以分为低压离心通风机：$p<1kPa$；中压离心通风机：$1kPa<p<3kPa$；高压离心通风机：$3kPa<p<15kPa$。

轴流通风机又可以分为低压轴流通风机：$p<0.5kPa$；高压轴流通风机：$0.5kPa<p<5kPa$。

3. 按生产中的作用分类

在火力发电厂中，还常按泵与风机在生产中的作用不同进行分类，如给水泵、凝结水泵、循环水泵、主油泵、疏水泵、灰渣泵、送风机、引风机、排粉风机等。

二、泵与风机的工作原理

下面介绍火电厂使用的各种泵与风机的工作原理及工作特点。

1. 离心式泵与风机

图 1-5 所示为离心泵的工作简图。在泵壳内充满液体的情况下，当原动机带动叶轮旋转

时，叶轮中的叶片对其中的液体做功，迫使液体旋转而获得了惯性离心力，使其从入口到出口的压强（能）增大（$p \propto r^2$）；同时，液体从入口流向出口的流速（动能）也会增大。

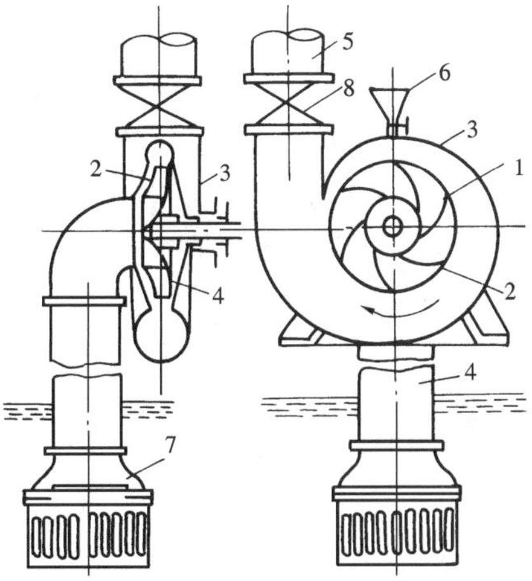

在惯性离心力的作用下，叶轮出口处的高能液体进入泵壳，再由压出管排出，这个过程称为压出过程。与此同时，由于叶轮中的液体流向外缘，在叶轮中心形成了低压区，当它具有足够的真空时，液体将在吸入池液面压强的作用下，经过吸入管进入叶轮，这个过程称为吸入过程。叶轮不断旋转，流体就会不断地被压出和吸入，使离心泵的连续工作。

资源5 离心泵
工作原理（二维）

资源6 离心泵
工作过程

图 1-5 离心泵工作简图
1—叶片；2—叶轮；3—泵壳；4—吸入管；
5—压出管；6—引水漏斗；7—底阀；8—阀门

资源7 离心式
风机结构

应当指出，离心泵启动前必须先充满所输送的液体，排出泵内的空气。若启动前不向泵内灌满液体，当叶轮旋转时，由于空气的密度比液体的密度小得多，空气就会聚集在叶轮的中心，不能形成足够的真空，破坏了泵的吸入过程，导致泵不能正常工作。

离心式风机的工作原理与离心式泵相同，分析略。

离心式泵与风机和其他形式的泵与风机相比，具有效率高、性能可靠、流量均匀和易调节等优点。特别是可以制成满足不同需要的各种压强及流量的泵与风机，所以应用极为广泛。不足之处是扬程受流量的制约，另外，离心泵启动前还需灌满水。

在火力发电厂中，给水泵、凝结水泵、闭式循环水系统的循环水泵以及大多数其他用途的泵和排粉风机都采用离心式，大型锅炉的一次风机及中小型锅炉的送风机、引风机等一般采用离心式。

2. 轴流式泵与风机

图 1-6 所示为轴流泵结构示意，当原动机驱动浸没在流体中的轴流式叶轮转动时，旋转的叶片作用于流体的推力（升力的反作用力）对流体做功，使流体的速度（动能）和压强（能）从叶片入口到出口增大。在叶轮中获得能量的流体从叶片出口沿轴向流出，经过导叶等部件进入压出管道。同时，叶轮进口处形成了低压区，流体被吸入。只要叶轮不断地旋转，流体就会不断地被压出和吸入，使轴流式泵与风机连续工作。

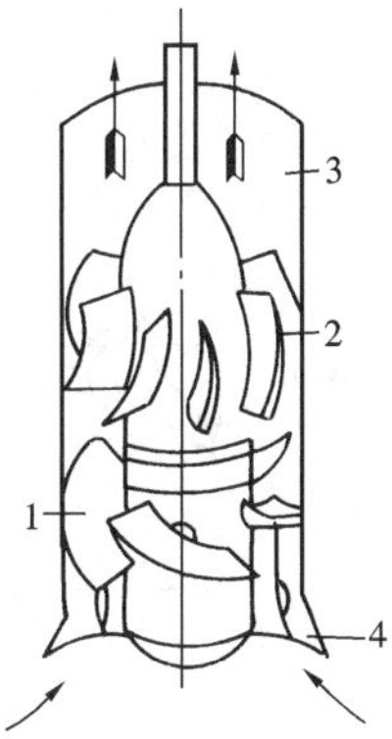

资源8 轴流泵
工作原理（二维）

资源9 轴流泵
工作原理（三维）

图 1-6 轴流泵工作简图
1—叶轮；2—导流器；
3—泵壳；4—喇叭管

轴流式泵与风机具有结构紧凑、外形尺寸小、质量小、动叶可调及流量大的优点；不足之处是产生的压头低及工作稳定性较离心式差。

轴流式泵与风机适合于大流量、低压头的管道系统选用。大型火电厂中常用作凝汽器的循环冷却水泵及锅炉的送、引风机等。

3. 混流式泵与风机

图 1-7 所示为混流式泵结构示意，混流式泵与风机因流体是沿介于轴向与径向之间的圆

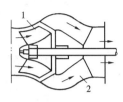

图 1-7　混流式泵
工作示意

1—叶轮；2—导叶

锥面方向流出叶轮的，故混流式也称为斜流式。混流式泵与风机的获能是部分利用叶型的推力、部分利用惯性离心力的作用，故其兼有离心式与轴流式泵与风机的工作原理；其工作特性也介于离心式和轴流式之间。

混流泵的流量较离心泵大，压头较轴流泵高，在火力发电厂的开式循环水系统中，常用作循环冷却水泵。

4. 往复式泵与风机

往复式泵与风机是依靠工作部件的往复运动间歇改变工作室内的容积来输送流体的。

往复式泵又分为活塞泵、柱塞泵和隔膜泵三种，如图 1-8 所示。

资源10 单动
往复泵工作原理

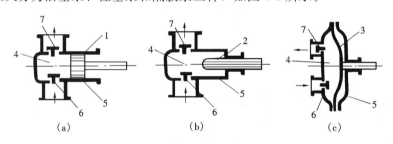

图 1-8　往复式泵示意

（a）活塞泵；（b）柱塞泵；（c）隔膜泵

1—活塞；2—柱塞；3—隔膜；4—工作室；5—泵缸；6—吸水阀；7—压水阀

资源11 双动
往复泵工作原理

资源12 柱塞泵
工作原理

下面以图 1-9 为例，说明往复式泵的工作原理。当活塞在泵缸内自最左位置向右移动时，工作室的容积逐渐增大，工作室内的压力降低，压出阀关闭，吸入池中的液体在压强差作用下顶开吸入阀，液体进入工作室，直至活塞移到最右位置为止，此过程为吸入过程。当活塞开始向左方移动，工作室中液体在活塞挤压下，获得能量，压强升高，并压紧吸水阀，顶开压水阀，液体由压出管路输出，直至活塞移到最左位置为止，此过程为压出过程。活塞在曲

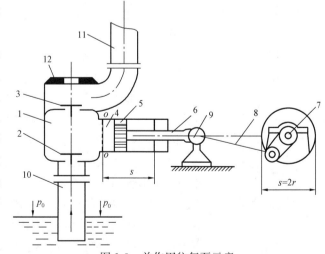

图 1-9　单作用往复泵示意

1—工作室；2—吸入阀；3—压出阀；4—活塞；5—泵缸；
6—活塞杆；7—曲柄；8—连杆；9—十字头；10—吸入管；
11—压出管；12—限压阀

柄连杆的带动下，不断地作上述往复运动，泵的吸入、压出过程就能连续不断地交替进行，从而形成了往复泵的连续工作。由于往复式泵在每个工作周期（活塞往复一次）内排出的液体量是不变的，故又称为定排量泵。

以上介绍的是最简单的单作用往复泵，工程实用的是双作用往复泵，如图 1-10 所示。由于双作用往复泵活塞两边都工作，因而活塞的受力及输送液体的情况都比单作用往复泵平稳。

往复泵的工作特点：①输出流量和能头不稳定；②输出流量的大小只与原动机的转速、活塞的直径及行程（活塞极左位置到极右位置间的距离 s）有关；③产生的扬程仅取决于管道系统所需的能量，而与流量无关。因此，往复泵的压出管路上需装设限压阀，以防压出管道阻塞（或阀门关死）引起超压而损坏设备。

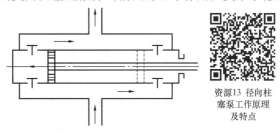

资源13　径向柱塞泵工作原理及特点

图 1-10　双作用往复泵工作示意

往复泵的优点：①提供的能头可满足用户的任意需求；②具有自吸能力；③小流量高能头时效率比离心式高；④启动简单，运行方便。往复泵的缺点：①输出流量和能头不稳定；②外形尺寸大，结构复杂，造价高；③易损零件较多，维修不便；④调节较复杂。

往复式泵适用于输送流量小、扬程高的管道系统。特别是当液体的流量小于 $100\mathrm{m}^3/\mathrm{h}$、排出压强大于 9.8MPa 时，更能显示出其较高的效率和良好的运行特性。火力发电厂中锅炉汽包的加药泵、输送灰浆的油隔离泵或水隔离泵等，采用的是往复泵。

资源14　轴向柱塞泵工作原理及特点

往复式风机，即往复式空气压缩机，其工作原理与往复式泵相同。往复式空压机一般采用多级，以获得较高的压头。因此，其结构较复杂（介绍略），维修量大，火力发电厂中向一般动力源和气动控制仪表供气，较少采用往复式空气压缩机。

5. 齿轮泵

齿轮泵的工作原理如图 1-11 所示。泵壳内装有一对同形且啮合的齿轮，

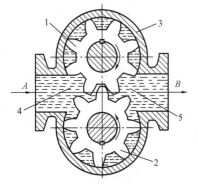

图 1-11　齿轮泵工作示意

1—主动齿轮；2—从动齿轮；3—泵壳；
4—入口工作室；5—出口工作室

资源15　手动泵工作原理

齿顶和齿轮侧面与泵壳的间隙都很小，以减少泵工作时的泄漏。主动齿轮固定在主动轴上，主动轴的一端伸出泵壳外，由原动机驱动。当主动齿轮由原动机带动旋转时，从动齿轮随之反向转动。此时在泵的吸入工作室，两齿轮逐渐分开，齿间容积增大，形成局部真空，液体被吸入。吸入齿槽的液体随齿轮的回转被携带到压出工作室。在泵的压出工作室，由于两齿轮的逐渐啮合使齿间容积减小，局部油压增大，齿槽内的液体被挤压到压出腔而排入压出管。当主动轮不断被带动旋转时，泵便能不断吸入和压出液体。

齿轮泵体积小；结构简单，成本低；工作可靠且能自吸；维修方便；输出液体的流量和压头较往复泵均匀。

但其效率低；轴承载荷大；运行时有噪声；齿轮磨损后泄漏量较大。

齿轮泵应用广泛，适合于输送流量小、压头较高且黏度较大的液体。它一般用于润滑油系统。火电厂中，齿轮泵常用作小型汽轮机的主油泵，以及电动给水泵、锅炉送引风机、磨煤机等的润滑油泵。

6. 螺杆泵

螺杆泵的工作原理和齿轮泵相似，它是利用相互啮合的两个或三个螺杆的旋转运动来吸入和压出液体的。其工作原理如图 1-12 所示，当主动螺杆在原动机的带动下旋转时，螺杆吸入侧的啮合螺纹渐开，容积增大，局部降压而吸入液体；吸入的液体在旋转螺杆螺纹面的推挤作用下轴向移至压出口；在螺杆压出侧的螺纹啮合使此处容积减小，局部增压而完成液体的排出。

资源16 内啮合齿轮泵工作原理及优缺点

资源17 外啮合齿轮泵工作原理及优缺点

资源18 螺杆泵工作原理（二维）

资源19 螺杆泵工作原理（三维）

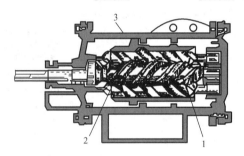
图 1-12　螺杆泵工作示意
1—主动螺杆；2—从动螺杆；3—泵壳

螺杆泵的压头和效率（70%～80%）较齿轮泵高；流量和压头脉动小；结构简单紧凑；工作可靠且能自吸；运行时噪声很小；不易磨损；可与高速原动机直连。不足：由于螺杆齿形复杂，加工较难，以致造价较高。螺杆泵适用于输送压头要求高、黏性大和含固粒的液体。火力发电厂中可用作中小型汽轮机的主油泵，也可用于输送锅炉燃料油（重油、渣油）等。

应当指出，齿轮泵和螺杆泵也属于定排量泵，其流量和扬程的特点类似往复泵，故其压出端也需装限压阀。

螺杆式空气压缩机的结构和工作原理与螺杆泵相同。螺杆式空压机与往复式空压机比较，不存在往复惯性力和力矩，所以转速高、基础小、质量小、振动小、运转平稳，且输气均匀、压力脉动小；它无活塞机中的活塞和高频振动的进、排气阀，故结构简单、零部件少、没有易损件，运转可靠性高，使用寿命长。但其转子加工困难需要专用设备，造价高；相对运动的机件之间密封问题较难满意解决。另外，由于转速高，加之工作容积与吸、排气孔口周期性地通断产生较为强烈的空气动力噪声（属高频噪声范畴），需采取特殊的减噪消声措施。基于螺杆式的优点，火力发电厂中向动力源和气动控制仪表供气的空气压缩机房，一般采用的是螺杆式空气压缩机。

资源20 罗茨风机工作原理

7. 罗茨风机

罗茨风机是一种容积式回转风机，其工作原理与齿轮泵相同。如图 1-13 所示，它是依靠安装在机壳中两根平行轴上的两个"∞"字形转轮作同步反向旋转，来周期性改变工作室容积的大小而吸入和压出气体的，即转轮渐开侧容积增大而吸入气体，啮合侧容积减小而压出气体。罗茨风机属定排风机，其出口应安装带有安全阀的储气罐，以保证其出口压强稳定和防止超压。

罗茨风机的优点是质量小，价格便宜，使用方便，不足是磨损严重，噪声大。火力发电厂中常用于气力除灰系统中的送风设备。

8. 水环式真空泵（液环泵）

水环式真空泵的结构如图 1-14 所示。其圆筒形泵壳内装有一个偏心叶轮。叶轮的叶片为前弯式（也有采用径向直板式的星状叶轮）。叶轮轴的一端伸出泵壳外与原动机直连。叶轮两端泵体的适当位置处开有进气口

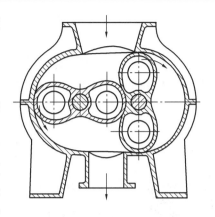

图 1-13　罗茨风机示意

和排气口，以便轴向进气和排气。泵启动前向泵缸内注入适量的工作液体（水）。

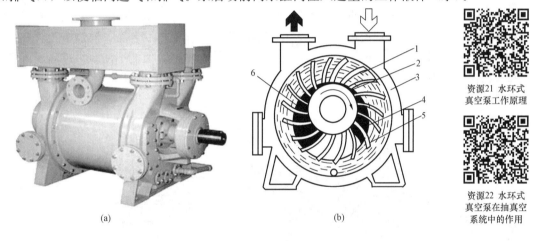

(a)　　　　　　　　　　　　　　(b)

资源21　水环式
真空泵工作原理

资源22　水环式
真空泵在抽真空
系统中的作用

图 1-14　水环式真空泵
(a) 水环式真空泵外形；(b) 水环式真空泵示意
1—叶片；2—轮毂；3—泵壳；4—进气口；5—水环；6—排气口

水环式真空泵的工作原理：当叶轮在原动机的带动下旋转时，原先充入工作室的水受离心力的作用被甩至工作室内壁，形成一个运动着的水环，水环内圈上部与轮毂相切，下部与轮毂之间形成一个月牙形的气室，而这一气室又被叶轮的叶片分隔成若干个互不相通、容积不等的封闭小腔。当叶轮旋转时，右半气室中任意两叶片间腔室的容积沿旋向逐渐增大，其内压强降低，并在最大真空时完成气体的吸入；同时，左半气室中任意两叶片间腔室的容积沿旋向逐渐减小，其内气汽混合物受到压缩，压强增加后通过排气口排出。叶轮每旋转一周，月牙形气室就使两叶片之间腔室的容积周期性改变一次，从而连续地完成一个吸气和排气过程。叶轮不断旋转，便能连续地抽、排气体。

大型水环式真空泵的工作系统主要由真空泵、气水分离器及冷却器等组成。由于泵工作时可得到的最大真空度取决于密封水温所对应的汽化压力，因此，有的水环式真空泵在进口管道上还串联了一级前置抽气器以进一步提高真空度。

水环式真空泵工作时，排出的气体中含有水，气水混合物进入分离器，气、水分离后气体被排出；分离器内的水连续不断地进入冷却器冷却后，从泵吸气侧入口及两端盖吸气侧下

部补入泵缸内，以保持稳定的水环厚度和带走运动水环由于黏性摩擦产生的热量，维持其正常工作。

　　水环式真空泵结构简单；容易制造加工；效率较喷射式高；在低真空范围内运转时，具有较高效率地抽送大量气体的能力；能与电机直连而用小的结构尺寸获得大的排气量；无阀、不怕堵塞。其不足之处在于需配置辅助系统。水环式真空泵主要用于大型水泵启动时抽真空。大型火电厂中，水环式真空泵用来抽吸凝汽器内的空气，其真空度可高达96％以上，以保持凝汽器的高度真空状态。此外，火电厂负压气力除灰系统也采用了水环式真空泵。

资源23 蒸汽
喷射泵工作原理

　　9. 喷射泵（射流泵）

　　喷射泵没有任何运动部件，如图1-15所示。它是利用高能的工作流体来抽吸混合低能态流体而实现输送流体的泵与风机。

　　喷射泵工作时，高压工作流体经管路由喷嘴降压升速后高速喷出，在喷嘴出口处工作流体的压强降至最低。喷嘴外周围的流体被带走，形成高真空的吸入室。被输送流体经吸入管流进吸入室，在混合室中与工作流体混合后，通过扩压管减速增压后由压出管排出，完成了流体的输送。工作流体连续地喷射，便能不断地将被输送流体吸入和排出。喷射泵的工作流体可以是水、油或蒸汽，被输送流体也可以是水、油或空气。当工作流体为水时，称为水喷射泵或射水抽气器；当工作流体为蒸汽时，又称为蒸汽喷射泵或蒸汽抽气器。

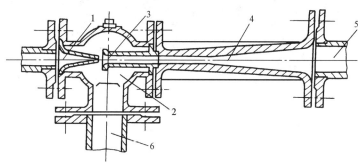

图 1-15　射流泵工作原理示意

1—喷嘴；2—吸入室；3—混合室；4—扩压管；5—压出管；6—吸入管

　　射流泵的优点是无运动部件，不易堵；结构紧凑；耐用；能自吸，工作方便可靠。其不足之处是噪声大；效率低，一般为15％～30％。

　　在火力发电厂中，射流泵常用于中小汽轮机凝汽器的抽空气装置、循环水泵的启动抽真空装置以及为主油泵供油的注油器等。

第四节　泵与风机工作扬程或全压的计算

　　扬程或全压是泵与风机最重要的性能参数，而泵与风机工作时的扬程或全压的大小是用户需要掌握的数据。下面以图1-16所示的泵装置为例，说明泵的工作扬程或全压的计算。

　　泵（风机）装置是指包括泵（风机）、工作管路及其附件和吸、压容器在内的输送系统，如图1-16所示。泵（风机）装置中除泵（风机）之外的管路及其附件和吸、压容器所组成的系统称为装置管路系统，简称管路系统。

一、运行时泵与风机提供的扬程或全压的计算

泵运行时，液体在其进口断面 1—1 处与出口断面 2—2 处的总比能分别为

$$e_1 = \frac{p_1}{\rho g} + \frac{v_1^2}{2g} + Z_1 , e_2 = \frac{p_2}{\rho g} + \frac{v_2^2}{2g} + Z_2$$

由式（1-2）可得泵运行时提供的扬程

$$H = \frac{p_2 - p_1}{\rho g} + Z_2 - Z_1 + \frac{v_2^2 - v_1^2}{2g} \quad (1\text{-}9)$$

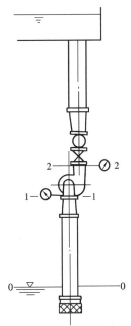

式中　p_1、p_2——泵进、出口断面中心处液体的压强，Pa；

　　　　v_1、v_2——泵进、出口断面处液体的平均速度，m/s；

　　　　Z_2、Z_1——泵出口、进口断面中心至基准面（转轴线）的位置高度，m。

式（1-9）为确定泵运行时提供扬程的一般计算式，实际计算还需根据泵吸入口状态、测量仪表、仪表安装位置和高度等具体情况而定。计算扬程的关键是确定泵出、入口处流体的压强。该处流体的压强可通过表计进行测量，如图 1-17 所示。

（1）当泵入口处液体的压强大于大气压强时，有

$$p_2 = p_a + p_{2g} + \rho g h_2 , p_1 = p_a + p_{1g} + \rho g h_1$$

图 1-16　泵运行
时扬程的确定

此时，式（1-9）可表达为

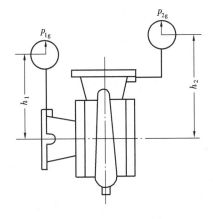

$$H = \frac{p_{2g} - p_{1g}}{\rho g} + h_2 - h_1 + \frac{v_2^2 - v_1^2}{2g} \quad (1\text{-}9a)$$

式中，$h_2 - h_1$ 已包含了 Z_1、Z_2 的影响。

（2）当泵入口处液体的压强小于大气压强时，有

$$p_2 = p_a + p_{2g} + \rho g h_2 , p_1 = p_a - p_{1v} + \rho g h_1$$

此时，式（1-9）可表达为

$$H = \frac{p_{2g} + p_{1v}}{\rho g} + h_2 - h_1 + \frac{v_2^2 - v_1^2}{2g} \quad (1\text{-}9b)$$

式中　p_{2g}、p_{1g}——出口及进口压力表读数，Pa；

　　　　p_{1v}——入口真空表读数，Pa；

　　　　h_1、h_2——表的零点（表面中心）到叶轮中心线的垂直距离，m，当表计位于中心线下方时，取负值。

图 1-17　用表计测量泵
进出口处液体压强

【例 1-2】　某台单吸单级离心式水泵，在吸水口测得流量为 60L/s，泵入口真空计指示真空高度为 $4mH_2O$，吸入口直径 25cm；泵本身向外泄漏流量约为吸入口流量的 2%；泵出口压力表读数为 294kPa，泵出口直径为 0.2m；压力表安装位置比真空计高 0.3m，求泵的扬程。

解　　　　　　　　　　　$q_V = \dfrac{60L}{s} = 0.06(m^3/s)$

$$v_2 = \frac{0.06 \times (1 - 0.02) \times 4}{3.14 \times (0.2)^2} = 1.87(m/s) , v_1 = \frac{0.06 \times 4}{3.14 \times (0.25)^2} = 1.23(m/s)$$

$$H = \frac{p_{2g} + p_{1v}}{\rho g} + h_2 - h_1 + \frac{v_2^2 - v_1^2}{2g} = \frac{294}{9.807} + 4 + 0.3 + \frac{1.87^2 - 1.23^2}{2 \times 9.807} = 34.4(\text{m})$$

应当指出，全压的计算可根据 $p = \rho g H$ 来确定。

风机运行时的全压，其计算式中可忽略表计高度的影响，且入口一般为真空状态。故其计算公式为

$$p = p_{2g} + p_{1v} + \frac{\rho(v_2^2 - v_1^2)}{2} \tag{1-10}$$

等式右边各项一般情况下都用图 1-18 所示的皮托管测量求得。

【例 1-3】 某离心风机装置如图 1-18 所示。风机运行时，由其入口 U 形管测压计读得 $h_v = 37.5\text{mmH}_2\text{O}$，入口皮托管读得 $h_{d1} = 6.5\text{mmH}_2\text{O}$；出口 U 形管测压计读得 $h_g = 19\text{mmH}_2\text{O}$，出口皮托管读得 $h_{d2} = 12.5\text{mmH}_2\text{O}$。试求该风机的全压 p。设 $\rho_m = 1000\text{kg/m}^3$。

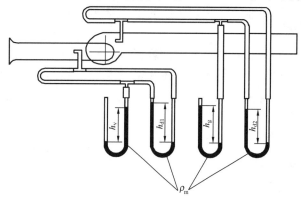

图 1-18　风机运行时全压的确定（皮托管）

解　风机此时的全压为

$$p = p_{2g} + p_{1v} + \frac{\rho v_2^2}{2} - \frac{\rho v_1^2}{2}$$
$$\approx \rho_m g h_g + \rho_m g h_v + \rho_m g h_{d2} - \rho_m g h_{d1}$$
$$= \rho_m g (h_g + h_v + h_{d2} - h_{d1})$$
$$= 1000 \times 9.8 \times (0.019 + 0.0375 + 0.0125 - 0.0065)$$
$$= 612.5(\text{Pa})$$

二、管路系统中流体流动所需扬程或全压的计算

分析图 1-16 可知，液体从吸入容器通过管路流至压出容器所需的能量是由泵提供的，即液体流动所需的能头与泵提供的能头是能量的供求关系，其大小应相等。因此，确定流体在管路系统中流动所需能量是计算泵与风机扬程或全压的另一途径。在选择泵与风机时，就是用此方法根据设计方案来确定泵与风机的扬程或全压的。

以图 1-19 所示的情况为例，说明泵扬程的另一种计算方法。

根据能量方程式，以 $O-O$ 为基准面，列出 A 断面与 B 断面的能量方程，并整理得到

$$H_c = \frac{p_B - p_A}{\rho g} + (Z_B - Z_A) + h_{w2} + h_{w1}$$

上式中令 $\frac{p_B - p_A}{\rho g} = H_p$、$Z_B - Z_A = H_Z$、$h_w = h_{w2} + h_{w1}$，则得

$$H_c = H_p + H_Z + h_w \tag{1-11}$$

式中　H_c——流体流动所需要的扬程，$\text{N} \cdot \text{m/N}$；

　　　H_p——单位重力作用下液体提高的压力能，$\text{N} \cdot \text{m/N}$；

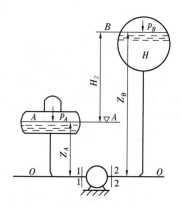

图 1-19　泵扬程的确定

H_Z——单位重力作用下液体提高的位能，N·m/N；

h_w——吸入管道和压出管道的阻力损失，N·m/N。

式（1-11）表明：在已知管路系统的情况下，扬程主要由管路系统终端和始端液体的压力能头之差和位置能头之差以及吸、压液体管路的总阻力损失这三部分的总和来确定，不涉及具体的泵与风机。因此，上式是一个普遍适用的扬程计算公式。在选择泵与风机时，可直接用于计算所需的扬程。

对风机而言，因为所输送的气体密度较小，$\rho g H_Z$ 与其他几项比较，一般可以忽略不计，风机吸入的周围环境压力与压出气体的周围环境压力若相差不多，即 $H_p = 0$，故风机全风压为

$$p_c = \rho g H_c \approx \rho g (h_{w1} + h_{w2}) = p_{w1} + p_{w2} \tag{1-12}$$

式中　p_c——流体流动所需要的全压，Pa；

p_{w1}、p_{w2}——吸入、压出风道的压头损失，Pa。

【例 1-4】 图 1-20 所示为江边水泵房，离心泵自江中抽水后打入生活水塔，然后由生活水塔向厂生活区供水。已知 $h_1 = 3m$，$h_2 = 5m$，$h_3 = 35m$；水泵流量 $q_V = 8L/s$；吸水管长度 $L_1 = 10m$，管径 $d_1 = 100mm$，沿程阻力系数 $\lambda_1 = 0.025$，局部阻力系数总和 $\Sigma\zeta_1 = 8$；压水管道长度 $L_2 = 60m$，管径 $d_2 = 80mm$，沿程阻力系数 $\lambda_2 = 0.024$，局部阻力系数总和 $\Sigma\zeta_2 = 4.5$。试计算泵的扬程。

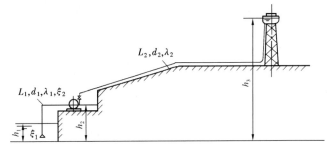

图 1-20　江边水泵房

解　吸水管中水的流速

$$v_1 = \frac{4q_V}{\pi d_1^2} = \frac{4 \times 8 \times 10^{-3}}{\pi \times 0.1^2} = 1 \ (m/s)$$

压水管中水的流速

$$v_2 = \frac{4q_V}{\pi d_2^2} = \frac{4 \times 8 \times 10^{-3}}{\pi \times 0.08^2} = 1.6 \ (m/s)$$

泵的扬程

$$H = H_p + H_Z + h_{w1} + h_{w2} = 0 + (h_3 - h_1) + \left(\lambda_1 \frac{l_1}{d_1} + \Sigma\zeta_1\right)\frac{v_1^2}{2g} + \left(\lambda_2 \frac{l_2}{d_2} + \Sigma\zeta_2\right)\frac{v_2^2}{2g}$$

$$= 0 + (35 - 3) + \left(0.025 \times \frac{10}{0.1} + 8\right)\frac{1^2}{2 \times 9.8} + \left(0.024 \times \frac{60}{0.08} + 4.5\right)\frac{1.6^2}{2 \times 9.8}$$

$$= 35.2 \ (N·m/N)$$

思　考　题

1-1　什么是泵与风机？何谓泵？何谓风机？

1-2　泵与风机在火力发电厂中的作用如何？

1-3　泵与风机各有哪些基本性能参数？

1-4　什么叫泵与风机的轴功率和有效功率？工作时如何确定它们？

1-5　原动机铭牌上的功率是其额定输入功率还是额定输出功率？原动机的实际输出功率如何确定？

1-6　转速的高低对泵与风机的性能及结构有何影响？

1-7　何谓扬程、全压？泵与风机的工作扬程或全压如何确定？

1-8　式（1-9）与式（1-11）中 H 与 H_c 的物理含义有何区别？它们有何联系？

1-9　泵与风机按工作原理可分为哪几类？

1-10　简述离心式泵与风机的获能原理和工作过程。

1-11　离心式与轴流式泵与风机的工作原理有何异同？

1-12　混流式泵与风机的工作原理有何特点？

1-13　离心泵启动前为何一定要灌引水排出泵内空气？

1-14　容积式泵与风机的工作原理是什么？发电厂使用的有哪几种？

1-15　简述往复式泵与风机的工作原理。

1-16　简述齿轮泵的工作原理。

1-17　往复泵、罗茨风机及空压机上都设有安全阀是什么原因？

1-18　真空泵的主要型式有哪些？简述其工作原理及特性。

习　　　题

1-1　有一送风机，其全压 $p=2.0\text{kPa}$ 时，输出的风量为 $q_V=45\text{m}^3/\text{min}$，该风机的效率为 67%，求其轴功率。

1-2　G4-73-11No.12 型离心风机，在某一工况下运行时测得 $q_V=70\ 300\ \text{m}^3/\text{h}$，全压 $p=1440.6\ \text{Pa}$，轴功率 $P=33.6\text{kW}$；在另一工况下运行时测得 $q_V=37\ 800\text{m}^3/\text{h}$，全压 $p'=2038.4\ \text{Pa}$，轴功率 $P'=25.4\text{kW}$，问风机在哪一种工况下运行较经济？

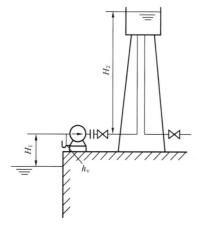

1-3　水泵将吸水池中的水送往水塔，如图 1-21 所示。泵的吸水高度 $H_1=3\text{m}$，泵出口到塔水面的高度 $H_2=30\text{m}$，测得泵入口处的真空值 $h_v=493\text{mmHg}$。已知：吸水管道直径 $d_1=300\text{mm}$，长度 $L_1=8\text{m}$，局部阻力系数之和 $\Sigma\zeta_{01}=9$；压出管道直径 $d_2=250\text{mm}$，长度 $L_2=60\text{m}$，局部阻力系数之和 $\Sigma\zeta_{02}=16$；整个输水管道的沿程阻力系数 $\lambda=0.035$。试计算此时水泵的流量和扬程（取水的密度 $\rho_m=1000\text{kg/m}^3$，水银的密度 $\rho_{Hg}=13\ 600\text{kg/m}^3$）。

图 1-21　习题 1-3 用图

1-4　设一水泵流量 $q_V=1.025\text{m}^3/\text{s}$，排水管表压 $p_2=3.2\text{MPa}$，吸水管真空表压力 $p_1=39.2\text{kPa}$，排水管表压比吸水管真空表压力位置高 0.5m，吸水管和排水

管直径分别为 100cm 和 60cm，求泵的扬程和有效功率（取 $\rho = 1000kg/m^3$）。

1-5 已知一离心泵装置，测得泵流量为 $50m^3/h$，出口压力表读数为 254.8kPa，进口真空表读数为 33.25kPa，泵效率为 64%。求泵所需要的轴功率（设 $d_1 = d_2$，取 $\rho = 1000$ kg/m^3，表计安装同高）。

1-6 设一台水泵流量 $q_V = 25L/s$，出口压力表读数为 323 730Pa，入口真空表读数为 39 240Pa，两表位置高度差为 0.8m（压力表高，真空表低），吸水管和排水管直径为 1000mm 和 750mm，电动机功率表为 12.5kW，电动机效率为 0.95，求轴功率、有效功率、泵的总效率（泵与电动机用联轴器连接）。

1-7 某一离心风机装置如图 1-16 所示。风机运行时，由其入口 U 形管测压计读得 $h_v = 54.5mmH_2O$，出口 U 形管测压计读得 $h_g = 78mmH_2O$。已知风机入口直径 $d_1 = 600mm$，出口直径 $d_2 = 500mm$，输送的流量 $q_V = 12\,000m^3/h$，试求该风机的全压 p（设入、出口处空气的密度相同，为 $\rho = 1.2kg/m^3$；取水的密度 $\rho_m = 1000kg/m^3$）。

1-8 有一台水泵从吸水池液面向 50m 高的水池水面输送 $q_V = 0.3m^3/s$ 的常温清水，$\rho = 1000kg/m^3$，水温为 20℃。设水管的内径为 $d = 300mm$，管道长度 $L = 300m$，管道沿程阻力系数为 $\lambda = 0.028$，局部阻力系数总和 $\Sigma\zeta = 10.5$，电机与泵为挠性联轴器传动，设泵的总效率为 0.72。求泵所需的轴功率和原动机的配用功率（取容量安全系数 $K = 1.1$）。

1-9 把温度 50℃的水提高到 30m 的地方，问需要泵的扬程 H 是多少（设吸水池水面的表压力为 4.905×10^4Pa，全部流动损失水头为 5m，水的密度 $\rho = 988.4kg/m^3$）？

1-10 已知一江边水泵房，由江边吸水后送至水厂化学沉淀池，化学沉淀池水面与江面高度差为 32m，流量 $100m^3/h$，吸水管及压水管直径均为 150mm，电动机的轴功率为 14kW，管道系统总阻力系数为 11.5。试求泵的扬程及效率。

1-11 某一风机装置，送风量为 $19\,500m^3/h$，吸入风道的压强损失为 686.5Pa，压出风道的压强损失为 392.3Pa，风机的效率为 75%。试求风机的全压及轴功率。

第二章　叶片式泵与风机的构造

【导读】　本章我们一起来学习泵与风机家族中的大哥大——叶片式泵与风机。你知道为什么称它为大哥大吗？因为叶片式泵与风机是泵与风机大家族中最重要的成员，其使用范围最广，在流体输送过程中它可是一等一的好手，在工作过程中它总是兢兢业业、始终如一、出力稳定，从不忽大忽小。叶片式泵与风机非常敬业，经常被评为"泵与风机世界的首席劳模"，让我们一起向它学习吧！

本章我们以离心泵为主角，一起学习叶片式泵与风机常见的整体结构形式及其主要组成部件，离心泵各主要组成部件的作用、结构类型及其相关原理和优缺点、适用场所等内容。最后我们一定要一起去热力发电厂看看，电厂中常用泵与风机的作用、工作条件、结构要求和特点。

第一节　离心泵的常用整体结构及其主要部件

一、离心泵的常用整体结构

离心泵广泛应用于动力、能源、化工等国民经济的各个部门中，它的整体结构形式多样，常见整体结构形式有三种。

1. 单级单吸悬臂式离心泵

泵的转轴上只有一个叶轮，叶轮的吸入口在一侧，外形通常为螺旋形壳体，扬程较低。

图 2-1 所示为 IS 型单级单吸清水离心式清水泵，为 B 型泵的改进型。IS 型泵的叶轮装在转轴端部，为悬臂式结构。轴承装于叶轮的同一侧，轴向推力用平衡孔平衡。

2. 单级双吸中开式离心泵

泵的转轴上同样只有一个叶轮，但叶轮双侧都有吸入口，一方面是为了防止泵的转子产生轴向推力；另一方面由于液体从两侧同时进入叶轮，单侧入口的流量减少一半，叶轮入口的流速降低，压强增大，提高了泵的抗汽蚀性能。图 2-2 所示为单级双吸 S 型泵。

3. 多级单吸分段式离心泵

如图 2-3（a）所示，在泵的转轴上装有两个及以上的叶轮，每个叶轮的吸入口均在叶轮的一侧，液体依次通过每个叶轮，故可产生较高的扬程。多级泵的壳体通常为分段式，如图 2-3（b）所示。

分段式多级离心泵是由若干垂直分段的中段加上前面的吸水室、后面的压水室，用 8 或 10 只粗而长的双头螺栓拧紧组合而成的。按级分段，每段包括叶轮和导叶，各级叶轮均串联安装在同一根泵轴上。

此外，火力发电厂中典型离心泵的整体结构，见本章第五节。

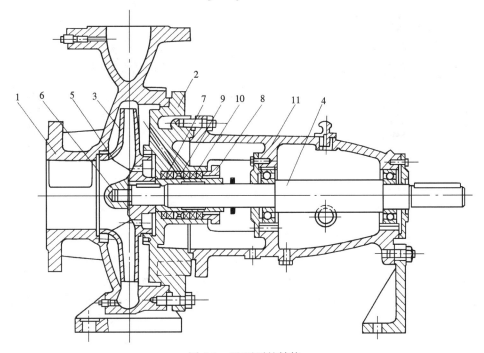

图 2-1 IS 型泵的结构

1—泵体；2—泵盖；3—叶轮；4—轴；5—密封环；6—叶轮螺母；
7—轴套；8—填料压盖；9—填料环；10—填料；11—悬架轴承部件

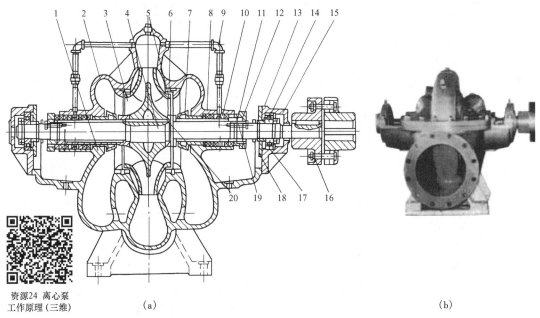

资源24 离心泵
工作原理（三维）　　　　　　　　（a）　　　　　　　　　　　　　　　　（b）

图 2-2 单级双吸 S 型泵

（a）结构；（b）外形

1—泵体；2—泵盖；3—叶轮；4—轴；5—密封口环；6—轴套；7—填料套；8—填料；9—水封管；
10—水封环；11—填料压盖；12—轴套螺母；13—轴套体；14—单列向心球轴承；15—圆
螺母；16—联轴器部件；17—轴承挡圈；18—轴承端盖；19—双头螺栓；20—键

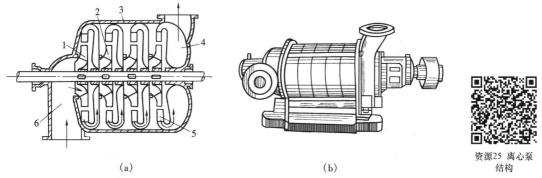

（a）　　　　　　　　　　　　　　（b）

图 2-3　多级单吸式离心泵

1—首级叶轮；2—次级叶轮；3—泵壳；4—压出室；5—导叶；6—吸入室

二、离心泵的主要部件

离心泵的结构形式虽然繁多，但是由于其工作原理相同，所以它们的主要组成部件的种类及其功能基本相同。就构造的动静关系来看，泵由转体、静体以及部分转体三类部件组成。转体主要包括叶轮、轴、轴套和联轴器；静体主要包括吸入室、压出室、泵壳和泵座，通常泵的吸入室和压出室与泵壳铸成一体；部分转体的部件主要包括密封装置、轴向推力平衡装置和轴承。

（一）转动部件

1. 叶轮

叶轮是离心泵的核心部件，它是泵内将原动机的机械能传递给液体，使液体的压力能和动能同时提高的唯一部件。因此，叶轮是离心泵内对液体做功的部件，它在泵腔内套装在泵轴上。

叶轮的形状和尺寸是通过水力计算来确定的，它一般由两个圆形盖板以及盖板之间若干片弯曲的叶片和轮毂组成，叶片固定在轮毂或盖板上，叶片数一般为6～12片，如图2-4所示。

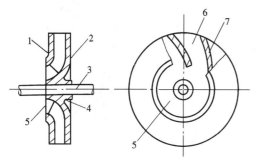

图 2-4　单吸式叶轮示意

1—前盖板；2—后盖板；3—泵轴；4—轮毂；
5—吸水口；6—叶槽；7—叶片

叶轮按盖板情况可分为开式叶轮、半开式叶轮和闭式叶轮三种形式。

（1）开式叶轮。没有前后盖板只有叶片，如图 2-5（a）所示。其泄漏量大、效率低，只用于输送黏性很大的液体。

（2）半开式叶轮。只是在叶片的背侧装有后盖板，如图 2-5（b）所示。

半开式叶轮适合输送含纤维、悬浮物等杂质的液体，如火力发电厂中的灰渣泵等，为防止流道堵塞，可采用半开式叶轮。

（3）闭式叶轮。既有前盖板，又有后盖板的叶轮，如图 2-5（c）所示。闭式叶轮内部泄漏量小，效率高，扬程大，一般用于输送清水、油及其他无杂质液体的泵，如火力发电厂中的给水泵、凝结水泵及各种离心式油泵等。

闭式叶轮按吸入口数量又可分为单吸式和双吸式两种。单吸式叶轮如图 2-4 所示，叶轮的前、后盖板呈不对称状，只能单边吸水。在前、后盖板与叶片之间形成叶轮的流道，前盖板与主轴之间形成叶轮的圆环形吸入液体轴向流入叶轮吸入口，在后盖板作用下转为径向通过叶轮流道，再从轮缘排出。双吸式叶轮如图 2-6 所示，叶轮的前、后盖板呈对称状，有两个吸水口可以从两边吸水，多用于大流量离心泵。

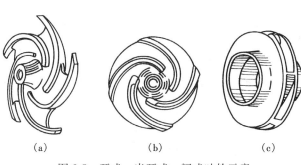

图 2-5　开式、半开式、闭式叶轮示意

(a) 开式叶轮；(b) 半开式叶轮；(c) 闭式叶轮

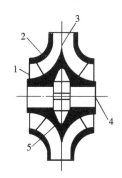

图 2-6　双吸式叶轮示意

1—吸入口；2—轮盖；3—叶片；4—轴孔；5—轮毂

2. 泵轴和轴套

轴是传递扭矩（机械能），使叶轮旋转的部件。它位于泵腔中心，并沿着该中心的轴线伸出腔外搁置在轴承上。轴的形状有等直径平轴和阶梯式轴两种。中、小型泵常采用平轴，叶轮滑配在轴上，叶轮间的距离用轴套定位。近代大型泵则常采用阶梯式轴，不等孔径的叶轮用热套法装在轴上，并采用渐开线花键代替以前的短键。这种方法叶轮和轴之间无间隙，不会使轴间窜水和冲刷，但拆装比较困难。轴的材料一般采用碳钢（35 钢或 45 钢），对大功率高压泵则采用 40 铬钢或特种合金钢，如沉淀硬化钢等。

圆筒状的轴套是保护主轴免受磨损并对叶轮进行轴向定位的部件，其材料一般为铸铁。但是，根据液体性质和温度等工作条件的不同要求，也有采用硅铸铁、青铜、不锈钢等材料的。个别情况，如采用浮动环轴封装置时，轴套表面还需要镀铬处理。

3. 联轴器

联轴器又称靠背轮，是连接主、从动轴以传递扭矩的部件。其结构形式很多，泵与风机常用的有凸缘固定式联轴器、齿轮可移式联轴器、挠性可移式联轴器以及液力耦合器等，具体结构可参考有关书籍，此处不作介绍。

（二）静止部件

1. 吸入室

吸入法兰至首级叶轮进口前的流动空间称为吸入室，其作用是将吸入管中的液体引至首级叶轮入口。吸入室的结构应满足以下要求：①流动阻力损失最小；②液流平稳而均匀地进入首级叶轮。如果吸入口处速度分布不均匀，则会使叶轮中液体的相对运动不稳定，导致叶轮中流动损失增大；同时也会降低泵的抗汽蚀性能。

吸入室形状设计的优劣，对进入叶轮的液体流动情况影响很大，对泵的汽蚀性能也有直接影响。根据泵结构形式的不同，通常有锥形管、圆环形和半螺旋形吸入室。

（1）如图 2-7 所示，锥形管吸入室的锥度一般为 $7°\sim8°$。其特点

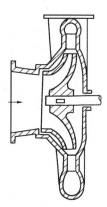

图 2-7　锥形管吸入室

是结构简单，制造方便，流速分布均匀、流动损失小。用于小型单级单吸悬臂式离心泵和某些立式离心泵。

（2）圆环形吸入室，如图 2-8 所示。其主要优点是结构对称，比较简单，轴向尺寸较小；缺点是流速分布不均匀，流体进入叶轮时的撞击损失和漩涡损失大，因此总流动损失较大。分段式多级泵为了缩小轴向尺寸结构的要求，大都采用圆环形吸入室，至于吸入室的损失，与多级泵较高的扬程相比，所占的比例是极小的。

（3）半螺旋形吸入室，如图 2-9 所示。其优点是液体进入叶轮时的流速分布比较均匀，流动损失较小；缺点是液体通过半螺旋形吸入室后，在叶轮入口处会产生预旋而降低了离心泵的扬程。对于单级双吸泵或水平中开式多级泵一般均采用半螺旋形吸入室。

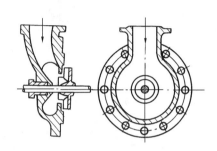 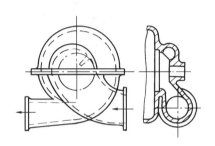

图 2-8　圆环形吸入室　　　　　　　　　　图 2-9　半螺旋形吸入室

2. 压出室

单级泵叶轮出口与泵的出口管接头之间或多级泵末级叶轮的出口至离心泵出口法兰之间的流动空间称为压出室。它的作用是收集末级叶轮中甩出的液体，并将其引至压水管道。压出室的结构要求：①以最小的流动损失收集并引导流体至压水管；②降低流速，实现部分动能向压力能的转换。

压出室中液体的流速较大，其阻力损失占泵内的流动阻力损失的大部分。所以对于良好性能的叶轮必须有良好的压出室与之配合，使整个泵的效率提高。常见的压出室结构形式很多，主要有螺旋形压出室和环形压出室。

（1）环形压出室如图 2-10（a）所示。其室内流道断面面积沿圆周相等，而收集到的液体流量却沿圆周不断增加，故各断面流速不相等，室内是不等速流动。因此，不论泵是否在设计工况下工作，环形压出室总有冲击损失存在，其效率也相对较低，但它加工方便。这种压出室主要用在分段式多级泵或输送含杂质多的泵如灰渣泵、泥浆泵等。

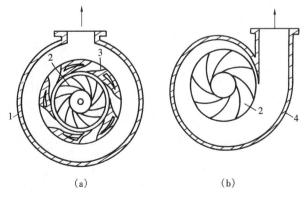

（a）　　　　　　　　　（b）

图 2-10　压出室

（a）环形压出室；（b）螺旋形压出室

1—环形泵壳；2—叶轮；3—导叶；4—螺旋形外壳

（2）螺旋形压出室如图 2-10（b）所示。通常由蜗室加一段扩散管组成。它不仅具有汇集液体和引导液体至泵出口的作用，而且扩散管使这种压出室具备了将部分动能转换为压力能的作用。螺旋形压出室具有制造简单、效率高的优点，螺旋形压出室的效率高于环形压出室，它广泛用于单级泵或中开式单、多级泵中。其缺点是单蜗壳泵在非设计工况下运行时，蜗室内液流速度会发生变化，使室内等速流动受到破坏，作用在叶轮外缘上的径向压力变成不均匀分布，转子会受到径向推力的作用。

3. 导叶

导叶是一种导流部件，又称导向叶轮。位于叶轮的外缘，相当于一个不能动的固定叶轮。一个叶轮和一个导叶配合组成分段式多级离心泵的级，如图 2-11 所示。导叶的作用是汇集前一级叶轮甩出的高速液体并引向下一级叶轮的入口（对末级导叶而言是引入压出室），并将液体的部分动能转变成压力能。可见，导叶与压出室的作用相同，从这种意义上，可将导叶看作是压出室的一种形式。导叶主要有两种形式。

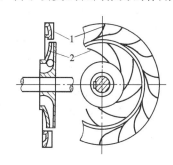

图 2-11　离心泵级的示意
1—导叶；2—叶轮

（1）径向式导叶如图 2-12 所示。它由正导叶、过渡区和反导叶组成。正导叶包括螺旋线和扩散段两部分。叶轮甩出的液体由正导叶的螺旋线部分收集后，进入正导叶的扩散段将部分动能转变为压力能，然后流入过渡区改变流动方向，再由反导叶引向下一级叶轮进口。由于末级导叶没有反导叶，液体直接经过正导叶导入压出室。这种形式的导叶，当泵在变工况下运转时，液体流动阻力较大，但由于结构简单、便于制造，目前仍然应用。

（2）流道式导叶如图 2-13 所示。正导叶和反导叶连在一起，形成一个断面连续变化的流道。流道中没有径向式导叶过渡区那样的突然扩大阻力，所以液流速度变化均匀，流动损失小。此外，由于流道变化连续，液流转向所占空间减小，使径向尺寸比径向式导叶小，从而可以减小泵壳的直径。因此，分段式多级离心泵趋向采用这种导叶，但是流道式导叶结构复杂，铸造的工艺性能差。

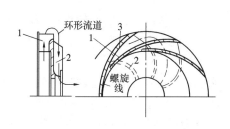

图 2-12　径向式导叶
1—扩散段；2—反导叶；3—正导叶

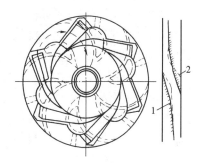

图 2-13　流道式导叶
1—流道式；2—径向式

（三）部分可转动部件

1. 密封装置

离心泵的转动部件和静止部件之间总存在着一定的间隙，比如叶轮与泵壳的间隙、轴与泵体的间隙等。离心泵在工作时，能减少或防止从这些间隙中泄漏液体的部件称为密封装置。设计密封装置的要求是密封可靠，能长期运转，消耗功率小，适应泵运转状态的变化，还要考虑到液体的性能、温度和压力等。根据这种装置在泵内的位置和具体的作用，可分为外密封装置、内密封装置和级间密封装置三种。

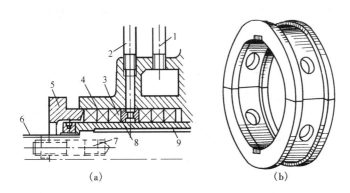

图 2-14　填料密封

(a) 填料箱；(b) 水封环

1—冷却水管；2—水封管；3—填料；4—填料套；5—填料压盖；
6—轴；7—压紧螺栓；8—水封环；9—轴套

（1）外密封装置。它装设在泵轴穿出泵体的地方，密封泵轴与泵体之间的间隙，又称为轴封。它的作用是：轴端泵内为正压时，防止压力液体漏出泵外；轴端泵内为真空时，防止外界空气漏入，破坏泵的吸水过程。由于离心泵的运行特点和用途不同，轴封从结构上又可分为填料密封、机械密封、干气密封、浮动环密封和迷宫密封等几种。

1）填料密封如图 2-14 所示。填料密封主要由填料箱、填料（又称"盘根"）、水封环、水封管和填料压盖等组成，又称为盘根密封。填料起阻水隔气的作用，为了提高密封效果，填料一般做成矩形断面；填料压盖的作用是压紧填料，用压盖使填料和轴（或轴套）之间直接接触而实现密封。水封管和水封环的作用是将压力水引入填料与泵轴之间的缝隙，不仅起到密封作用，同时也起到引水冷却和润滑的作用。有的水泵利用在泵壳上制作的沟槽来取代水封管，使结构更加紧凑。

泵工作时，填料密封的效果可以用松紧填料压盖的方法来调节。如压得过紧，则填料挤紧，泄漏量减少，但填料与轴套之间的摩擦增大，严重时会造成发热、冒烟，甚至烧毁填料或轴套；如压得过松，则填料放松，又会使泄漏量增大，泵效率下降，对吸入室为真空的泵来说还可能因大量空气漏入而吸不上水。一般压盖的松紧以水能通过填料缝隙呈滴状渗出为宜（约为 60 滴/min）。

填料的种类很多。离心泵在常温下工作时，常用的有石墨或黄油浸透的棉织物。若温度或压力稍高时，可用石墨浸透的石棉填料。对于输送高温水（最高可达 400℃）或石油产品的泵，可采用铝箔包石棉填料或用聚四氟乙烯等新材料制成的填料。

填料密封结构简单，安装、检修方便，压力不高时密封效果好。但是填料的使用寿命比较短，需要经常更换、维修。填料密封只适用于泵轴圆周速度小于 25m/s 的中、低压水泵。

2）机械密封如图 2-15 所示。机械密封是无填料的密封装置，主要零件有动环（可随轴一起旋转并能作轴向移动）、静环、弹簧（压紧元件）和密封圈（密封元件）等。这种密封装置主要依靠密封腔中液体和弹簧作用在动环上的压力，使动环端面贴合在静环端面上，形成密封端面 A；用两个密封圈 B 和 C 封堵静环和泵壳、动环与泵轴之间的间隙，切断密封腔中液体向外泄漏的可能途径；再加上弹簧和密封圈具有缓冲振动和端面 A 磨损的作用，又可以确保运行中动静环密封端面紧密地贴合，从而实现装置可靠的密封。同时，密封圈还起到缓冲振动和冲击的作用。此外，为带走密封面 A 产生的摩擦热，避免端面液膜汽化和某些零件老化、变形并防止杂质聚集，该装置还采用引入清洁冷却液体等方法降低密封腔中液体的温度，并通过少量泄漏对端面 A 进行冷却润滑和冲刷。

　　动环与静环一般由不同材料制成，一个用树脂或金属浸渍的石墨等硬度较低的材料，一个用硬质合金、陶瓷等硬度较高的材料，但也可以都用同一种材料，如碳化钨。密封圈常根据泄漏液体温度的高低采用硅橡胶、丁腈橡胶等制成，通常制成 O 形、V 形或楔形。

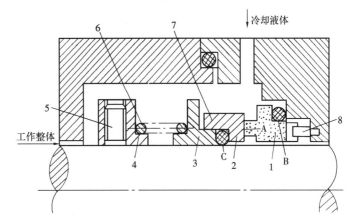

图 2-15　机械密封

1—静环；2—动环；3—动环座；4—弹簧座；
5—固定螺钉；6—弹簧；7—密封圈；8—防转销

　　机械密封的优点是密封效果好、几乎可以达到滴水不漏；整个轴封尺寸较小；使用寿命长，一般为 1～2 年；可自动运行而不需在运行时调整；轴与轴套不易受磨损；功率消耗较少，一般为填料密封功率消耗的 1/10～1/3；耐振动性好。在现代高温、高压、高转速的给水泵上得到广泛的应用。机械密封的缺点是零件多，结构复杂；安装、拆卸及加工精度要求高，如果动、静环不同心，运行时易引起水泵振动；价格高。

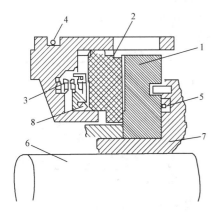

图 2-16　干气密封

1—动环；2—静环；3—弹簧；4、5、8—O 形
环；6—转轴；7—组装套

　　3）干气密封。干气密封即干运转气体密封，是将开槽密封技术用于气体密封的一种新型轴端密封，属于非接触密封。如图 2-16 所示，干气密封的原理是通过在机械密封动环上增开动压槽，以及在相应位置设置的辅助系统，从而实现密封端面。

　　干气密封在动环端面外侧开设流体动压槽，当动环旋转时，流体动压槽把外径侧的高压隔离气体送入密封端面之间，气膜压力由外径至槽径处逐渐增加，自槽径至内径处逐渐下降，因端面膜压力增加使所形成的开启力大于作用在密封环上的闭合力，在动环和静环之间形成很薄的一层气膜，完全阻塞了相对低压的密封介质泄漏通道，实现了密封介质的零泄漏或零逸出。这个气膜的存在，既有效地使两个端面分开又

使其得到了冷却，两个端面非接触，故摩擦、磨损大大减小，使密封具有寿命长的特点，从而延长主机的寿命。

　　4）浮动环密封如图2-17所示。浮动环密封主要由多个可以径向浮动的浮动环、浮动套（或称支撑环）、支撑弹簧等组成。浮动环的密封作用是靠浮动环径向浮动保持均匀的最小间隙，以浮动环与浮动套端面的严密接触来实现径向密封，同时又以浮动环的内圆表面与轴套的外圆表面所形成的狭窄缝隙的节流作用来达到轴向密封。由一个浮动环与一个浮动套组成

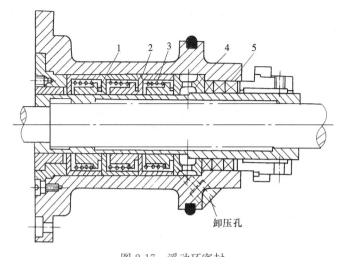

图 2-17　浮动环密封

1—浮动环；2—浮动套；3—支撑弹簧；4—泄压环；5—轴套

一个单环。为了达到良好的密封效果，一个浮动环密封装置由数个单环依次顺连而成。液体每经过一个单环进行一次节流，因而泄漏量降低。弹簧的作用是保证端面间良好的接触。此外，为了减少给水的泄漏，在浮动环中间部分通入高压密封水。密封水采用无杂质的凝结水，因为大约有四分之一密封水流入泵内。

浮动环在浮动套与轴套之间有自动调心作用。由于在轴套周围的液体受轴套旋转的带动亦在旋转之中。浮动环与轴套之间，就好像滑动轴承的情况一样，在楔形缝隙中水所产生的支撑力使浮动环沿着浮动套的密封端面上、下自由浮动，并使浮动环自动对正中心。浮动环虽有自动调整偏心的作用，但在启动和停车时浮动环也有可能因支撑力不足而与轴套发生短时间的摩擦。为了保证浮动环的动力水膜和浮力，启动时必须先引入高压纯净的凝结水，停运后关闭。

浮动环与轴套都应采用耐磨材料。在输送水时要用防锈材料。一般浮动环用铅锡青铜制造，轴套（或轴）用 3Cr13 制造，并在表面镀铬（0.05～0.1mm），以提高表面硬度。

浮动密封相对于机械密封而言，结构简单、运行可靠。如果能正确控制径向间隙和密封长度，可以得到较满意的密封效果。但是，浮动密封要求浮动环和转轴之间必须保持水膜，否则密封被破坏，所以不宜在干化或汽化条件下运行。另外，随着密封环数的增多，浮动密封要求有较长的轴向尺寸，不适宜用在粗且短的大容量给水泵上。

5）迷宫密封和螺旋密封。迷宫密封是利用泵体上密封片与轴套之间形成的一系列大小不同的间隙，对泄漏液体进行多次节流、降压，从而达到密封的目的，如图 2-18 所示。这种密封的径向间隙较大，泄漏量也较大。但是，由于没有任何摩擦部件，即使在离心泵干转、密封液体短时间中断的情况下也不会相互摩擦，而且制造简单，耗功少，在高速大型水泵中正逐步成为主要的外密封装置。

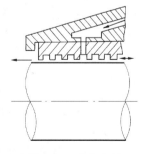

图 2-18　迷宫密封

螺旋密封是利用在转轴上车出与泄漏方向相反的螺旋形沟槽，如图 2-19 所示。液流通过间隙时，经过多次节流压降，达到密封目的。为加强密封效果，可在固定衬套表面再车出与转轴沟槽反向的沟槽以进一步减少泄漏量。

由于大型火电机组常用水泵的工作条件差异很大，对密封的要求各不相同，因此所采用的密封型式也各异，从 N1000-28/600/620（TC4F）机组可知，给水泵采用浮动环密封，给水泵前置泵和凝结水泵采用机械密封，循环水泵采用填料密封。

（2）内密封装置。内密封装置是指叶轮入口的密封环，也称为口环或卡圈。其主要作用是减少液流从叶轮出口经过壳体与叶轮外缘间隙返回叶轮进口的内泄漏，如图 2-20 所示。密封环有平环式、角环式、锯齿式和迷宫式，如图 2-21 所示。一般使用平环式和角环式。在高压泵中为了减少泄漏，可以采用锯齿式密封环，迷宫式很少见。

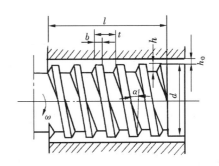

图 2-19　螺旋密封

密封环采用耐磨材料，如青铜或碳钢，也有采用高级铸铁制成的。为保证磨损后更换方便，密封环都加工成可拆卸的。

（3）级间密封装置。级间密封装置就是装在泵壳或导叶上与定距轴套（或轮毂）相对应的静环，故又称为级间密封环。对于多级离心泵，可能存在后级叶轮入口的液体向前级叶轮后盖板外侧空腔的泄漏，这部分泄漏液体不经过叶轮的流道，只在旋转叶轮后盖板的带动下，来回于空腔、导叶、圆环形径向间隙之间流动，如图 2-20 所示。这种流动虽然不影响叶轮的流量，也不消耗叶片传递给液体的能量，但是它却在通过圆盘状的后盖板外侧时产生摩擦而损耗泵的轴功率。级间密封装置依靠静环和定距轴套（或轮毂）之间的圆环形径向间隙来减小这种泄漏，降低功率损耗。

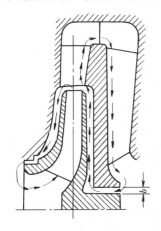

图 2-20　密封环泄漏
与级间泄漏

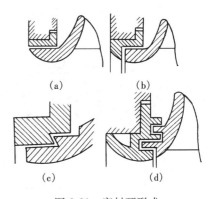

(a)　　　　　(b)

(c)　　　　　(d)

图 2-21　密封环形式
（a）平环式；（b）角环式；
（c）锯齿式；（d）迷宫式

2. 轴向推力平衡装置

轴向推力平衡装置在本章第二节关于轴向推力的平衡方法中叙述。

3. 轴承

轴承是承受转子径向和轴向载荷的部件。按摩擦性质可分为滚动轴承和滑动轴承两大类，详细内容可参考有关书籍。

资源26 多级
离心泵的拆卸

资源27 多级
离心泵的组装

资源28 多级
离心泵安装工艺

第二节　径向推力、轴向推力及其平衡方法

一、径向推力及其平衡方法

1. 径向推力的产生

离心泵运行时，泵内液体作用在转轴叶轮上径向不平衡力的合力称为径向推力。具有螺旋形压水室的离心泵，在设计工况下工作时，液体在叶轮周围作均匀的等速运动，而且叶轮周围的压力基本为均匀分布，是轴对称的，所以液体作用在叶轮上的径向推力的合力为零，不产生径向推力。当离心泵在变工况下工作时，叶轮周围的液体速度和压力分布均变为非均匀分布，会产生一个作用在叶轮上的径向推力。

当流量小于设计流量时，压出室内液体的压力在泵舌处最小，到扩散段进口处达到最大。由于这种压力分布的不均匀，在叶轮上得到一个总的合力 R，方向为自泵舌开始沿叶轮旋转方向转 $90°$ 的位置。另外，由于压出室里液体压力分布的不均匀，使液体从叶轮中流出也不均匀。压出室中压力小的地方，从叶轮中流出的液体多；反之压力高的地方，从叶轮中流出的液体少。因此液体流出时对叶轮产生的动反力也不均匀，在泵舌处最大，扩散段最小，它们的合力 T，方向从 R 开始向叶轮旋转的方向转 $90°$，指向泵舌。力 R 和 T 的矢量和 F_r 即为作用在叶轮上的总的径向推力，如图 2-22 所示。

当流量大于设计流量时，情况刚好相反，叶轮受到总的径向推力 F_r，如图 2-23 所示。

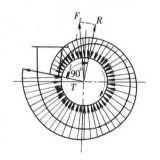 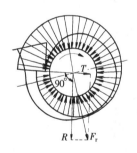

图 2-22　小于设计流量时　　　图 2-23　大于设计流量
径向力的方向　　　　　　　时径向力的方向

2. 径向推力的平衡

泵在频繁启动或在非设计工况下运行时会产生径向推力，径向推力是交变应力，它会使轴产生较大的挠度，甚至使密封环、级间套和轴套、轴承发生摩擦而损坏。同时，对转轴而言，径向推力是交变载荷，容易使轴产生疲劳而破坏。对于大型蜗壳形压出室，由于尺寸大、扬程高，所产生的径向推力就更大，危害也就越大。因此为了保证泵的安全工作，必须设法消除径向推力。一般采用对称原理的方法消除径向推力。

（1）采用双层压出室平衡径向推力。单级泵可以采用双层压出室，即用分隔筋将压出室分成两个对称的部分，如图 2-24（a）所示。由于上下

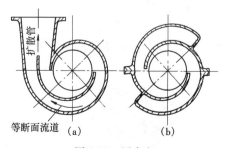

图 2-24　压出室
(a) 双层压出室；(b) 双压出室

压出室相互对称，使泵在运行中产生对称的径向推力，这样作用在叶轮上的径向推力相互抵消，达到平衡。采用图 2-24（b）所示的双压出室，同样也可以使作用在叶轮上的径向推力互相平衡。

（2）大型单级泵在蜗壳内加装导叶。如图 2-10（a）所示，在叶轮外加装导叶后，叶轮在变工况下不再产生径向力。

（3）多级蜗壳式泵可以采用相邻两级蜗壳倒置的布置，即在相邻两级中把压出室布置成相差 $180°$，这样作用在相邻两级叶轮上的径向推力可互相抵消。

二、轴向推力及其平衡方法

（一）轴向推力的产生

离心泵在运行时，泵内液体作用在叶轮盖板两侧上轴向不平衡力的合力，称为轴向推力。

图 2-25 所示为某单级单吸卧式离心泵叶轮两侧的压强分布图。当叶轮正常工作时，其出口的高压液体绝大部分经泵的出口排出，还有一小部分液体经过泵壳与叶轮之间的间隙流入叶轮盖板两侧的环形腔室 A 和 B 中。实验证明，由于受到叶轮旋转带动的影响，在 A、B 空间中液体的旋转角速度大约是叶轮旋转角速度的一半。A、

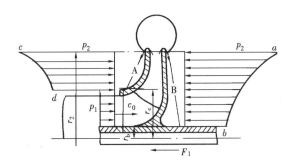

图 2-25 泵的轴向推力

B 空间中液体的压强是沿半径方向按二次抛物线规律分布的，如图 2-25 中曲线 ab 和 cd 所示。由图可见，在密封环半径 r_c 以上至叶轮外径 r_2 之间的环形区域，叶轮两侧的压强分布对称，大小相等，方向相反。因此，轴向作用力相互抵消。在密封环半径 r_c 以下至轮毂半径 r_b 之间的环形区域内，左侧压强是叶轮吸入口的液体压强 p_1，右侧压强是按二次抛物线分布的，由于叶轮两侧的压强分布不再对称，因此产生一个轴向推力 F_1，方向指向叶轮入口。轴向推力 F_1 可以按式（2-1）计算，即

$$F_1 = \pi\rho(r_c^2 - r_b^2)\left[\frac{p_1 - p_2}{\rho} - \frac{\omega^2}{8}\left(r_2^2 - \frac{r_c^2 + r_b^2}{2}\right)\right] \qquad (2-1)$$

式中　　F_1——轴向推力，N；

　　　　　ρ——流体密度，kg/m^3；

　r_c、r_b——叶轮密封环、轮毂处半径，m；

　p_1、p_2——叶轮进口、出口处流体压强，Pa；

　　　　　r_2——叶轮外径（半径），m；

　　　　　ω——叶轮旋转角速度，rad/s。

另外，在离心泵叶轮中，液体通常是轴向流入，径向流出，液体流动方向的改变导致液体轴向动量变化，使液体对叶轮产生一个轴向动反力 F_2，方向与 F_1 相反，利用动量方程可知

$$F_2 = \rho q_V v_0 \qquad (2-2)$$

式中　　q_V——通过叶轮的流体体积流量，m^3/s；

v_0——流体进入叶轮前的轴向速度，m/s。

因此，作用在单级单吸卧式离心泵上的总轴向推力为

$$F = F_1 - F_2 \tag{2-3}$$

对于多级卧式离心泵，如果每一级都是单吸叶轮，级数为 z，则总的轴向推力为

$$F = z(F_1 - F_2) \tag{2-4}$$

对于多级立式离心泵，转子的重力 F_3 与轴向重合也构成轴向力，如果叶轮吸入口朝下，其总的轴向推力为

$$F = z(F_1 - F_2) + F_3 \tag{2-5}$$

应该指出，轴向推力 F_1 在总的轴向推力中起主要作用，对于低比转数的离心泵而言，更是如此。轴向推力 F_2 较小，可以忽略不计。但是在泵启动时，F_1 还不太大或大流量工作时 F_2 比较大的情况下，泵轴向排出口窜动；立式泵的泵轴向上窜动，正是由于刚启动时叶轮的轴向力尚未建立，而动量变化所产生的作用力发生效果的缘故，此时必须考虑 F_2 的作用。

（二）轴向推力的平衡

离心泵轴向推力的存在会使转子产生轴向位移，压向吸入口，造成叶轮和泵壳等动静部件碰撞、摩擦和磨损；还会增加轴承负荷，导致机组振动、发热甚至损坏，对泵的正常运行十分不利，尤其多级离心泵，由于叶轮多，轴向推力可达数万牛顿，因此，必须重视轴向推力的平衡。

1. 单级泵轴向推力的平衡

（1）采用平衡孔和平衡管平衡轴向推力。如图 2-26（a）所示，在叶轮后盖板靠近轮毂处开一圈孔径为 5～30mm 的小孔，经孔口将压力液流引向泵入口，以便叶轮背面环形室保持恒定的低压（压强与泵入口压强基本相等），并在后盖板上装上密封环，与吸入口的密封环位置一致，以减小泄漏。但是由于流体经过平衡孔的流动干扰了叶轮入口处液流流动的均匀性，因此流动损失增加，泵效率下降。

图 2-26（b）所示为平衡管平衡法，它利用布置在泵体外的平衡管将叶轮后盖板靠近轮毂处的泵腔与泵的吸入口连接起来，达到平衡前、后盖板两侧压力差的目的。这种方法对吸入口的液流干扰小，但也会增加泄漏损失。

上面两种方法虽然简单、可靠，但是平衡效果不佳，只能平衡 70%～90% 的轴向力，剩余的轴向力需要止推轴承来承担，而且均增加了泄漏损失，使泵效率下降，因此多用在小型泵上。

（2）采用双吸叶轮平衡轴向推力。双吸叶轮由于结构上的对称性，理论上不会产生轴向推力，如图 2-26（c）所示。但在实际上，由于制造偏差以及叶轮两侧液流的运动差异，仍然会有部分轴向推力，还要采用止推轴承。较大流量的单级泵，采用双吸式叶轮较为合理。

（3）采用背叶片平衡轴向推力。在叶轮的后盖板上加铸几个径向肋筋，称为背叶片，如图 2-26（d）所示。未加背叶片时，叶轮后盖板侧液体压强分布见图中曲线 abc。加背叶片以后相当于一个半开式叶轮，叶轮旋转时，背叶片强迫液体旋转，使叶轮背面的压力显著下降，压强分布如图 2-26（d）中曲线 abe 所示。背叶片除了起到平衡轴向推力的作用外，还能减小轴端密封处的液体压力，并可以防止杂质进入轴封，主要用于

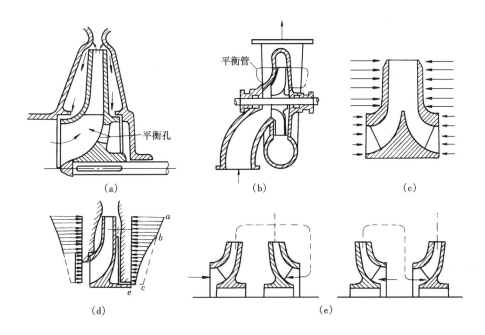

图 2-26 几种平衡轴向推力的形式

（a）平衡孔；（b）平衡管；（c）双吸叶轮；（d）背叶片；（e）叶轮对称布置

杂质泵。

2. 多级泵轴向推力的平衡

（1）采用叶轮对称排列平衡轴向推力。在多级泵中，可以将叶轮对称地、与进口方向相反地布置在泵壳内，如图 2-26（e）所示。每组叶轮的吸入方向相反，在叶轮中产生大小相等、方向相反的轴向推力，可以相互抵消，起到自身平衡轴向推力的作用。叶轮级数为奇数时，首级叶轮可以采用双吸式。这种平衡方法，简单且效果良好，但是级与级之间连接管道长，损失大，并且彼此重叠，使泵壳制造和检修复杂。这种方法主要用于蜗壳式多级泵和节段式多级泵。

（2）采用平衡盘平衡轴向推力。平衡盘装置装在末级叶轮之后，和轴一起旋转。在平衡盘前的壳体上装有平衡圈。平衡盘后的空间称为平衡室，它与泵的吸入室相连接。平衡盘装置有两个密封间隙：轴向间隙 a 和径向间隙 b，如图 2-27（a）所示。泵运行中，末级叶轮出口液体压强 p 经径向及轴向间隙对平衡盘正面作用一个压强 p_1，同时经轴向间隙节流降压排入平衡室，平衡室有平衡管与吸入室相通，室中作用于平衡盘另一侧的压强 p_2 小于 p_1，大小接近于泵入口压强 p_0。所以，在平衡盘两侧将产生压差，方向与轴向推力相反。适当地选择轴向间隙和径向间隙以及平衡盘的有效作用面积，可以使作用在平衡盘的力足以平衡泵的轴向推力。

当工况改变时，末级叶轮出口压强 p 要发生改变，结果轴向推力也要改变。如果轴向推力增大，则转子向低压侧即吸入口方向窜动，因为平衡盘固定在转轴上，这会使轴向间隙 a 减小，泄漏量减小。由于径向间隙 b 不随工况的变化而变动，于是导致液体流过径向间隙 b 的速度减小，从而提高了平衡盘前面的压强 p_1，使作用在盘上的平衡力增大。随着转子继续向低压侧窜动，平衡力不断增加，直到与轴向推力相等，达到新的平衡；反之，如果轴向

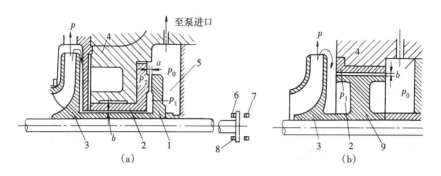

资源29 平衡盘
平衡轴向推力
的工作原理

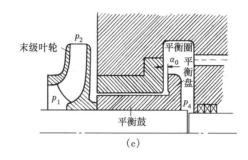

图 2-27　多级泵的平衡盘、平衡鼓及联合装置

(a) 平衡盘；(b) 平衡鼓；(c) 平衡盘与平衡鼓联合装置

1—平衡盘；2—平衡套；3—末级叶轮；4—泵体；5—平衡室；6—工作瓦；

7—非工作瓦；8—推力盘；9—平衡鼓

推力减小，则转子向高压侧窜动，轴向间隙增大，平衡力下降，也能达到新的平衡。由此可见，转子左右窜动的过程，就是自动平衡的过程。

需要注意的是，由于惯性作用，窜动的转子不会立刻停止在新的平衡位置，还要继续前窜，发生位移过量的情况，使平衡力与轴向推力又处于不平衡状态，于是泵的转子往回移动，如此往返窜动，逐渐衰减，直到平衡位置而停止。这就造成了转子在从一个平衡位置到达另一个平衡位置之间，来回摆动的现象。泵在运行过程中，不允许过大的轴向窜动，否则会使平衡盘与平衡圈产生严重磨损。因此，要求在轴向间隙改变不大的情况下，能使平衡力发生显著变化，使平衡盘在短期内能迅速达到新的平衡状态，即要有合理的灵敏度。

由于平衡盘可以自动平衡轴向推力，平衡效果好，可以平衡全部轴向推力，并可以避免泵的动、静部分的碰撞和磨损，结构紧凑等优点，故在多级离心泵中被广泛采用。但是，泵在启动时，由于末级叶轮出口液体的压强尚未达到正常值，平衡盘的平衡力严重不足，故泵轴将向吸入口方向窜动，平衡盘和平衡座之间会产生摩擦，造成磨损。停泵时也存在平衡力不足的现象。因此目前在锅炉给水泵上已配有推力轴承。

(3) 采用平衡鼓平衡轴向推力。平衡鼓是装在泵轴末级叶轮后的一个圆柱，跟随泵轴一起旋转，如图 2-27 (b) 所示。平衡鼓外缘表面与泵壳上的平衡套之间有很小的径向间隙 b，平衡鼓前面是末级叶轮的后泵腔，液体压强为 p_1；部分液体经径向间隙漏入平衡室，平衡室与吸入口相连通，其内液体的压强几乎与泵入口 p_0 相等，于是在平衡鼓前后形成压力差，其方向与轴向推力方向相反，起到平衡作用。

平衡鼓不能平衡全部轴向推力，也不能限制泵转子的轴向窜动，因此使用平衡鼓时必须同时装有双向止推轴承。一般，平衡鼓约承受整个轴向推力的 $90\%\sim95\%$，推力轴承承受其余 $5\%\sim10\%$。平衡鼓的最大优点是避免了工况变化以及泵启、停时动静部分的摩擦。因此其工作寿命长，安全可靠。

（4）采用平衡鼓与平衡盘联合装置平衡轴向推力。由于平衡鼓不能完全自动地平衡掉轴向推力，始终具有剩余轴向推力。因此单独使用平衡鼓的情况很少见，一般都采用平衡鼓和平衡盘联合装置见图 2-27（c）。由平衡鼓承担 $50\%\sim80\%$ 的轴向推力，推力轴承承担大约 10% 的轴向推力，这样平衡盘的负荷减小，可以使平衡盘的轴向间隙大一些，避免了因转子窜动而引起的动、静摩擦。

这种联合装置平衡效果好，目前大容量高参数的分段式多级泵广为采用这种平衡方式，对于启、停频繁的小型多级泵使用效果也较好。

（5）采用双平衡鼓装置平衡轴向力。双平衡鼓装置由两个平衡鼓及相应的节流套组成，如图 2-28 所示。由两个平衡鼓的作用面积及输送介质的送出压强降低至吸入压强，产生一个与轴向力相反的平衡力。液力平衡装置约平衡轴向力的 95%，推力轴承约平衡 5%。图中止推面 C 可以有效防止推力轴承损坏使泵转子滑出等。

双平衡鼓装置综合了平衡鼓和平衡盘的优点，且泄漏损失较平衡鼓和平衡盘联合装置小，目前已经应用于大容量锅炉给水泵上。

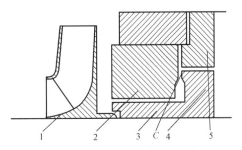

图 2-28　双平衡鼓装置

1—末级叶轮；2—节流套；3—平衡鼓 K_4；
4—平衡鼓 K_2；5—节流套

第三节　离心式风机的构造

一、离心风机的结构形式

离心风机的构造和离心泵相似，包括转体和静体两部分，图 2-29 所示为离心泵的结构示意。转子部分包括叶轮、轴和联轴器等，静子部分由进气箱、导流器、集流器、蜗壳、蜗舌、扩压器等组成。气体由进气箱引入，通过导流器调节进风量，然后经过集流器引入叶轮吸入口。流出叶轮的气体由蜗壳汇集起来，经扩压器升压后引出。由于离心风机输送的是气体，而且风机的动静间隙较大，因此离心风机不宜采用多级叶轮。

离心风机结构有单级单吸式［见图 2-29（a）］和单级双吸式［见图 2-29（b）］。采用双侧吸入的风机一般风量大、风压低。

二、离心风机的主要部件

1. 叶轮

叶轮是用来对气体做功并提高能量的部件，也有封闭式和开式两种形式。常用的是封闭式叶轮，它又可分为单吸式和双吸式两种。

封闭式叶轮由叶片、前盖、后盘和轮毂组成，如图 2-30 所示。前、后盘与叶片用普通钢板或耐磨锰钢板焊接成一个整体，高效离心风机前盘采用弧形形式。需加强耐磨性时，可在叶片上堆焊或加衬板，或熔焊合金耐磨层。

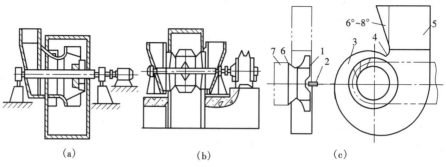

图 2-29　离心风机及结构示意

(a) 单级单吸式；(b) 单级双吸式；(c) 结构示意

1—叶轮；2—轴；3—螺旋室；4—蜗舌；5—扩压器；6—入口集流器；7—进气箱

叶轮上叶片对风机的工作有很大影响。离心风机叶片的主要形状如图 2-31 所示。平板形直叶片制造简单，但流动特性较差，效率低。机翼形叶片具有良好的空气动力特性，效率高、强度好、刚性大，但制造工艺复杂，而且输送含尘浓度高的气体时，叶片易磨损，空心叶片一旦被磨穿，杂质进入叶片内部会使叶轮失去平衡而产生振动。圆弧形叶片如果对其空气动力性能进行优化设计，其效率会接近机翼形叶片。

前向叶轮一般都采用圆弧形叶片，后向叶轮中大型风机多采用翼形叶片，对于除尘效率较低的燃煤锅炉引风机可采用圆弧形或平板叶片。

2. 轴

离心风机的轴有实心和空心两种。叶轮悬臂支撑风机采用实心轴，双支撑大型引风机趋向于采用空心轴，以减少材料消耗，减轻启动载荷及轴承径向载荷。

叶轮与轴的连接采用轮毂与轴直接配合、法兰连接或空心轴直接焊接的方式。

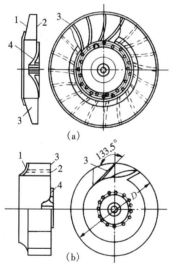

图 2-30　离心风机叶轮示意

(a) 前向叶型；(b) 后向叶型

1—前盘；2—后盘；3—叶片；4—轮毂

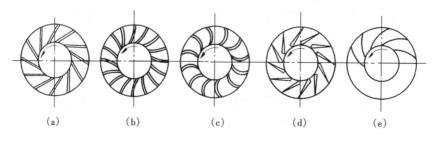

图 2-31　离心风机叶片形状

(a) 平板叶片；(b) 圆弧窄叶片；

(c) 圆弧叶片；(d) 机翼型叶片；(e) 平板曲线后向叶片

3. 进气箱

气流引入风机有两种形式，一种是从周围空间直接吸取气体，叫自由进气；另一种是通过进气管和进气箱吸取气体。在大型或双吸的离心风机上，一般采用进气箱。一方面，当进风口需要转变时，安装进气箱能改善进气口流动状况，减少因气流不均匀进入叶轮而产生的流动损失；另一方面，安装进气箱可使轴承装在风机的机壳外，便于安装和维修。火力发电厂中，锅炉送、引风机及排粉机均装有进气箱。

进气箱的几何形状和尺寸，对气流进入风机后的流动状态影响极大。如果进气箱的结构不合理，造成的损失可达风机全压的 $15\%\sim20\%$。因此还应该在进气箱的设计上注意：①进气箱入口端面的长宽比取 2～3 为宜；②进气箱的横断面积与叶轮的进口面积之比取 1.7～2.0 为宜；③进气箱的形状对阻力影响很大，图 2-32 为几种不同形状的进气箱。在上述

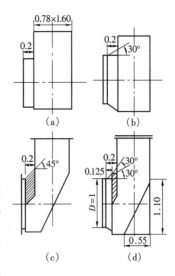

图 2-32　进气箱形状

①、②条件相同时，局部阻力损失系数分别为 $\xi_a>1.0$，$\xi_b=1.0$，$\xi_c=0.5$，$\xi_d=0.3$。

4. 导流器

在离心风机的集流器之前，一般安装有导流器，用来调节风机的流量，因此又称为风量调节器。常见导流器有轴向导流器、径向导流器和斜叶式导流器，如图 2-33 所示。运行时，使导流器的导叶绕自身转轴运动，通过改变导叶的安装角度（开度）来改变风机的工作点，减小或增大风机的风量，实现负荷的调节。

5. 集流器

离心风机的集流器位于叶轮的进口前，如图 2-29（c）所示，它的作用是保证气流能均匀地充满叶轮的进口断面，并且使气流在进口处阻力损失尽量小，集流器也称为进风口。集流器的主要形式如图 2-34 所示。高效风机常采用缩放体集流器，与双曲线轮盘进口配合，使气流进入叶轮的阻力损失最小。

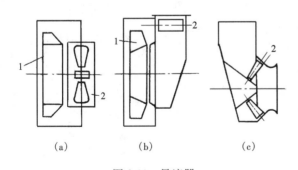

图 2-33　导流器
（a）轴向导流器；（b）径向导流器；（c）斜叶式导流器
1—叶轮；2—导流器

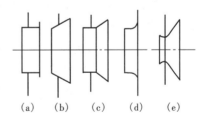

图 2-34　集流器的各种形式
（a）圆柱形；（b）锥形；（c）组合形；
（d）流线形；（e）缩放体形

6. 蜗壳、蜗舌和扩压器

蜗壳的作用与离心泵的螺旋形压出室一样，是用来收集从叶轮中出来的气体并引致风机出口，同时将气流中部分动能转变为压力能。一般由螺旋室、蜗舌和扩压器组成，用钢板制

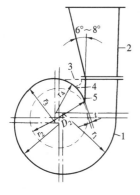

图 2-35　蜗壳
1—螺旋室；2—扩压器；
3—平舌；4—浅舌；5—深舌

造，如图 2-35 所示。蜗壳的外形，采用阿基米德螺旋线或对数螺旋线，效率最高。蜗壳的截面形状为矩形，宽度不变。

蜗壳出口附近的"舌状"结构，称为蜗舌，如图 2-35 所示，其作用是尽量减少气流在蜗壳内循环流动，提高风机的效率。蜗舌有平舌、浅舌和深舌三种。蜗舌附近流动相当复杂，其形状以及和叶轮圆周的最小间距，对风机性能，尤其是效率和噪声影响很大。一般后向叶轮取 $0.05D_2 \sim 0.10D_2$，前向叶轮取 $0.07D_2 \sim 0.15D_2$。

扩压器也称为扩散器，是将流出螺旋室的气流部分动能转换为压力能，降低气流出口速度。由于气流旋转惯性作用，气流在螺旋室出口处朝叶轮旋转方向一边偏斜。因此，安装扩压器可使气流流动顺畅，减小冲击能量损失。扩散角一般为 $6° \sim 8°$。

第四节　轴流式（混流）泵与风机的构造

一、轴流式泵与风机的构造

与离心式泵与风机比较，轴流式泵与风机具有结构简单、紧凑、外形尺寸小、质量小、动叶可调等特点。但动叶可调的轴流式泵与风机因轮毂中装有叶片可调机构，转子结构较复杂，转动部件多，制造、安装精度要求高，维护工作量大。

资源32 轴流风机
的结构及进口
导叶调节原理

轴流式泵与风机有立式和卧式两种。图 2-36 所示为 56ZLQ -70 型叶片全可调立式轴流泵结构。轴流泵只能是单吸入，通常都是单级，在大型火力发电厂中，当循环冷却水需要的能头不是很大时，凝汽器的循环水泵往往采用轴流泵。轴流风机的构造与轴流泵基本相同，图 2-37 所示为卧式轴流风机结构。目前发电厂中锅炉送、引风机应用较多的是动叶可调轴流风机。

轴流泵与风机的主要部件有：叶轮、轴、吸入室、导叶、扩压器、动叶调节机构、风机还有整流罩、轴承等部件。

1. 叶轮

叶轮的作用和离心式叶轮一样，是提高流体能量的部件，其结构和强度要求较高。它主要由叶片和轮毂组成，泵还带一个流线形动轮头，如图 2-38（b）所示。叶轮上通常有 4～6 片机翼形叶片，叶片有固定式、半调节式和全调节式三种，目前常用的为后两种。它们可以在一定的范围内通过调节动叶片的安装角来调节流量。半调节式只能在

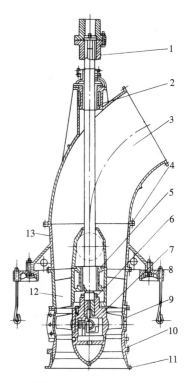

图 2-36　56ZLQ -70 型
立式轴流泵结构
1—联轴器；2—橡胶轴承；3—出水弯管；4—泵座；5—橡胶轴承；6—拉杆；7—叶轮；8—底板；9—叶轮外壳；10—进水喇叭口；11—底座；12—导轮；13—中间接管

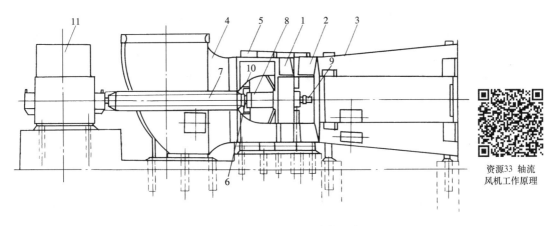

资源33 轴流
风机工作原理

图 2-37　卧式轴流风机结构示意

1—动叶片；2—导叶；3—扩压器；4—进气箱；5—外壳；6—主轴；

7—中间轴；8—主轴承；9—动叶调节控制头；10—联轴器；11—电动机

停泵后通过人工改变定位销的位置进行调节。全调节式叶片叶轮配有动叶调节机构，如图
2-38（a）所示，通过调节杆上下移动，带动拉板套一起移动，拉臂旋转，从而改变叶片安
装角。图 2-38（b）所示为叶片安装角最大（流量最大）及叶片安装角最小（流量最小）的
情况。

轮毂是用来安装叶片和叶片调节机构的，有圆锥形、圆柱形和球形三种，在动叶片可调
的轴流泵中，一般采用球形轮毂，如图 2-38（b）所示。球形轮毂可以使叶片在任意角度下
与轮毂有一固定间隙，以减少水流经间隙的泄漏损失。动轮头为流线形锥体，以减少流动的
阻力损失。

图 2-39 所示为轴流风机的叶轮，外缘装有 17～30 个叶片。叶片是由高强度铸铝合金制
成的机翼形扭曲叶片，以使风机在设计工况下，沿叶片半径方向获得相等的全压，避免涡流
损失。叶片前缘装有不锈钢镀铬耐磨鼻，磨损后可随时更换。

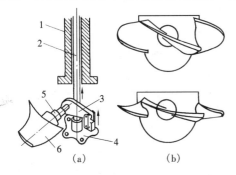

图 2-38　轴流泵叶轮及动叶调节机构

（a）动叶调节示意；（b）叶片的两种位置

1—泵轴；2—调节杆；3—拉臂；4—拉板套；

5—叶柄；6—叶片

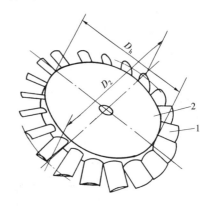

图 2-39　轴流风机叶轮

1—叶片；2—轮毂

2. 轴

轴是传递扭矩的部件。泵轴采用优质镀铬碳钢制成。全调节式的泵轴是空心的，这样既

减轻了重量，又便于调节机构与动叶片相连接的细杆装在空心轴内，如图 2-38 所示。轴流风机按有无中间轴分为两种形式，一种是主轴与电动机轴用联轴器直接相连的无中间轴型；另一种是主轴用两个联轴器和一根中间轴与电动机轴相连的有中间轴型，如图 2-37 所示。有中间轴的风机可以在吊开机壳的上盖后，不拆卸与电动机相连的联轴器情况下吊出转子，方便维修。

3. 导叶

轴流泵动叶出口装有导叶，如图 2-36 所示。出口导叶的作用是将流出叶轮的流体的旋转运动转变为轴向运动，并在与导叶组成一体的圆锥形扩张管中将部分动能转变为压能，避免液体由于旋转而造成的冲击损失和旋涡损失。

轴流风机的导叶包括动叶片进口前导叶和出口导叶，前导叶有固定式和可调导叶两种。其作用是使进入风机前的气流发生偏转，也就是使气流由轴向运动转为旋转运动，一般情况下是产生负预旋。前导叶可采用翼型或圆弧板叶型，是一种收敛型叶栅，气流流过时有些加速。前导叶做成安装角可调时可提高轴流风机变工况运行的经济性。

在动叶可调的轴流风机中，一般只装出口导叶。出口导叶可采用翼型，也可采用等厚的圆弧板叶型，做成扭曲形状。为避免气流通过时产生共振，导叶数应比动叶数少些。

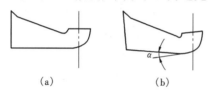

图 2-40　肘形吸入流道
（a）平底型；（b）斜底型

4. 吸入室

轴流泵与风机吸入室的作用和结构要求与离心泵与风机的吸入室相同。中小型轴流泵一般选用喇叭管形吸入室，如图 2-36 所示。大型轴流泵根据地形情况多选用肘形进水流道作为吸入室，如图 2-40 所示。

轴流风机的吸入室与离心风机类似，分为只有集流器的自由进气和带进气箱的非自由进气两种。火力发电厂锅炉的送、引风机均设置进气箱，如图 2-41 所示。气流由进气箱进风口沿径向流入，然后在环形流道内转弯，经过集流器（收敛器）进入叶轮。进气箱和集流器的作用与结构要求是使气流在损失最小的情况下平稳均匀地进入叶轮。

5. 整流罩

整流罩安装在叶轮或进口导叶前（见图 2-41），以使进气条件更为完善，降低风机的噪声。整流罩的好坏对风机的性能影响很大，一般将其设计成半圆或半椭圆形，也可与尾部扩压器内筒一起设计成流线形。

6. 扩压器

扩压器是将从出口导叶流出的流体中部分动能转化为压力能，以提高泵与风机的流动效率的部件，它由外筒和芯筒组成。按外筒的形状分为圆筒形和锥形两种。圆筒形扩压器的芯筒是流线形或圆台形，锥形扩压器的芯筒是流线形或圆柱形，如图 2-42 所示。

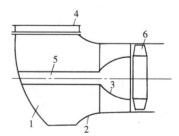

图 2-41　进气箱、集流器与整流罩
1—进气箱；2—集流器；3—整流罩；
4—膨胀节；5—保护罩；6—叶轮

7. 轴承

轴流泵有径向轴承和推力轴承。径向轴承主要承受径向推力，防止泵轴径向晃动，起到径向定位的作用。在立式轴流泵中，推力轴承是用来承受水流作用在叶片上的向下的轴向推力和转子的重力，并保持转子的轴向位置，将轴向力传到基础上。推力轴承装在电动机轴顶端的上机架上。

二、混流泵的构造

混流泵的结构形式和特性介于离心泵和轴流泵之间，分为蜗壳式和导叶式两种。蜗壳式混流泵的比转数值小于导叶式，其结构接近离心泵。导叶式混流泵的结构与轴流泵类似。两种形式都可视为具体需要制成立式和卧式结构。目前大型火力发电厂多采用立式混流泵作为循环水泵。

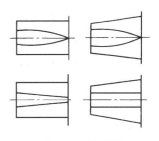

图 2-42　扩压器

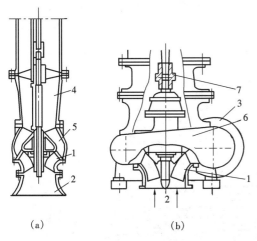

(a)　　　　　　　(b)

图 2-43　混流泵示意

(a) 立式混流泵；(b) 蜗壳式混流泵

1—叶轮；2—吸入口；3—出水口；4—出口

扩压管；5—出口导叶；6—蜗壳；7—联轴器

1. 导叶式混流泵

图 2-43（a）所示为立式导叶混流泵，其外观和内部结构都与轴流泵相似，其主要特征为短宽形的扭曲状叶片，出口液体斜向流出，所以又称为斜流泵。

导叶式混流泵的叶轮包括叶片、轮毂和锥形体部分。叶轮叶片有固定式和可调式，调节方式也分为半调节式和全调节式，调节原理与轴流泵的基本相同。

导叶式混流泵径向尺寸较小，流量较大，如图2-43（a）所示的立式结构，叶轮淹没在水中，无需真空引入设备，占地面积小。

2. 蜗壳式混流泵

图 2-43（b）所示为蜗壳式混流泵。其结构与单级单吸悬臂式离心泵相似，叶轮叶片为固定式，压出室较小，结构简单，制造、安装、维护方便。

第五节　火力发电厂常用泵与风机的典型结构

火力发电厂中，泵与风机是重要的辅助设备，常用泵与风机主要包括：锅炉给水泵、凝结水泵、循环水泵、强制炉水循环泵、灰渣泵、送风机、引风机、排粉机和再循环风机等。由于其用途和工作条件的不相同，结构上各有特点。

一、给水泵

给水泵是火电厂中最重要的泵。其作用是将除氧器水箱内具有一定温度和压力的水连续不断地压入锅炉（汽包），因此也称为锅炉给水泵。给水泵输送的是纯净的接近饱和状态的高温水。高压、超高压及亚临界压力机组中，给水泵入口温度高达 158℃ 以上，给水泵的扬程已达 14.7～26.3MPa（1500～2680mH$_2$O），超临界压力机组给水泵的扬程高达 31.4MPa（3200mH$_2$O）以上，给水泵入口温度高达 182℃ 以上，超超临界压力机组的扬程更高，达到 35～40MPa。由此可

资源34 电动
给水泵工作原理

见，给水泵是处于高压和较高温度下工作的。随着火力发电厂单元机组容量的不断提高，给水泵正朝着大容量、高转速、高性能的方向发展。现代锅炉给水泵有分段式和双壳体圆筒式两种主要结构形式，双壳体圆筒式多级离心泵，其内壳体又分为分段式和水平中开式两种形式，超临界压力机组多采用内壳体中开式。

1. 分段式多级离心泵

常见的分段式多级给水泵为国产的 DG 型，结构上的区别是：小容量机组给水泵首级叶轮为单吸，而大容量机组的为双吸。图 2-44 所示为国产 300MW 机组配套 DG 500 -240 型给水泵。该泵共 8 级，为提高泵的抗汽蚀性能，首级叶轮采用双吸式，其余七级均为单吸。该泵采用浮动环密封装置，底座上设置纵销、横销等热膨胀导向装置，轴向推力平衡装置采用平衡盘加止推轴承。这种泵可以承受较高的压力，但检修费工费时，需拆卸泵的进、出水管道，再解泵体。结合面多，组装中难以保证各结合面的同心对称和均匀紧密，使得运行中易造成级间泄漏，而且在启动、停运和工况突变时，常受到热冲击，引起附加的热应力和热变形，造成动、静部件之间摩擦与振动而损坏。

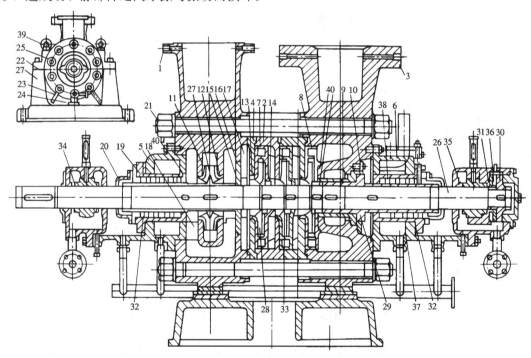

图 2-44　分段式多级离心泵示意

1—进水段；2—中段；3—出水段；4—中间隔板；5—进水压盖；6—出水压盖；7—导叶；8—末级导叶；9—平衡圈；10—平衡圈压盖；11—进水段压盖；12—首级密封环；13—次级密封环；14—导叶衬套；15—进水段衬套；16—进水段焊接盖；17—进水段焊接隔板甲；18—进水段焊接隔板乙；19—密封室；20—密封室端盖；21—拉紧螺栓；22—底座；23—纵销；24—纵销滑槽；25—横销；26—轴；27—首级叶轮；28—次级叶轮；29—平衡盘；30—推力盘；31—推力盘挡块；32—轴套；33—叶轮卡环；34—进水端轴承；35—出水段轴承；36—平衡推力块；37—浮动环；38—支撑环；39—起重吊环；40—O 形密封圈

2. 圆筒形双壳体多级离心泵

现代高速给水泵多采用双壳体圆筒形结构如图 2-45 所示。这种泵的泵体是双层套壳，

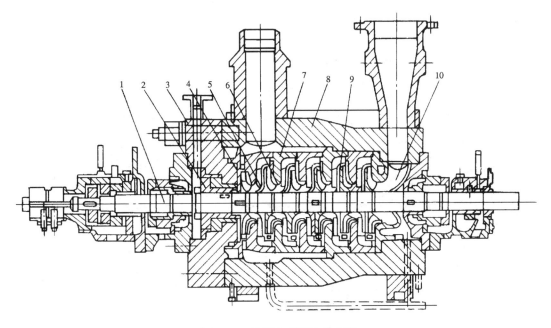

图 2-45　CHTA 型锅炉给水泵
1—轴；2—双平衡鼓；3—泵盖；4—叶轮；5—导叶衬套；6—叶轮密封环；
7—内壳体中段；8—泵筒体；9—导叶；10—吸入段

内壳体与转子组成一个完整的组合体，装在铸钢或锻钢的圆筒形外壳体内，外壳体的高压端有坚固的端盖，端盖与圆筒式外壳用螺栓连接。内壳体的结构有分段式和水平中开式两种。在内壳体和外壳体之间的间隙里充满由水泵最后一级叶轮排出的高压水，内壳体在水的压力作用下，结合面保持了极高的严密性。由于内、外壳之间充满了末级叶轮引入的高压水，因而使壳体上下受热均匀，热应力小，同心性好，即使受到剧烈热冲击，也能保证泵的同心，从而提高了泵运行的可靠性。外壳体虽然受到较高的内压作用，但因其为整体圆筒，故强度容易保证。为防止给水泵汽蚀，第一级叶轮也采取增大叶轮吸入口尺寸的措施。考虑到高温下的热膨胀，在底座上设置了纵销、横销等导向装置，并在联轴器的一端留有一定的间隙。

圆筒形多级离心泵的进、出管口焊接在圆筒上，圆筒与泵脚焊在一起，并放置在泵基础上。泵在检修时，不必拆卸进、出水管道，可直接将整个泵芯从圆筒的高压端取出，然后放入备用内芯，泵就可以在短时间内投入运转。

目前国内 600MW 超临界压力机组半容量主给水泵采用的 14X14X16-5HDB 或 CHTZ5/6 型高压锅炉给水泵，泵芯为水平中开式结构。图 2-46 所示为 HDB 型，其转子部件仅为叶轮、轴套、轴等，转子质量小。该泵为 5 级叶轮，泵轴静挠度小，刚度好。上下蜗壳为空间流道结构，内泵芯壳体水平中开结构，双蜗室，径向力自行平衡，避免节段式结构径向力作用在转子上，有利于泵的平稳运行。泵芯均由不锈钢材料制造。首级叶轮为双吸结构，次 4 级单吸叶轮采用对称布置，自身平衡轴向力，无轴向推力平衡装置，减少了泵内液体的循环泄漏，提高了效率。无轴向推力平衡机构，安全可靠。无需外接水管，结构简单，便于维护。由于首级叶轮采用双吸，因此泵的抗汽蚀性能好。另外，内泵为水平中开结构，检修方便，且转子做完动平衡后，无需再逐级拆装，就可以将整个转子放入壳体中，既保持了动平衡精度，又大大节省了时间。鉴于上述特点，国内大容量超临界、超超临界参数火电机组锅炉给水泵采用这种结构形式的居多。

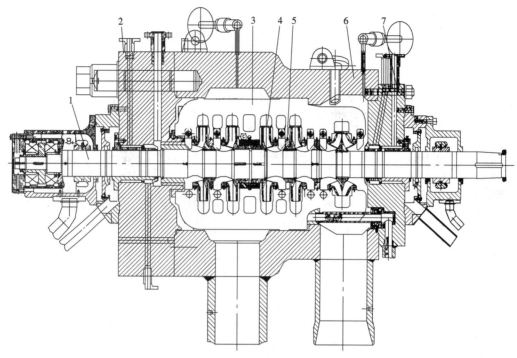

图 2-46　HDB 型锅炉给水泵

1—泵轴；2—压出侧端盖；3—内壳体；4—叶轮；5—密封环；6—筒体；7—吸入侧端盖

应当指出，当今国内 1000MW 超超临界参数火电机组采用的锅炉给水泵，其泵芯除中开式结构之外，也有泵芯为分段式结构的，例如瑞士 SULZER 泵业有限公司生产的HPT400-390-6S 型（6 级叶轮，最佳效率 86.12%）、日本日立公司生产的日立 BGM-CH 型（5 级叶轮，最佳效率 85.6%）等。

3. 前置泵

火电厂中 200MW 以上机组的给水泵均设有前置泵，其作用是提高给水泵入口液体的压强，防止给水泵发生汽蚀。目前国内大机组采用的前置泵一般为 YNKn 型和 QG 型，这两种泵的结构大致相同，图 2-47 所示为与 600MW 机组主给水泵配套的 QG 型前置泵。QG 型泵是卧式单级双吸蜗壳式离心泵，泵的进、出口在泵轴两侧垂直向上，便于泵组给水系统管道的布置和安装。泵体径向垂直剖分，在拆掉两端吸入盖的情况下，可抽出转子，不用拆卸管路，安装维修十分方便。由于前置泵采用双吸叶轮并低速运转，故可平衡自身的轴向推力及防止汽蚀的产生。

轴两端由滑动轴承支承，轴承用润滑油润滑。转子的剩余轴向力由推力轴承承受。轴封采用机械密封或填料密封。在轴两端设有密封函，内装软填料或机械密封。根据需要可配轴头油泵。有一定压力的水通入密封函体内起水封、冷却作用。在轴封处装有可更换的轴套来保护泵轴。

二、凝结水泵

凝结水泵也称为冷凝泵或复水泵，用来将汽轮机中排出的乏汽在凝汽器中凝结的水抽出，送往除氧器。凝汽器是在高真空状态下工作的。凝结水泵的吸入侧也为高真空状态，在

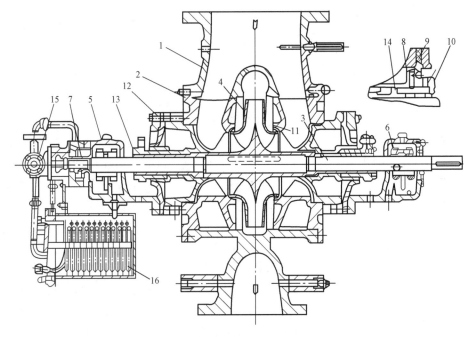

图 2-47　QG 型前置泵结构

1—泵体；2—泵盖；3—泵轴；4—叶轮；5—轴承体；6—轴瓦；7—推力轴承；
8—机械密封；9—密封体；10—密封压盖；11—密封环；12—填料函体；
13—轴套；14—机械密封轴套；15—轴封油泵；16—轴承箱冷却器

运行中易产生汽蚀和漏入空气。因此要求凝结水泵的抗汽蚀性能和密封性能要好。

凝结水泵主要有卧式和立式两种。一般小容量机组采用 NB 型（单吸悬臂式）、NS 型（双吸中开式）卧式离心泵，而大中容量机组则均采用立式结构。由于卧式泵有汽蚀和漏入空气方面的问题，现在小容量机组一般也采用立式结构。立式结构的主要优点是占地面积小；叶轮处于最低位置，增加了泵的倒灌高度；伸出轴在压出侧，解决了空气内漏的问题。为了提高泵的转速，以减轻重量，并为了满足抗汽蚀性能的要求，首级单吸叶轮前均加装了诱导轮。

1. NL 型凝结水泵

300MW 以下的机组多采用 NL 型凝结水泵，图 2-48 所示为 14NL-14 型凝结水泵，前 14 为吸入口直径（英寸）；后 14 为比转数的 1/10 轴向推力并化成整数。

该泵主要由两级叶轮组成。叶轮对称布置以平衡轴向推力。为改善泵的抗汽蚀性能，除加大首级叶轮吸入口直径外，首级叶轮前还装有诱导

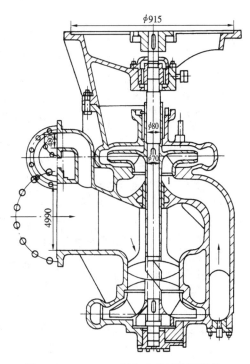

图 2-48　14NL-14 型立式凝结水泵结构

轮。泵吸入口处设有脱汽口。首级叶轮出口的水经泵盖导管引入次级叶轮。泵盖为垂直中开式，与吸入、压出管都不相连，便于检修。轴向推力由两个单列向心球轴承承受，下轴承为水润滑轴承。

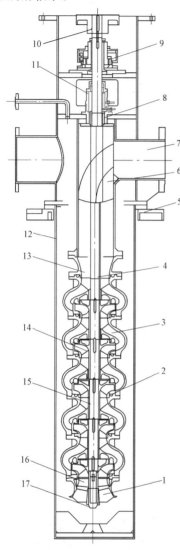

图 2-49　NLT 型凝结水泵
1—导轴承体支座；2—口环；3—导叶壳体；4—轴；5—底座；6—导流片；7—进出水壳体；8—平衡室；9—推力轴承；10—联轴器；11—密封；12—筒体；13—导径壳体；14—叶轮；15—轴套；16—诱导轮；17—轴承端盖

2. 立式筒袋式凝结水泵

LDTN 型凝结水泵由沈阳水泵厂生产，在 300MW 和 600MW 等机组上配套使用，其结构与 NLT 型类似。用于 600MW 机组的 LDTN 型泵，首级叶轮为双吸式。LDTN（AB）型泵是 20 世纪 90 年代后期发展的新产品，结构先进，体积小，运行安全可靠。目前，国内 1000MW 机组采用该形式凝结水泵的型号为 9LDTNB-5PJ 型（5 级叶轮、泵自身平衡轴向推力、机械轴封）。LDTN 型泵的吸入与吐出接口分别位于泵筒体和吐出座上，检修时不需拆卸进水管路即可抽出泵的工作部（包括泵轴、叶轮、导流壳和轴承等）。泵的吸入与吐出接口可以做 180°、90°等多种角度变位，以满足安装的需要。该系列泵的性能参数范围：流量为 90~2400m³/h，扬程为 48~360N·m/N，η＝77%~86%。输送水温不超过 80℃。

图 2-49 所示为大容量汽轮机组选用的 NLT 型凝结水泵。该泵采用优秀离心泵水力模型，设计点效率高，抗汽蚀性能好，H-q_v 性能曲线平缓。该泵有五级单吸式叶轮，首级叶轮吸入口直径比后面各级大，且装有前置诱导轮，以提高其抗汽蚀性能。泵整体由进水部分、工作部分和出水部分组成。进水部分由圆筒体和筒体上的入口法兰组成；工作部分由下轴承支座、诱导轮、各级叶轮及各级导流壳体等组成；出水部分由变径管、接管、导流片和出口法兰组成。凝结水先经入口进入圆筒体内，转向筒体下方，轴向进入泵的下轴承支座到达工作部分，再经工作部分逐级升压后由出口排出。工作部分位于筒体内，轴封采用填料密封，轴端处为通过叶轮后的高压液体，运行时不存在吸入端漏入空气的问题。另外，凝结水泵进水管上方设有与凝汽器抽气侧相通的脱气管口，目的是在启动时泵内空气能排至凝汽器，然后由抽汽器抽出，并可维持泵入口与凝汽器中压力相同，避免吸入的凝结水因压力降低而汽化。凝结水进入时先导入垂直固定的圆筒形外壳，使首级叶轮充分淹没于水中。泵的各级叶轮上设置有平衡孔及叶轮背口环以降低转子的

不易产生汽蚀、振动，噪声也小。轴向推力，剩余轴向推力及转子的重力由泵自身带的推力轴承承受。该泵转子中设有多个径向水润滑导轴承，保证轴系运转时有足够的刚性。导轴承的润滑和冷却都是由自身输送的凝

结水完成。

图 2-50 所示为长沙水泵厂引进日本日立制作所技术制造的 C720-4 型凝结水泵。它能满足 600MW 超临界压力机组的性能要求。该泵的结构与 NLT 型类似，不同之处是首级叶轮采用双吸形式，目的是提高泵的抗汽蚀性能。泵的轴向推力和转子的重力由自身带的推力轴承承受。轴封装置采用填料密封时，为保持泵内的真空状态，要通过 0.1～0.2MPa 的压力水进行密封。

三、循环水泵

循环水泵主要是将大量冷却水输送到凝汽器中冷却汽轮机的排汽，使之凝结成水，以保证凝汽器的高度真空。循环水泵的工作特点是流量大、扬程低，而且冷却水温度较低。循环水泵采用的类型有离心泵、轴流泵和混流泵。在中小型火力发电厂中一般采用高比转数的 SH 型离心泵、立式蜗壳型混流泵（如源江 48P-35ⅡA 型循环水泵），现代大型火力发电厂中多采用立式导叶式混流泵或立式轴流泵。大容量机组采用的立式混流泵有沈阳水泵厂生产的 HB、HK 型和上海 KSB 泵有限公司生产的 SEZ、HL 型。这类泵体积和质量小，启动前不需灌水，效率高，抗汽蚀性能好，安全可靠，适用于输送 55℃ 以下的清水或海水。

图 2-51 所示为与 600MW 机组配套的可抽芯 SEZ 立式混流泵，它是目前国

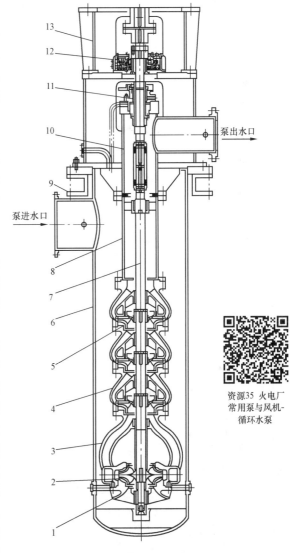

图 2-50　C720-4 型凝结水泵

1—吸入喇叭口；2—双吸首级叶轮；3—泵体；4—导叶体；5—次级叶轮；6—外筒体；7—主轴；8—压水接头；9—安装垫板；10—吐出弯管；11—填料密封部件；12—推力轴承部件；13—电机支座

资源35 火电厂常用泵与风机-循环水泵

内制造的最大口径（出水口径 2200mm）的电厂循环泵。流量达 64 800m³/h，扬程为 30m。SEZ 立式混流泵的结构有抽芯式和非抽芯式两种形式。抽芯式是将泵顶部泵盖拆开后，轴、叶轮、导叶等均可被抽出，而与出口管路相连的整个泵外筒体固定不动，安装维修方便。非抽芯式泵转子部件与固定部件组成一个整体，检修时需将整个泵拆除。

四、强制炉水循环泵

强制循环泵用于亚临界压力强制炉水循环汽包锅炉，保证高温高压的炉水进行强制循环，使锅炉在亚临界压力下运行时能有效地冷却水冷壁，是确保水冷壁可靠工作的专用泵，并可用于清洗锅炉。强制循环泵在高温、高压下使用，采用轴封极其困难，因此均为无轴

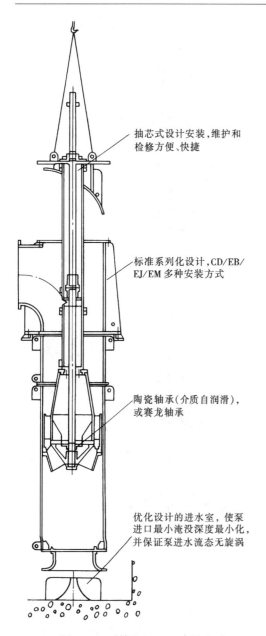

图 2-51　可抽芯 SEZ 立式混流泵

抽芯式设计安装，维护和检修方便、快捷

标准系列化设计，CD/EB/EJ/EM 多种安装方式

陶瓷轴承（介质自润滑），或赛龙轴承

优化设计的进水室，使泵进口最小淹没深度最小化，并保证泵进水流态无旋涡

封泵。

无轴封泵的工作特点是吸入压力高，温度高，流量大，扬程低。它的驱动方式有屏蔽式电机驱动和湿式电机驱动，湿式电机的效率较高。图 2-52 所示为立式无轴封单级单吸离心式混流泵。泵壳吸入管和两个吐出管分别与锅炉垂直管道和下联箱管道焊接在一起。电动机置于泵壳下部，整台泵机组悬垂在管道上，不设支座，随管道热膨胀而自由移动。泵的转子与电动机的转子同轴，在泵与电机之间设置了热屏，阻隔泵端的高温传向电动机。同时，径向钻有许多孔的电动机转子推力盘兼作辅助叶轮，迫使电机腔内的水经电机冷却器进行循环，润滑轴承，并将轴承、定子线圈与铁芯发热量以及泵端传导的热量排出，以确保绕组绝缘材料在允许的工作温度下工作。泵壳、热屏和电动机机壳通过主螺栓连接成一个密封的压力壳体，因此不需要任何密封结构，从根本上解决被输送液体的泄漏问题。

直流锅炉再循环泵的结构与强制循环泵相同。

五、灰渣泵

灰渣泵的作用是将锅炉排出的灰渣与水的混合物输送到储灰场。灰渣泵所输送的介质是含有固体颗粒的液体，对叶轮和泵壳的磨损很大，因此，必须采取一定的措施保证泵的正常工作。

图 2-53 所示为发电厂常用的国产 PH 型泵，该泵为单级单吸悬臂式离心泵，采用铸件结构。它的泵体分为内外两层，内层装有前护板、护套等部件，将泵体和泵盖与液体隔离，使之不被磨损，内层各部件和叶轮均采用耐磨材料制成。在叶轮两盖板外侧壁装有背叶片，以防止灰渣水混

合物中的灰渣颗粒进入叶轮和前护板之间，起保护填料室的作用。在泵的前护板与泵体间的空腔及填料室的水封处引入压力清水，防止灰渣混合物进入。灰渣泵按照液体中所含固体颗粒的大小，泵内应有足够宽敞的流道，转动部件与固定部件的有关间隙足够大，以防固体颗粒堵塞流道和卡住转动部件。

六、送风机

输送新鲜空气供给锅炉燃料所使用的风机是送风机。送风机所输送的空气是环境温度，而且不含飞灰。这类风机只要求保证供给锅炉燃料所需的空气量以及克服送风管道系统的阻力，与一般用途的通风机一样，无结构上的特殊要求，火电厂中常采用 4-13.2（73）型

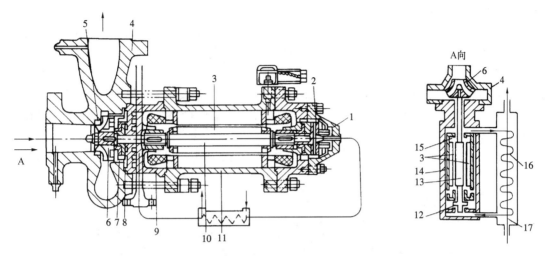

图 2-52　无轴封循环泵（湿式电机驱动）

1—电机端盖；2—循环叶轮（推力盘）；3—定子线包；4—泵壳；5—密封环；
6—叶轮；7—辅助小叶轮；8—辅助叶轮壳；9—隔热件；10—轴；11—定子线
包外壳；12—辅助叶轮和推力轴承；13—转子；14—电机壳；15—径向轴承；
16—高压冷却管圈；17—低压冷却水

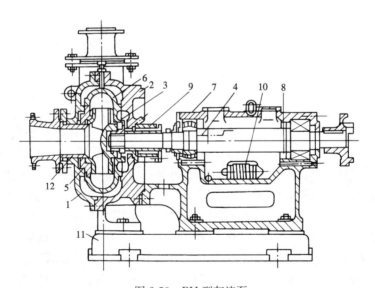

图 2-53　PH 型灰渣泵

1—泵体；2—泵盖；3—叶轮；4—轴；5—前护板；6—护套；
7—托架盖；8—托架；9—填料箱；10—冷却水管；11—泵座；12—进水护套

离心式风机，其结构示意参见附录Ⅱ。该风机为后弯机翼型斜切叶片，具有效率高、比转速大、噪声低、强度高等优点，最高效率可达 90％以上。叶轮均采用低合金钢板焊接而成。机壳和进气箱均为开口式结构，便于叶轮转子垂直吊出。机壳底部设有疏水阀，中部设有人孔门便于检查、维护和清理。轴承座设有循环水道，采用工业水冷却。叶轮出厂前都经过动平衡校正和超速试验，因此运转平稳。

随着机组容量的增大，现代大容量锅炉送风机多采用轴流式，目前国内多采用上海鼓风机厂生产的 FAF、SAF 型轴流式送、引风机（结构类似图 2-37）。

七、一次风机

随着机组容量的增大，一次风量增加，由于一次风压要求较高，一次风机采用离心式能满足风压的要求，但大流量会其体积较大。600MW 以上机组普遍来采用二级叶轮的轴流式一次风机，其结构如图 2-54 所示。

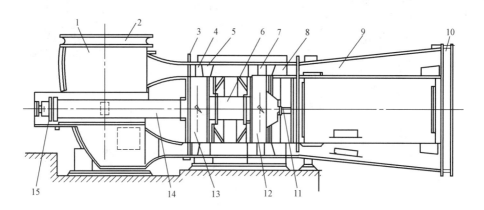

图 2-54 PAF 型二级一次轴流风机

1—进风箱；2—膨胀节；3—软性连接器；4—Ⅰ级叶片；5—Ⅰ级导叶；6—主轴承；7—Ⅱ级叶片；8—Ⅱ级导叶；9—扩压筒；10—膨胀节；11—调节机构；12—Ⅱ级叶轮；13—Ⅰ级叶轮；14—中间轴；15—联轴器

八、引风机

把燃料燃烧后生成的烟气从锅炉中抽出，送往烟囱排入大气中去的风机称为引风机。烟气是高温（150℃左右）的有害气体，所以对引风机的结构和材料均有特殊要求。首先，引风机的轴承要保持良好的冷却，以确保风机和电动机在正常温度条件下工作。其次，引风机必须具有良好的严密性，防止烟气外泄而污染工作环境。另外，烟气中含有飞灰，对风机的某些部件磨损很大。因此，引风机的叶片和机壳的钢板较厚，采用耐磨、耐腐蚀的材料，并采用低转速和在引风机前加装高效除尘设备，以减轻引风机的磨损。图 2-55 所示为国产 300MW 机组锅炉采用的 Y4-2×13.2（4-2×73）N0281/2F 型引风机结构示意。由于离心式风机的耐磨损性好，因此大型机组锅炉也有采用离心式引风机，但轴流式是主流。600MW 以上超临界、超超临界参数机组的引风机较多采用子午加速（静叶可调）轴流式风机，如沈阳鼓风机厂及成都电力机械厂生产的 AN 系列轴流式风机，其结构如图 2-56 所示。

由于环境保护的需要，现代火电厂都在锅炉尾部烟道增设了脱硫装置，这就增大了烟道的阻力。由于轴流式产生的压头较低，为克服脱硫装置的阻力，进行改造的锅炉一般在引风机后设置增压风机串联运行，新建的锅炉一般采用单台二级叶轮的轴流式引风机单独运行。增压风机的结构与一级叶轮轴流引风机类似，二级叶轮引风机结构类似上述二级叶轮的轴流

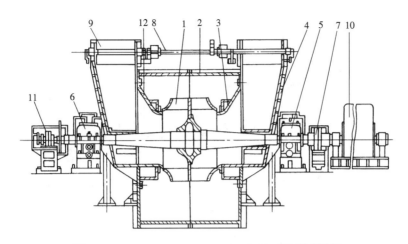

图 2-55　Y4-2×13.2（4-2×73）N0281/2F 型引风机
1—叶轮；2—机壳；3—扩压环；4—进汽箱；5—止推轴承；6—支持轴承；7—联轴器；
8—联动轴；9—径向导流器；10—电动机；11—盘车装置；12—集流器

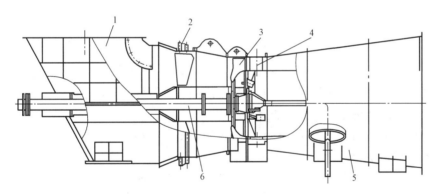

图 2-56　AN 型轴流式风机结构
1—进口弯头（进气箱）；2—进口导叶可调器；3—叶片；4—后导叶；5—扩压器；
6—转子（带滚动轴承）

式一次风机。

九、密封风机

大型火电机组多采用正压式制粉，由于磨煤机和煤粉管道都处在正压下工作，如果密封问题解决不好，系统将会向外冒粉，造成环境污染，严重者会引起自燃。因此，必须在系统中加装密封风机，防止煤粉向外泄露。

图 2-57 所示为国产 1000MW 超超临界压力直流锅炉制粉系统配置的密封风机，是一台单级单吸离心风机。大型火电机组制粉系统一般配备两台密封风机，一台运行，另一台备用。从冷一次风管引出一路冷风，经滤网过滤后送往密封风机，再经密封风机升压后用作磨煤机磨辊、轴承、热一次风风门、出粉管阀门及给煤机的密封风。

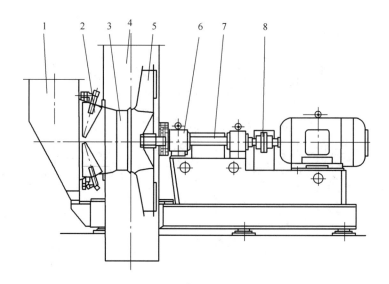

资源36 密封
风机的结构、
启动及工作原理

图 2-57　密封风机
1—进风箱；2—进口调节导叶；3—进风口；4—蜗壳；5—叶轮；6—轴承座；
7—主轴；8—联轴器

思　考　题

2-1　离心泵、轴流泵和混流泵有哪些主要部件？它们各有什么作用？

2-2　离心泵的叶轮在主轴上是如何固定的？

2-3　径向推力是如何产生的，有哪些常用的平衡方法？

2-4　轴向推力是如何产生的，有哪些常用的平衡方法？

2-5　说明轴向推力变化时，平衡盘自动平衡的动作原理。

2-6　离心风机和轴流风机由哪些主要部件组成？各有什么作用？

2-7　轴端密封的方式有几种？各有什么特点？主要用于哪种场合？

2-8　密封环有哪四种形式？其密封原理是什么？哪种密封效果好？哪种安全性高？

2-9　发电厂常用的泵与风机有哪些？各有什么作用？

2-10　大容量高温、高压锅炉给水泵为什么大多采用圆筒形双壳体结构？

2-11　凝结水泵的工作特点是什么？结构上有何特点？

2-12　为什么采用轴流风机作为电厂送、引风机的越来越多？

2-13　发电厂中对常用风机的结构有何要求？为什么？

第三章 泵与风机的叶轮理论

【导读】 本章主要讲的是泵与风机的叶轮理论，是泵与风机的基础理论知识。在生活中最常见的是叶片式泵与风机，其中离心式和轴流式较为常见。作为旋转机械，泵与风机为什么可以将原动机的能量传递给流体？外形相近的离心式或轴流式泵与风机，他们的性能可能差别很大，是因为叶片的形状不同？还是流体进入的角度各异？或是转速上的差别？怎样提高泵的性能？轴流泵的叶片跟飞机的机翼又有什么样的关系？经过本章的学习，相信你能找到以上问题的答案。

本章介绍流体在叶轮中的运动特点及速度三角形、叶片式泵与风机的能量方程——欧拉方程的推导与分析过程和流体在旋转叶轮中获得能头的特点。通过研究提高流体在旋转叶轮中获能的途径、大小和性质等因素，重点分析了叶片形式（形状）和数量对流体在叶轮中获能和其他工作特征的影响，还介绍了应用升力理论推倒轴流式叶轮的能量方程式，简要介绍轴流式泵与风机四种基本形式的特点和应用。

第一节 叶片式泵与风机的基本方程式

叶片式泵与风机的基本方程式，是流体通过旋转叶轮时获得能量的定量关系式。该方程是欧拉（Euler. L）于 1756 年首先推导出的，所以又称为欧拉方程式，也称为能量方程式。

泵与风机工作时，流体是不断地通过旋转叶轮的，而流体通过泵与风机叶轮的流量和获得的能量与流体在叶轮中的运动状况有关。为了定量讨论流体通过泵与风机的获能，要先了解流体在叶轮内的运动情况。

一、流体在离心式叶轮中的运动分析

流体通过旋转叶轮时的运动情况比较复杂，叶轮内的流体在随叶轮一起作旋转运动的同时，还有从叶轮入口沿叶道向叶轮出口的流动。因此，流体在叶轮内的运动是一种复合运动。

如图 3-1 所示，叶道内任意半径 r 处，流体质点随叶轮一起作圆周运动，称为牵连运动，用圆周速度 $\vec{u}$ 表示；它的方向与圆周的切线方向一致，如图 3-1（a）所示。流体质点相对于叶轮的运动，即流体质点沿叶轮叶道的运动，称为相对运动，用相对速度 $\vec{w}$ 表示；它的方向与叶片的形状有关，如图 3-1（b）所示。叶轮中的流体质点相对泵壳的运动，称为绝对运动，用绝对速度 $\vec{v}$ 表示；由于绝对运动是牵连运动和相对运动的合成运动，故绝对速度应是圆周速度与相对速度的矢量和，如图 3-1（c）所示。

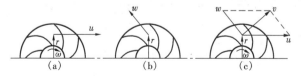

图 3-1 流体在叶轮内的运动

（a）圆周运动；（b）相对运动；（c）绝对运动

绝对速度与圆周速度和相对速度关系式为

$$\vec{v} = \vec{u} + \vec{w} \tag{3-1}$$

二、速度三角形

为了分析方便，流体在叶轮内的复合运动用速度三角形（简称速度图）表示，它是由三种速度向量组成的向量图。图 3-2 所示为叶轮中任意半径处流体质点的速度三角形，它是图 3-1（c）中将相对速度 $\vec{w}$ 平移到四边形的另一边所得的结果。

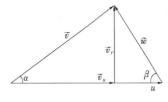

图 3-2 速度三角形及绝对
速度的两个分量

速度三角形是将物理问题转换为数学分析的有力工具。

速度三角形中，$\vec{w}$ 与 $\vec{u}$ 的反向夹角称为流动角，用 β 表示；绝对速度可分解成两个相互垂直的分速度：一个是半径方向的分速度 $\vec{v}_r$，称为径向分速度（也叫轴面速度）；另一个是圆周切线方向的分速度 $\vec{v}_u$，称为圆周分速度。若绝对速度 $\vec{v}$ 与圆周速度 $\vec{u}$ 之间的夹角用 α 表示，则 $v_r = v\sin\alpha$，$v_u = v\cos\alpha$。在设计中，将叶片切线与圆周速度反方向之间的夹角称为叶片安装角，用 β_y 表示。当流体沿叶片型线运动时，流动角等于安装角，即 $\beta = \beta_y$。

应当指出，实际分析中通常只涉及流体在叶轮进口和出口处的运动状态，即由叶轮进、出口处的速度三角形就可分析流体通过叶轮的流量和所获得的能量。

三、理论流量的计算

如图 3-1（c）所示，设叶轮直径为 D 处的叶道宽度为 b，叶轮进、出口处的直径和叶道宽度分别为 D_1、D_2 和 b_1、b_2，则通过叶轮的流量为

$$q_{VT} = Av_r = \pi D b\psi v_r = \pi D_1 b_1 \psi_1 v_{r1} = \pi D_2 b_2 \psi_2 v_{r2} \tag{3-2}$$

式中　q_{VT}——理论流量（流体通过叶轮的实际流量），m^3/s；

　　　　A——有效过流面积（与 v_r 垂直的回转曲面，见图 3-3），$A = \pi D b - z s_u b$，m^2；

　　　　s_u——叶片在圆周上占去的长度；

　　　　z——叶片数；

　　　　ψ——排挤系数，表示叶片厚度对流道过流断面影响的程度。

排挤系数的计算式为

$$\psi = \frac{\pi D - z s_u}{\pi D} = 1 - \frac{z s_u}{\pi D} \tag{3-3}$$

对于水泵：$\psi_1 = 0.75 \sim 0.88$，$\psi_2 = 0.85 \sim 0.95$。

式中，下标 1、2 分别为叶轮进口、出口处的参数。

四、速度三角形的绘制

绘制速度三角形只需已知其三个独立的条件，每条边按相同的比例即可。通常圆周速度 u 为首选参数，因为其大小 $u = \dfrac{\pi D n}{60} = r\omega$（$r$、$D$ 为叶轮半径、直径，n 为叶轮转速 r/min，ω 为叶轮旋转角速度，rad/s），方向与 r 垂直，均易确定。其次是选用径向分速度 $v_r = \dfrac{q_{VT}}{\pi D b\psi}$ 和

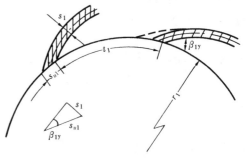

图 3-3 排挤系数示意

流动角 $\beta = \beta_y$（当叶片无限多时）。当流体径向进入叶轮时，绘制进口速度三角形通常选用 α_1 为佳（因 $\alpha_1 = 90°$）。

五、基本方程式

推导基本方程式的理论依据是流体力学中的动量矩方程，即在定常流中，单位时间内流出与流进控制体的流体对某一轴线的动量矩的变化等于作用在该控制体的流体上所有外力对同一轴线力矩的代数和。

如图 3-4 所示，1—1 为叶片进口截面，2—2 为出口截面，取叶轮前、后盖板和截面 1—1、2—2 之间的空间所包围的流体为控制体，设单位时间内流出与流进控制体的流量为 q_{VT}，流体的密度为 ρ，则质量流量为 ρq_{VT}，单位时间内流进、流出控制体的流体动量分别为 $\rho q_{VT} v_{1\infty}$ 和 $\rho q_{VT} v_{2\infty}$。

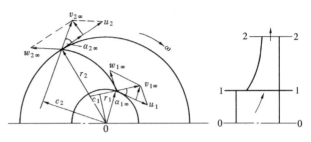

图 3-4　推导基本方程式用图

由图 3-4 可知，进、出口绝对速度向量与转轴的垂直距离 l_1、l_2 分别为

$$l_1 = r_1 \cos\alpha_{1\infty}, \quad l_2 = r_2 \cos\alpha_{2\infty}$$

于是单位时间内流进、流出控制体的流体对转轴的动量距分别为

$$k_1 = \rho q_{VT} v_{1\infty} l_1 = \rho q_{VT} v_{1\infty} r_1 \cos\alpha_{1\infty}$$

$$k_2 = \rho q_{VT} v_{2\infty} l_2 = \rho q_{VT} v_{2\infty} r_2 \cos\alpha_{2\infty}$$

根据动量矩方程，动量矩的变化等于所有外力对转轴的力矩代数和，用 M 表示该力矩代数和，有

$$M = k_2 - k_1 = \rho q_{VT}(v_{2\infty} r_2 \cos\alpha_{2\infty} - v_{1\infty} r_1 \cos\alpha_{1\infty})$$

作用在控制体内流体的外力对转轴的力矩有：①重力产生的力矩。由于其对称性，对转轴的力矩之和为零；②通过 1—1 截面和 2—2 截面以及由前后盖板作用在流体上的压力。由于它们垂直和平行于转轴，对转轴的力矩也为零。因此，作用在控制体上的外力对转轴的力矩就只有转轴通过叶片传给流体的力矩。力矩 M 就是原动机传给叶轮的转矩。如果叶轮以等角速度 ω 旋转，则叶轮传递给流体的功率为

$$P = M\omega = \rho q_{VT} \omega(v_{2\infty} r_2 \cos\alpha_{2\infty} - v_{1\infty} r_1 \cos\alpha_{1\infty})$$

因为　$u_1 = r_1 \omega$，$u_2 = r_2 \omega$，$v_{1u\infty} = v_{1\infty} \cos\alpha_{1\infty}$，$v_{2u\infty} = v_{2\infty} \cos\alpha_{2\infty}$，代入上式可得

$$P = \rho q_{VT}(u_2 v_{2u\infty} - u_1 v_{1u\infty}) \tag{3-4}$$

若不记传递时的能量损失，流体流经叶轮时所获得的功率应等于叶轮传递的功率，即

$$P' = \rho g H_{T\infty} q_{VT} = P = \rho q_{VT}(u_2 v_{2u\infty} - u_1 v_{1u\infty})$$

上等式同除以 $\rho g q_{VT}$，可得单位重力理想不可压缩流体通过理想叶轮时获得的能头，即

$$H_{T\infty} = \frac{1}{g}(u_2 v_{2u\infty} - u_1 v_{1u\infty}) \tag{3-5}$$

式中　$H_{T\infty}$——理论扬程，N·m/N。

式（3-5）即为叶片式泵与风机的基本方程式或能量方程式。

对于风机，习惯上用全压表示流体所获得的能量。根据全压 $p = \rho g H$，可得风机的能量方程式为

$$p_{T\infty} = \rho(u_2 v_{2u\infty} - u_1 v_{1u\infty}) \quad \text{Pa} \tag{3-6}$$

式中　　$p_{T\infty}$——单位体积理想不可压缩流体通过理想叶轮时获得的能量，称为理论全压。

六、基本方程式的另一表达形式

对于速度三角形，利用余弦定理，有

$$w_{1\infty}^2 = v_{1\infty}^2 + u_1^2 - 2u_1 v_{1\infty}\cos\alpha_{1\infty} = v_{1\infty}^2 + u_1^2 - 2u_1 v_{1u\infty}$$

$$w_{2\infty}^2 = v_{2\infty}^2 + u_2^2 - 2u_2 v_{2\infty}\cos\alpha_{2\infty} = v_{2\infty}^2 + u_2^2 - 2u_2 v_{2u\infty}$$

整理得

$$u_1 v_{1u\infty} = \frac{1}{2}(v_{1\infty}^2 + u_1^2 - w_{1\infty}^2)$$

$$u_2 v_{2u\infty} = \frac{1}{2}(v_{2\infty}^2 + u_2^2 - w_{2\infty}^2)$$

代入式（3-5），得基本方程式的另一表达形式

$$H_{T\infty} = \frac{v_{2\infty}^2 - v_{1\infty}^2}{2g} + \frac{u_2^2 - u_1^2}{2g} + \frac{w_{1\infty}^2 - w_{2\infty}^2}{2g} \tag{3-7}$$

式（3-7）表明，流体所获得的理论能头由两部分组成。

第一部分：$(v_{2\infty}^2 - v_{1\infty}^2)/2g$ 表示流体流经叶轮时动能头的增加值，用 $H_{d\infty}$ 表示。这项能量有部分要在叶轮后的导叶或蜗壳中转化为压能。由流体力学可知，动能转化为压能的过程中存在能量损失，降低了泵与风机的效率。

第二部分：$(u_2^2 - u_1^2)/2g + (w_{1\infty}^2 - w_{2\infty}^2)/2g$ 共同表示流体经过叶轮时压能头（也叫势扬程）的增加值，用 $H_{st\infty}$ 表示。其中 $u_2^2 - u_1^2/2g$ 为流体受惯性离心力的作用，在叶轮外缘封闭时出、入口处的压能增量；$(w_{1\infty}^2 - w_{2\infty}^2)/2g$ 可认为是流体从叶道入口到出口过流断面的增大，流体相对速度减小而转换的压能增量。

由上面分析可知，流体所获得的理论能头可写为

$$H_{T\infty} = H_{d\infty} + H_{st\infty} \tag{3-8}$$

七、基本方程式分析

式（3-5）中，理论扬程 $H_{T\infty}$ 为单位重力流体在没有任何损失，流过无限多叶片叶轮时所获得的能量。从等式右边可以看出，$H_{T\infty}$ 的大小取决于流体在叶轮进口、出口处的运动速度，即取决于叶轮的结构、尺寸和转速等因素，与流体的密度无关。当转速不变时，不同种类的流体，无论是水、空气还是其他密度的流体，通过同一叶轮所得到的理论扬程相等。式（3-6）中，由于理论全压 $p_{T\infty}$ 是以单位体积流体为获能的计量单位，故其与流体的密度有关。

1. 提高理论扬程与理论全压的途径

分析能量方程式可知，加大叶轮外径 D_2、减小叶轮内径 D_1、增大 $v_{2u\infty}$、减小 $v_{1u\infty}$、提高转速等，都可以提高理论能头，而 $v_{1u\infty}$、$v_{2u\infty}$ 与叶轮的型式即进、出口安装角 β_{1y}、β_{2y} 有关。改变上述参数会影响泵与风机的某些性能，后面有关章节将简要说明。比较之下，采用

增大转速来提高能头是目前的主要方法。

另外，减小 $u_1 v_{1u\infty}$ 也可提高理论能头。如取 $\alpha_{1\infty} = 90°$，即流体径向进入叶轮，则 $v_{1u\infty} = v_{1\infty}\cos\alpha_{1\infty} = 0$，此时的理论扬程达到最大，则式（3-5）为

$$H_{T\infty} = \frac{u_2 v_{2u\infty}}{g} \tag{3-9}$$

2. 预旋的存在及其对理论扬程的影响

从上面的分析中可见，如果流体径向进入叶轮，可以获得理论最大扬程。但实际上流体在进入叶轮之前已由轴向流动转变为螺旋推进运动，这种进入叶轮之前预先的旋转运动称为预旋或先期旋绕。由于存在预旋，$\alpha_{1\infty} \neq 90°$，即 $v_{1u\infty} \neq 0$。

预旋有正、负之分。如果流体进入叶轮前的绝对速度与圆周速度间的夹角是锐角，则绝对速度的圆周分速度与圆周速度同向，此时的预旋称为正预旋；相反，如果流体进入叶轮前的绝对速度与圆周速度间的夹角是钝角，则绝对速度的圆周分速度与圆周速度反向，此时的预旋称为负预旋。正预旋会使 $H_{T\infty}$ 减小，负预旋则使 $H_{T\infty}$ 增大。

对预旋发生的原因，至今没有一致的认识，有人认为流体的预旋是由于叶轮的旋转引起的；有人认为是由于流体总是企图选择阻力最小的路径进入叶轮；还有人认为当流量较小时，在叶轮前盖板入口处有强烈的逆流从叶轮流出，逆流造成了预旋。

在设计时，使流体在叶轮入口前产生预旋，可以提高泵与风机的效率或改善其他性能。例如在单级双吸离心泵中，使流体正预旋进入叶轮，可以改善流体在叶轮入口处的流动，并消除轴背面的漩涡区。但有一点，它虽然不消耗叶轮的能量，却会使理论扬程有所下降。

八、基本方程式修正

叶片式泵与风机的基本方程式是在理想情况下推导出来的，与实际情况不相符合，因此在工程应用上必须对方程进行修正。

1. 实际叶轮对理论能头的影响

在基本方程式的推导过程中，认为叶轮中叶片数为无限多，因此叶道中的流体按叶片型线运动，任意半径处流体质点的相对运动速度分布是均匀的，如图 3-5 中 b 所示。而实际叶轮的叶片数目是有限的，流体在具有一定宽度的叶道中流动，由于流体的惯性，叶道内的流体会出现一个与叶轮转动方向相反的旋转运动，形成和叶轮旋转方向相反的轴向涡流，如图 3-5 中 a 所示。在叶片的工作面附近，相对速度的方向与轴向涡流形成的流动速度方向相反，两个速度叠加，使合成的相对速度

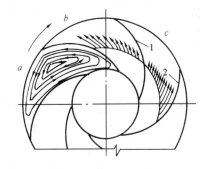

图 3-5 流体在叶轮流道中的运动
1—压力面；2—吸力面

减小，相应压强增大；而在叶片的非工作面附近，两个速度的方向相同，速度叠加的结果使合成的相对速度增加而压强减小。因此，压强和相对速度在同一半径的圆周上是不均匀的，如图 3-5 中 b、c 所示。

轴向涡流使得叶道内的流线发生偏移，导致叶轮进、出口处速度三角形发生变化。叶片进口处，轴向涡流速度和 $v_{1u\infty}$ 同向，合成后增大为 v_{1u}，叶片出口处则相反，会使 $v_{2u} < v_{2u\infty}$，如图 3-6 所示，而有限叶片数时的理论能头为

$$H_T = \frac{1}{g}(u_2 v_{2u} - u_1 v_{1u}) \tag{3-10}$$

或 $$p_T = \rho(u_2 v_{2u} - u_1 v_{1u}) \tag{3-11}$$

比较式（3-5）与式（3-10）可知：有限叶片数的理论能头 H_T 比无限多叶片时的理论能头 $H_{T\infty}$ 小。引用滑移系数 k 来修正有限叶片叶轮对理论能头的影响，即

$$H_T = kH_{T\infty} \quad 或 \quad p_T = kp_{T\infty} \tag{3-12}$$

式中滑移系数 k 恒小于 1。k 值反映了有限叶片叶轮内，轴向涡流对理论能头产生影响的程度。理论和实验的研究结果表明：k 的大小与叶片数、叶片安装角、叶片表面粗糙度、叶轮内外径、流体的动力黏度等诸多因素有关，可由经验公式求出。k 值的范围：离心泵 $k = 0.6$ ~ 0.9，离心风机 $k = 0.78$ ~ 0.86。

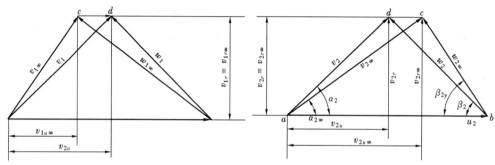

图 3-6　轴向涡流对进出口速度三角形的影响

2. 实际流体对理论能头的影响

实际流体都是具有黏性的，流体在叶轮内流动必然存在阻力损失造成泵与风机能头的下降，这种影响可用流动效率 η_h 来修正。由此可得，实际流体通过实际叶轮所获得的能头为

$$H = \eta_h H_T = k\eta_h H_{T\infty} \tag{3-13}$$

或 $$p = \eta_h p_T = k\eta_h p_{T\infty} \tag{3-14}$$

式中 　η_h ——流动效率（η_h 小于1）。

式（3-13）和式（3-14）是实际情况下的叶片式泵与风机的基本方程式。

【例 3-1】 某离心泵叶轮进口宽度 $b_1 = 32mm$，出口宽度 $b_2 = 17mm$，叶轮叶片进口直径 $D_1 = 170mm$，出口直径 $D_2 = 380mm$，叶片进口安装角 $\beta_{1y} = 18°$，出口安装角 $\beta_{2y} = 22.5°$。泵转速 $n = 1450r/min$，若液体径向流入叶轮（$\alpha_1 = 90°$），液体在流道中的流动与叶片上弯曲入方向一致。（1）试求通过叶轮的流量 q_{VT}（不计叶片厚度）。（2）绘制叶轮进、出口处速度三角形。（3）若滑移系数 $k = 0.7$，流动效率 $\eta_h = 0.92$，问该泵理论上的实际扬程 H 是多少？

解 （1）通过叶轮的流量 $q_{VT} = \pi D_1 b_1 \psi_1 v_{1r} = \pi D_2 b_2 \psi_2 v_{2r}$（$\psi_1 = \psi_2 = 1$）。

当流体径向流入叶轮时 $v_{1r} = v_1 = u_1 \tan\beta_1 = u_1 \tan\beta_{1y}$

$$u_1 = \frac{\pi D_1 n}{60} = \frac{\pi \times 0.17 \times 1450}{60} = 12.9 (m/s)$$

$$v_{1r\infty} = 12.9 \times \tan18° = 4.19 (m/s)$$

所以 $$q_{VT} = \pi \times 0.17 \times 0.032 \times 4.19 = 0.072 (m^3/s)$$

（2）确定绘制速度三角形的参数（u_1、β_1、v_1），（u_2、β_2、v_{2r}）并按比例绘制叶轮进出口

处速度三角形（见图 3-7），即

$$1\text{cm} = 2.6\text{m/s}$$

图 3-7　［例 3-1］用图

$$u_2 = \frac{\pi D_2 n}{60} = \frac{\pi \times 0.38 \times 1450}{60} = 28.9 (\text{m/s})$$

$$v_{2r\infty} = \frac{q_{\text{VT}}}{\pi D_2 b_2} = \frac{0.072}{\pi \times 0.38 \times 0.017} = 3.55 (\text{m/s})$$

（3）$H = \eta_{\text{h}} k H_{\text{T}\infty} = \eta_{\text{h}} k \dfrac{u_2 v_{2u\infty}}{g}$

$$v_{2u\infty} = u_2 - v_{2r\infty} \cot\beta_{2y} = 28.9 - 3.55 \times \cot 22.5° = 20.33 (\text{m/s})$$

故　　　　$H = 0.92 \times 0.7 \times 28.9 \times 20.33 / 9.8 = 38.61 (\text{N} \cdot \text{m/N})$

第二节　离心式泵与风机的叶轮理论

前两章已定性地说明了叶片式泵与风机的工作原理，但对泵与风机的定量分析，即流体在泵与风机中获得能量的大小和特点未作介绍。由于叶片式泵与风机工作时，流体流过的吸入室、叶轮及压出室这三个部件中，叶轮是进行能量传递的唯一部件，即流体获得的能量是在叶轮中完成的。因此叶片式泵与风机的基本理论主要体现在叶轮上。下面先分析流体在离心式叶轮中获能的特例——泵与风机工作时出口阀门未开的情况。

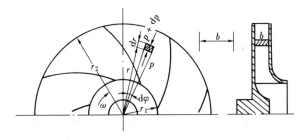

图 3-8　离心式叶轮

图 3-8 所示为离心式泵与风机的叶轮。假定叶轮的进、出口是封闭的，即流体在流道内不流动，与泵与风机工作时出口阀门未开类似。

1. 单位重力流体在叶轮中的压能增量

在叶轮流道内任意半径 r 处，取一宽度为 b，厚度为 $\mathrm{d}r$ 的流体微团，其质量为

$$\mathrm{d}m = \rho r \mathrm{d}\varphi \mathrm{d}rb$$

式中　ρ——流体的密度，kg/m^3。

叶轮旋转时，流体微团在径向受到的表面力为 p 和 $p + \mathrm{d}p$，如图 3-8 所示。质量 $\mathrm{d}m$ 的流体，随叶轮以 ω 旋转时产生的离心力 $\mathrm{d}F$ 为

$$\mathrm{d}F = \mathrm{d}m \times r\omega^2 = \rho r \mathrm{d}\varphi \mathrm{d}rb \times r\omega^2$$

$\mathrm{d}F$ 所作用的面积为

$$\mathrm{d}A = (r + \mathrm{d}r)\mathrm{d}\varphi b \approx r\mathrm{d}\varphi b$$

由于叶轮内的流体处于相对静止状态，故作用在微团外缘表面的总压力 dP 应等于 dF，即

$$dP = dp \times dA = dp \times r d\varphi b = dF = \rho r d\varphi dr b \times r\omega^2$$

整理后可得微团的径向压强差

$$dp = \rho r \omega^2 dr$$

如果流体是不可压缩的，则叶轮外径与内径处的压强差为

$$\int_{p_1}^{p_2} dp = \int_{r_1}^{r_2} \rho r \omega^2 dr = \rho \omega^2 \frac{(r_2^2 - r_1^2)}{2} = \frac{\rho}{2}(u_2^2 - u_1^2)$$

即

$$p_2 - p_1 = \rho \omega^2 \frac{r_2^2 - r_1^2}{2} = \frac{\rho}{2}(u_2^2 - u_1^2) \tag{3-15}$$

式中　　u_1、u_2——叶轮叶片进口、出口处的圆周速度。

单位重力流体在叶轮入口与出口处的压能差为

$$\frac{p_2 - p_1}{\rho g} = \frac{u_2^2 - u_1^2}{2g} \tag{3-16}$$

2. 单位重力流体在叶轮中的动能增量

相对压出室而言，随旋转叶轮一起运动的流体质点具有动能。由于叶轮内任意流体质点的速度只有圆周速度，则单位重力流体在叶轮入口与出口处的动能差为

$$\frac{v_2^2 - v_1^2}{2g} = \frac{u_2^2 - u_1^2}{2g} \tag{3-17}$$

3. 流体在离心式封闭式叶轮中获得的总能头

若不计位能差及流体的压缩性，单位重力流体在叶轮入口与出口处的能量差为

$$H = \frac{p_2 - p_1}{\rho g} + \frac{v_2^2 - v_1^2}{2g} = \frac{u_2^2 - u_1^2}{2g} + \frac{u_2^2 - u_1^2}{2g} = \frac{u_2^2 - u_1^2}{g} \tag{3-18}$$

式 (3-18) 表明：单位重力流体在封闭叶轮中获得的能量恰好等于流体在叶轮出口与进口处的圆周速度能头差的两倍。分析可知，流体在旋转的叶轮内不流动时，所获得的能量与叶轮旋转角速度的平方成正比，还与叶轮的内、外直径有关，即叶轮尺寸一定，旋转角速度增大，或叶轮内径一定（减小），外径增大，叶轮出口与进口处流体的能量差也增大。

旋转叶轮对流体做功主要由叶片完成，而能量转换的效果及叶轮的工作特点与叶片形式有关。叶片的形式主要指叶片的弯曲方向，叶片的弯曲方向由叶片的进口安装角 β_{1y} 和出口安装角 β_{2y} 决定。对于不同形式的叶轮，一般进口安装角变化不大，而出口安装角在设计和应用中有不同的选择，故叶片形式是按 β_{2y} 来划分的。离心式泵与风机叶轮的叶片，按出口安装角 β_{2y} 的大小，可以分为三种形式。

（1）后弯叶片。$\beta_{2y} < 90°$，叶片弯曲方向与叶轮旋转方向相反，如图 3-9（a）所示，相应叶轮称为后弯式叶轮。

（2）径向叶片。$\beta_{2y} = 90°$，叶片出口为径向，如图 3-9（b）所示，相应叶轮称为径向式叶轮。

（3）前弯叶片。$\beta_{2y} > 90°$，叶片弯曲方向与叶轮旋转方向一致，如图 3-9（c）所示，相应叶轮称为前弯式叶轮。

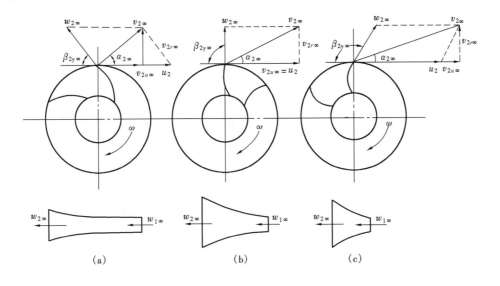

图 3-9　叶片形式

(a) 后弯式；(b) 径向式；(c) 前弯式

一、流体在不同叶型的叶轮中获能分析

1. 获得能头的大小

前面已经指出，为了提高叶轮的理论能头 $H_{T\infty}$，常把叶轮设计成流体径向流入（$\alpha_1 = 90°$），这时 $v_{1u\infty} = 0$，又由叶轮出口速度三角形可得 $v_{2u\infty} = u_2 - v_{2r\infty}\cot\beta_{2y\infty}$，故基本方程式为

$$H_{T\infty} = \frac{1}{g}u_2 v_{2u\infty} = \frac{1}{g}\left(u_2^2 - u_2 v_{2r\infty}\cot\beta_{2y\infty}\right) \tag{3-19}$$

在其他条件相同（叶轮转速、叶轮外径及流量均相等，即叶轮出口速度三角形的底边 u_2 及高 $v_{2r\infty}$ 相等，并设入口条件相等）时，从式（3-19）可知 $H_{T\infty}$ 仅与 $\beta_{2y\infty}$ 有关。当 $\beta_{2y\infty}$ 增大时 $\cot\beta_{2y\infty}$ 减小，$H_{T\infty}$ 增大，即叶片安装角越大，流体所获得的理论能头越大。可见，前弯式叶轮的理论能头最大，后弯式叶轮的理论能头最小，径向式叶轮居中。

2. 理论能头中压能头所占的比例

叶片出口安装角 $\beta_{2y\infty}$ 不仅影响 $H_{T\infty}$ 的大小，同时也影响其中的动能头 $H_{d\infty}$、压能头 $H_{st\infty}$ 所占的比例。为了讨论方便，引入反作用度 τ 表示压能头 $H_{st\infty}$ 所占总能头 $H_{T\infty}$ 的比例，即

$$\tau = \frac{H_{st\infty}}{H_{T\infty}} = \frac{H_{T\infty} - H_{d\infty}}{H_{T\infty}} = 1 - \frac{H_{d\infty}}{H_{T\infty}} \tag{3-20}$$

因叶轮设计中，尽量使流体以径向流入（$\alpha_{1\infty} \approx 90°$），$v_{1u\infty} \approx 0$。另外，还尽量使叶片进、出口处过流面积大致相同，因此 $v_{1r\infty} \approx v_{2r\infty}$。根据动能头的定义式及速度三角形

$$H_{d\infty} = \frac{v_{2\infty}^2 - v_{1\infty}^2}{2g} = \frac{(v_{2r\infty}^2 + v_{2u\infty}^2) - (v_{1r\infty}^2 + v_{1u\infty}^2)}{2g} \approx \frac{v_{2u\infty}^2}{2g}$$

将上式及式（3-19）及 $v_{2u\infty} = u_2 - v_{2r\infty}\cot\beta_{2y\infty}$ 代入式（3-20）得

$$\tau = 1 - \frac{\dfrac{v_{2u\infty}^2}{2g}}{\dfrac{u_2 v_{2u\infty}}{g}} = 1 - \frac{v_{2u\infty}}{2u_2} = \frac{1}{2}\left(1 + \frac{v_{2r\infty}\cot\beta_{2r\infty}}{u_2}\right) \tag{3-21}$$

可见，当叶轮外径、转速等其他条件一定时，反作用度 τ 随出口安装角的增大而减小，即流体流过叶轮所获得的总能头中静压头所占比例减小。图 3-10 所示为反作用度 τ、理论能头 $H_{T\infty}$、动能头 $H_{d\infty}$ 和压能头 $H_{st\infty}$ 随 $\beta_{2y\infty}$ 的变化关系。

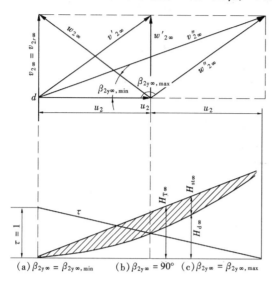

当 $\cot\beta_{2y\infty} = u_2/v_{2r\infty}$ 时，$v_{2u\infty} = 0$，$\tau = 1$，即流体在叶轮中获得的总能头全部是静能头，为理论上的极限值，此时的 $\beta_{2y\infty}$ 达到最大值 $\beta_{2y\infty max}$。

当 $\cot\beta_{2y\infty} = -u_2/v_{2r\infty}$ 时，$v_{2u\infty} = 2u_2$，$\tau = 0$，即流体在叶轮中获得的总能头全部是动能头，也为理论上的极限值，此时的 $\beta_{2y\infty}$ 为最小值 $\beta_{2y\infty min}$。

当 $\cot\beta_{2y\infty} = 0(\beta_{2y\infty} = 90°)$ 时，$v_{2u\infty} = u_2$，$\tau = 1/2$。不难看出，后弯叶轮 $1/2 < \tau < 1$，流体获得的总能头中压能头所占比例大；前弯叶轮 $0 < \tau < 1/2$，流体获得的总能头中压能头所占比例小；径向叶轮 $\tau = 1/2$，居中。

图 3-10 各种 $\beta_{2y\infty}$ 时的速度三角形

分析比较流体在不同叶型叶轮中的获能情况，虽然后弯式叶轮的理论能头最小，但总能头中压能头所占比例最大，从而降低了部分动能向压能转换时的能量损失，获能品质优于前弯式。

二、不同叶型叶轮的工作特点比较

除工作能头外，不同叶型叶轮的流动阻力损失也不一样，如图 3-9 所示。后弯叶片的叶道长，叶片曲率较小，断面变化的扩散角小，流动结构变化平缓，流动不易产生分离。因此流体流经后弯式叶轮叶道时的阻力损失较小；相反前向叶型是叶道短而宽，叶片曲率大，断面变化的扩散角大，流动结构变化剧烈，流动易产生分离，流动阻力损失较大。

另外还有理论总能头、理论轴功率随流量而变化的特点及防止叶片积灰、磨损等问题，表 3-1 所示为不同叶型叶轮的工作特点综合比较。

表 3-1　　　　　　　　　　　　　　不同叶型工作特性的比较

比较内容	叶片型式		
	后弯	径向	前弯
理论总压头	小	中	大
反作用度	大	中	小
叶道阻力损失（效率）	小（高）	中（中）	大（低）
理论总能头随流量增大的变化情况（第四章）	降低	不变	升高
理论轴功率随流量增大的变化情况（第四章）	开始增大逐渐趋缓	逐渐增大	急剧增大
防叶片积灰、磨损（噪声）	中（小）	优（中）	差（大）

三、泵与风机叶轮形式的选用

工程上选用泵与风机叶轮形式的主要原则是既应有较大的总能头，又要有较高的效率。这是矛盾的，因为上面的分析已知，后弯式叶轮的能头较前弯式叶轮要小、但效率较前弯式高。另外还需兼顾叶型的其他工作特性。因此，工程上一般是根据问题的主次来选用叶轮的形式。

对于离心泵，工程上均采用后弯式叶轮（出口安装角一般取为 $20°\sim30°$）。因为泵输送的是液体，密度较大，即使能头 H 值不太大，但全压 ρgH 却不小。故液体在泵中的获能不是主要问题，关键是提高效率。另外，后弯式叶轮还有工作性能稳定、运行时振动和噪声小、在流量增大时（轴功率逐渐增大）不易造成电动机超载、配用原动机容量利用率高等优点。

对于离心风机，由于输送气体的密度小，产生的全压低，此时气体的获能和风机高效率的矛盾就显现出来了。故风机选用叶轮型式不能一概而论，要视具体情况而定。

（1）在输送洁净气体、低压、中小风量的通风机中，有时考虑到在产生一定的全压情况下，希望风机的尺寸及占用地面积小，减轻质量，在效率要求不突出的情况下，可采用前弯叶轮。前弯叶型风机的性能有一个较大的不稳定区，安全工作区域较窄。火力发电厂中的排粉机也有采用前弯式的，如国产改进型 M9-4.7(26)型前弯式风机，但其前弯程度较小，效率也高达 81.2% 左右。

（2）径向叶轮的特性介于前弯和后弯叶轮之间，其结构简单，防磨防积垢性能好，可用于输送气体中含有大量固体颗粒的场合，通常作为电厂排粉风机和耐磨高温风机等。

（3）选用后弯式叶轮提高效率是风机发展的方向。高效风机的叶片出口安装角一般为 $30°\sim60°$。目前火电厂中的离心式送、引风机普遍采用国产 4-13.2(73)后弯机翼型高效风机，效率已高达 90% 以上。

第三节　轴流式泵与风机的叶轮理论

与离心式泵与风机类似，要定量分析流体在轴流式叶轮中的获能大小也需先了解流体在叶轮中的运动情况。

一、流体在轴流式叶轮中的运动及速度三角形

1. 流体在叶轮中的运动分析

流体在轴流式叶轮内的流动同样十分复杂，实际上是三维的空间运动，即旋转叶轮中流体质点的运动速度可分解为圆周分速、轴线分速和径向分速。为了简化问题的分析，常作以下假设：①不可压缩流体定常流动；②圆柱层无关性假设，即认为叶轮中流体质点是在径向分速为零的圆柱面上流动（称为圆柱流面流动），且相邻两圆柱面上的流动互不相干。

图 3-11 所示为轴轮式叶轮，设想用半径为 r 和 $r+dr$ 的两个同心的圆柱面截取一个厚度为 dr 的微小圆柱层，

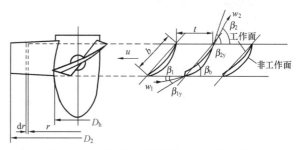

图 3-11　平面直列叶栅及主要几何参数

该圆柱层称为基元叶轮。将基元叶轮沿母线切开展成平面图，得到图 3-11 右边所示的叶栅，这种叶栅称为平面直列叶栅。在叶栅的圆周方向上两相邻叶型对应点的距离 t 称为栅距；弦长 b 与栅距 t 之比称为叶栅稠度或相对栅距；弦长 b 与列线之间的夹角 β_b 称为叶片安装角；β_{1y}、β_{2y} 分别为叶片入口、出口安装角。

根据圆柱层无关性假设，研究轴流式泵或风机叶轮内流体的流动，只需分析某一基元叶轮便可概括一般。因此，对轴流式叶轮内的流动就可简化为平面直列叶栅中绕翼型的流动。由于流体流过同一叶栅的每个叶片时，流动情况基本相同，故只需分析叶栅中的一个叶片流动即可。

流体在轴流式叶轮圆柱流面上的流动仍然为复合运动。流体质点与叶轮一起作旋转运动为牵连运动，用圆周速度 $\vec{u}$ 表示；流体质点相对于叶轮叶片的流动为相对运动，用相对速度 $\vec{w}$ 表示；其绝对运动是牵连运动和相对运动的合成运动，运动速度关系为 $\vec{v} = \vec{u} + \vec{w}$。

2. 速度三角形

轴流式叶轮速度三角形的概念和绘制的离心式叶轮类似，通常只需要分析叶轮进、出口处的速度三角形。在任意直径处取一个直列叶栅，叶栅进口处的圆周速度 $\vec{u}_1$、相对速度 $\vec{w}_1$ 和绝对速度 $\vec{v}_1$ 三个速度向量组成了进口速度三角形，$\vec{w}_1$ 与 $\vec{u}_1$ 的反向夹角 β_1 称为入流角。在叶栅出口处，流体以相对速度 $\vec{w}_2$ 流出，圆周速度为 $\vec{u}_2$，出口绝对速度为 $\vec{v}_2$。由 $\vec{v}_2$、$\vec{u}_2$ 和 $\vec{w}_2$ 三个速度向量组成为出口速度三角形，$\vec{w}_2$ 与 $\vec{u}_2$ 的反向夹角 β_2 称为出流角，如图 3-12 所示。由于轴流式叶轮叶栅进、出口处于同直径，因而 $u_1 = u_2$，而且轴流式叶轮进、出口通流面积相同。根据流体流动的连续性和不可压缩假设，叶栅进、出口相对速度和绝对速度的轴向分速度也相等，即 $w_{1a} = w_{2a}$，$v_{1a} = v_{2a} = v_a$。

为研究方便，常将进、出口速度三角形画在一起，如图 3-13 所示。

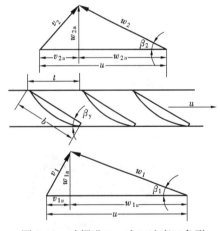

图 3-12 叶栅进口、出口速度三角形

代入式（3-22）得

二、轴流式泵与风机基本方程式分析

对于轴流式泵与风机，由于 $u_1 = u_2 = u$，代入式（3-9）及式（3-12）得轴流式泵与风机的能量方程式为

$$H_{T\infty} = \frac{u}{g}(v_{2u\infty} - v_{1u\infty}) \quad (3-22)$$

$$H_{T\infty} = \frac{v_{2\infty}^2 - v_{1\infty}^2}{2g} + \frac{w_{1\infty}^2 - w_{2\infty}^2}{2g} \quad (3-23)$$

另外，由于 $v_{1a} = v_{2a} = v_{a\infty}$，根据图 3-13 所示的速度三角形得

$$v_{1u\infty} = u - v_{a\infty}\cot\beta_1, \quad v_{2u\infty} = u - v_{a\infty}\cot\beta_2$$

$$H_{T\infty} = \frac{u}{g}v_{a\infty}(\cot\beta_1 - \cot\beta_2) \quad (3-24)$$

式（3-22）～式（3-24）是用动量矩定理推导出来的轴流泵与风机的能量方程，分析上面的方程，便可知道轴流式泵与风机获得总能头的特点有以下几条：

（1）由于 $u_1 = u_2 = u$，流体获得的总能头中没有离心力作用的成分，而主要是流体受到叶片推力作用的结果，所以轴流式泵与风机的能头远低于离心式。

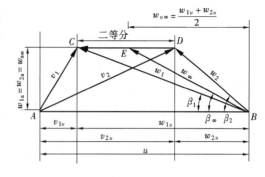

图 3-13　叶栅进口、出口速度三角形的重叠

（2）要提高轴流式泵与风机的压能头，要求 $w_{1\infty} > w_{2\infty}$，因而应设法增大 $w_{1\infty}$。实际中常将轴流式叶轮叶片的进口处稍稍加厚做成翼形断面，使轴流式泵与风机叶道出口通流断面面积大于进口通流断面面积。

（3）当 $\beta_1 = \beta_2$ 时，$H_{T\infty} = 0$，流体不能从叶轮获得能量。只有当 $\beta_2 > \beta_1$ 时，流体才能获得能量，而且两者差值越大，获得的能量就越多。因此，必须使叶片出口安装角大于入口安装角。

上面已根据叶片式泵与风机的基本方程式原则性地分析了流体在轴流式叶轮中的获能情况，但基本方程没有反映出总能头与轴流式叶轮叶栅及翼型参数之间的关系，很难具体分析流体在轴流式叶轮中的获能特点以及进行设计计算。

由于轴流式叶片截面一般采用机翼形状，流体通过轴流式叶轮的流动类似于飞机飞行时机翼与空气之间的作用关系。因此，在研究轴流泵与风机叶片和流体之间的能量转换关系时，采用机翼理论更为合适。

三、用机翼理论导出的轴流式泵与风机基本方程式——能量方程式

1. 孤立翼型、叶栅翼型上的升力与阻力

由流体力学可知，流体绕流孤立翼型时，来流速度的大小和方向在翼型前后保持不变，产生的升力 F_{y1} 和阻力 F_{x1}（见图 3-14）分别为

$$F_{y1} = C_{y1} b l \rho \frac{v_\infty^2}{2}, \quad F_{x1} = C_{x1} b l \rho \frac{v_\infty^2}{2} \tag{3-25}$$

式中　v_∞——无穷远处的来流速度，m/s；

　　　ρ——绕流流体的密度，$\mathrm{m^3/s}$；

　　　b——翼弦长度，m；

　　　l——翼展，m；

C_{y1}、C_{x1}——孤立翼型的升力、阻力系数。

C_{y1}、C_{x1} 是比较翼型性能好坏的参数，与翼型的冲角 α、翼型厚度、翼型截面的形状、表面粗糙度及雷诺数等因素有关，一般由风洞或水洞实验测定。图 3-15 为某种翼型的升、阻力系数随冲角 α 而改变的关系曲线。由图可知，升力系数随冲角 α 的增大而增大，当 α 超过某一数值时，升力系数开始下降，这是由于翼型上表面的流体在后缘点前发生边界层分离引起失速现象之故。升力系数或升力开始下降时的冲角称为失速冲角（α_s），该翼型

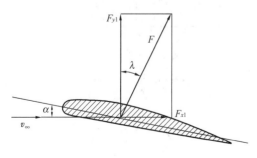

图 3-14　孤立翼型上的作用力

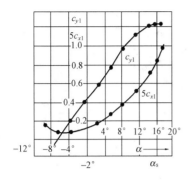

图 3-15 翼型的空气动力性能曲线

发生失速现象的冲角 $\alpha_s \approx 16°$。当 $\alpha > \alpha_s$ 时，翼型的空气动力性能恶化，这种现象就是失速现象。在轴流式泵与风机中，失速工况将使其性能恶化，效率下降，并伴有噪声和振动。

当流体绕流叶栅时，叶栅前的相对速度就是叶栅的来流速度。由于叶栅中相邻翼型间的相互影响，其大小和方向都会发生变化，故在分析流体绕流叶栅翼型时，取叶栅前后相对速度 $\vec{w}_1$ 和 $\vec{w}_2$ 的几何平均值 $\vec{w}_\infty$ 作为无穷远处的来流速度。$\vec{w}_\infty$ 的大小和方向由速度三角形的几何关系确定（见图 3-14），即

$$w_\infty = \sqrt{w_a^2 + \left(\frac{w_{1u}+w_{2u}}{2}\right)^2} = \sqrt{v_a^2 + \left(u - \frac{v_{1u}+v_{2u}}{2}\right)^2} \tag{3-26}$$

$$\tan\beta_\infty = \frac{w_a}{w_{u\infty}} = \frac{2w_a}{w_{1u}+w_{2u}} = \frac{v_a}{u - \frac{v_{1u}+v_{2u}}{2}} \tag{3-27}$$

式中 β_∞——几何平均相对速度 $\vec{w}_\infty$ 与圆周速度反方向之间的夹角，为 $\vec{w}_\infty$ 的流动角。

如果用作图法，依据平行四边形法则，只需要将图 3-14 中的 CD 线的中点 E 和 B 连接起来，连线 BE 就确定了 $\vec{w}_\infty$ 的大小和方向。

这样，作用在叶栅（基元叶轮）翼型上的升力 F_y 和阻力 F_x 为

$$F_y = C_y b\,\mathrm{d}r\rho\frac{w_\infty^2}{2}, \quad F_x = C_x b\,\mathrm{d}r\rho\frac{w_\infty^2}{2} \tag{3-28}$$

式中 w_∞——叶栅前、后相对速度的几何平均值；

C_y、C_x——叶栅翼型的升、阻力系数，为相同孤立翼型的升、阻力系数 C_{y1}、C_{x1} 考虑叶栅参数影响的修正值。

2. 能量方程式

如图 3-16 所示，流体流经叶轮时，叶栅翼型受到的作用力 F 为垂直于 w_∞ 的升力 F_y 和平行于 w_∞ 的阻力 F_x 的合力。F 与升力 F_y 之间的夹角为 λ，则

$$F = \frac{F_y}{\cos\lambda} = C_y b\rho\frac{w_\infty^2}{2}\frac{\mathrm{d}r}{\cos\lambda}$$

合力 F 在圆周方向的分量 F_u 为

$$\begin{aligned}F_u &= F\cos[90° - (\beta_\infty + \lambda)]\\ &= F\sin(\beta_\infty + \lambda)\\ &= C_y\frac{\rho w_\infty^2}{2}\frac{b\,\mathrm{d}r}{\cos\lambda}\sin(\beta_\infty+\lambda) \quad (1)\end{aligned}$$

翼型对流体的作用力的圆周分量大小与 F_u 相等，方向相反，合力 F 在轴向的分量对叶轮不产生转矩。因此，当叶轮转动时，单位时间内基元叶轮对流体所做的功为

$$P = F_u u z$$

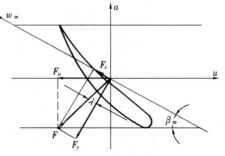

图 3-16 叶栅翼型上的作用力

式中 z——叶片数。

单位时间内流体在基元叶轮中所获得的功为

$$P' = \rho g H_{\mathrm{T}} \mathrm{d} q_V$$

式中流体通过基元叶轮的流量

$$\mathrm{d} q_V = v_\mathrm{a} 2\pi r \mathrm{d} r = v_\mathrm{a} tz \, \mathrm{d} r \tag{2}$$

不计能量转换损失，上述两功率相等，得

$$F_u uz = \rho g H_{\mathrm{T}} \mathrm{d} q_V \tag{3}$$

将式（1）、式（2）代入式（3）整理后得

$$H_{\mathrm{T}} = C_y \frac{u}{v_\mathrm{a}} \frac{b}{t} \frac{w_\infty^2}{2g} \frac{\sin(\beta_\infty + \lambda)}{\cos\lambda} = C_y \frac{b}{t} \frac{u v_\mathrm{a}}{2g} \frac{\sin(\beta_\infty + \lambda)}{\cos\lambda \sin^2\beta_\infty} \tag{3-29}$$

式（3-29）表示单位重力理想流体通过轴流式叶轮所获得的能量，是用升力理论导得的轴流泵与风机能量方程。方程含有叶栅及翼型特性参数，即流体在轴流式叶轮中获得理论能头的大小与叶栅的叶片数（叶片数 z 增加，栅距 t 减小，H_{T} 增大）和翼型尺寸、形状等及流体在叶栅入、出口处的运动状态有关。因此，该方程可对流体通过轴流式叶轮时的能量转换进行具体的分析和计算。

对于风机，常用全压表示，即

$$P_{\mathrm{T}} = \rho g H_{\mathrm{T}} = C_y \frac{u}{v_\mathrm{a}} \frac{b}{t} \frac{\rho w_\infty^2}{2} \frac{\sin(\beta_\infty + \lambda)}{\cos\lambda} \quad \mathrm{Pa} \tag{3-30}$$

式（3-30）表示单位体积理想流体通过轴流式叶轮所获得的能量，是轴流风机的能量方程式。

另外，根据式（3-22）由动量矩定理推导的能量方程式和式（3-29）由升力理论推导的能量方程式，可以建立轴流泵与风机叶栅几何参数和流动参数之间的关系，即

$$C_y \frac{b}{t} = \frac{2(v_{2u} - v_{1u})}{v_\mathrm{a}} \frac{\sin\beta_\infty}{1 + \dfrac{\tan\lambda}{\tan\beta_\infty}} \tag{3-31}$$

式（3-33）是升力法设计叶轮的基本方程式，即叶轮计算公式。利用这个公式，可进行轴流式叶轮的设计计算，即可由选定的翼型及冲角（查出 C_y）求出叶栅稠度 b/t，也可选定 b/t（求出 C_y）选择翼型及冲角。轴流式泵与风机的设计中，冲角的选择对叶轮的效率和性能影响很大；轴流式泵与风机运行调节时，也存在合理调整冲角的问题。

四、轴流式泵与风机的基本形式

根据使用条件和要求不同，轴流式泵与风机有下面四种基本形式，如图 3-17 所示。

图 3-17（a）所示只有单个叶轮。由进、出口速度三角形可见，流体轴向流入叶轮（ v_1 ），而非轴向离开叶轮（ v_2 ），存在流出改向时的旋涡，阻力损失大。这种形式结构简单、制造方便，但效率低，压头也低。一般用于通风、降温或冷却装置中。

图 3-17（b）所示为单个叶轮和出口导叶组成。在设计流量下，从叶轮中流出流体的出流角与出口导叶进口角一致，经导叶导向，流体离开导叶时是轴向的，这就减少了流体转向时的漩涡损失，提高了设备的效率，此种形式常用于高压轴流风机与泵中。为了提高轴流泵与风机在低负荷运行和调节时的效率，一般采用动叶可调。目前，火力发电厂的轴流送、引风机多为这种方式。

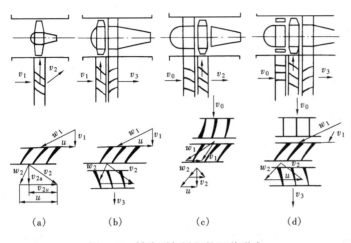

图 3-17　轴流泵与风机的四种形式

图 3-17（c）所示为单个叶轮和进口导叶组成。由图 3-17 可知，流体轴向进入前置导叶，在导叶内改向和加速，使流体在进入叶轮之前首先产生与叶轮旋向相反的负预旋，即 $v_{1u} < 0$。在设计流量下流体轴向流出叶轮，如图中实线出口速度三角形；在非设计流量下流体非轴向流出叶轮，如图中虚线出口速度三角形，因而存在流出改向时的旋涡阻力损失。此外还有流体进入叶轮时的相对速度 w_1 较大，流动损失增大，也降低了效率。但这种型式由于负预旋可使压头提高，在相同压头的情况下，可以减小泵与风机尺寸和质量，常用于要求体积小的中小型轴流风机。此外，当负荷变化时，冲角的变动较小，因而效率变化较小。火力发电厂中，子午加速轴流风机常采用这种形式。对于轴流泵，由于存在汽蚀问题，不采用这种形式。

图 3-17（d）所示为由一个叶轮和进、出口导叶组成的形式，这种形式吸取了（b）型和（c）型的优点，既可获得较高的能头，又能得到较高的效率。如果前置导叶可调，则轴流泵与风机在变工况运行时，只需改变进口导叶的角度，就可适应流量的变化，且能保持较高的效率。这一形式适用于流量变化较大的大型轴流泵与风机，其缺点是结构复杂，增加了制造、操作、维护上的困难，所以较少采用。

多级轴流风机形式。随着火电厂单机容量的增大，以及增设脱硫装置等设备的原因，使烟风道阻力增大，需要采用产生较高压头的二级轴流风机来满足锅炉一次风机、引风机的工作要求。此外，燃气轮机中还应用了多级高压头轴流风机，以便将空气压缩后送往较高压强的燃烧室内助燃。

思　考　题

3-1　流体在离心式泵与风机的叶轮中的绝对运动可以分解为哪两部分？为什么要这样分？

3-2　如何绘制离心式叶轮的速度三角形？

3-3　提高流体从叶轮中获得的能量的方法有哪些？最常采用什么方法？为什么？

3-4　$H_{T\infty}$ 和 H_T 有什么区别？大小如何？为什么？

3-5　流体在离心式封闭叶轮中获得的是哪些形式的能量？与哪些因素有关？

3-6　离心式泵与风机的叶片形式有哪些？各有什么特点？

3-7　影响理论能头大小和性质的因素有哪些？

3-8　工程上离心泵通常采用的是哪种形式的叶轮？为什么？离心风机有何不同？为什么？

3-9　流体在轴流式叶轮中的运动有何特点？与离心式叶轮有何不同？

3-10　轴流式泵与风机获得的总能头有何特点？为什么其扬程（全压）远低于离心式？

3-11　孤立翼型和叶栅翼型上的升力计算式有何不同？

3-12　叶型、叶栅的尺寸、形状等对叶轮产生的理论能头影响如何？分析提高轴流式泵与风机能头的途径和措施。

3-13　轴流式泵与风机有哪几种基本形式？它们各有何特点，适用于什么场合？

习　　　题

3-1　一台离心式水泵的叶轮外径为 360mm，出口过流断面的面积为 0.023m^2，叶片出口安装角为 $30°$，流体径向流入叶轮，K 为 0.82，问在转速为 1489r/min，流量为 83.8L/s 时的理论扬程 H_T 是多少？

3-2　有一离心泵，其叶轮外径 $D_2 = 220\text{mm}$，转速 $n = 2980\text{r/min}$，叶片出口安装角为 $45°$，出口处的径向分速度 $v_{2r} = 3.6\text{m/s}$。设流体径向流入叶轮，试按比例绘制出口速度三角形，并计算理想流体通过理想叶轮的扬程 $H_{T\infty}$。若滑移系数 $K = 0.8$，流动效率 $\eta_h = 0.92$，泵的实际扬程是多少？

3-3　离心风机叶轮外径 600mm，出口宽度 150mm，叶片出口安装角 $\beta_{2y} = 30°$，风机转速为 1450r/min，设叶轮进口无预旋，空气密度 $\rho = 1.2\text{kg/m}^3$，求流量为 $10^4\text{m}^3/\text{h}$ 时，叶轮中流体的相对速度和绝对速度及叶片无限多时的理论全压，并绘制出口速度三角形。

3-4　有一采用后弯式叶轮的离心风机，转速 $n = 2980\text{r/min}$，叶片出口安装角 $\beta_{2y} = 30°$，叶轮外径 $D_2 = 2000\text{mm}$。若空气径向进入叶轮，叶轮出口处径向分速度 $v_{2r} = 20\text{m/s}$。

（1）试求风机产生的理论全压 $p_{T\infty}$；（2）假如风机叶轮改为 $\beta_{2y} = 30°$ 的前弯式叶片，产生与上相同的全压，风机叶轮的外径将减小为多大？

3-5　有一单级轴流泵，转速为 375r/min，在直径为 986mm，水以速度 $v_1 = 4.01\text{m/s}$ 轴向流入叶轮，在出口以 $v_2 = 4.48\text{m/s}$ 的速度流出。试求叶轮进出口处相对速度的角度变化值 $(\beta_1 - \beta_2)$，并确定其理论扬程 $H_{T\infty}$。

3-6　单级轴流风机，$n = 1450\text{r/min}$，$D_2 = 250\text{mm}$，$v_1 = 24\text{m/s}$，$\alpha_1 = 90°$，输送介质为空气，其密度 $\rho = 1.2\text{kg/m}^3$，若叶轮出口流体的出流角比入流角大 $20°$，求风机的全压。

3-7　轴流风机 $n = 1450\text{r/min}$，在 $D = 380\text{mm}$ 处，空气以 $v_1 = 33.5\text{m/s}$ 的速度沿轴线进入叶轮，风机的全压 $p_T = 692.8\text{Pa}$，空气密度 $\rho = 1.2\text{kg/m}^3$。求在 $D = 380\text{mm}$ 处平均相对速度 w_∞ 的大小和方向。

第四章　叶片式泵与风机的性能

【导读】 在"碳中和""碳达峰"的背景下，节约能源成为人类的共识。而泵与风机作为应用最广泛的通用机械，需要消耗大量的能源。通过本章的学习，你会知道如何通过几何作图法找到让泵与风机始终高效运行，从而减少能量损失的方法；会懂得设计人员是如何巧妙地通过一种无量纲数设计出最适应现场工作条件的泵或风机；会理解为什么泵在安装时，必须按照铭牌上规定的高度安装，否则轻则效率低下，重则设备损坏。

本章讲述泵与风机的性能，即各性能参数流量、扬程（全压）、功率、效率、转数、水泵的允许汽蚀余量之间的对应关系（工况）及变化规律。通过视频的形式介绍性能曲线的概念、种类、绘制方法、特点、在发电厂中的应用以及影响其性能的因素，详细分析了相似定律、比转数与型式数的应用以及在不同条件下泵与风机性能的变化特点。介绍了比转数与型式数的概念和应用，解决了不同类型泵或风机最佳工况的性能比较的问题，无因次性能曲线的相关知识方便了风机的选型设计和系列之间的比较。

重点讨论了泵的汽蚀，包括汽蚀的概念、产生原因及其危害、汽蚀性能参数和防止泵产生汽蚀的措施等。

第一节　泵与风机内的损失和效率

从原动机输入的能量因为泵与风机内存在各种损失不可能全部传递给流体。这些损失用相应的效率来衡量，所以效率是体现泵与风机能量转换程度的一个重要经济指标。为了寻求提高效率的途径，需对泵与风机内部产生的各种能量损失进行分析。

泵与风机内的各种损失按其性质可分为三类，即机械损失、容积损失和水力损失。由于流体在泵与风机内流动过程的复杂性，现在还不能用分析的方法精确地计算这些损失，而主要借助于试验研究和经验公式。但从理论上分析产生损失的原因，找出减少损失的途径，对提高效率仍然是有意义的。图 4-1 所示为轴功率、损失功率和有效功率之间的能量平衡关系。

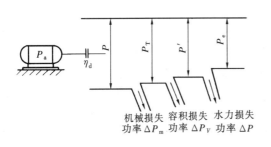

图 4-1　泵内能量平衡关系

一、机械损失及机械效率

泵与风机的机械损失功率 ΔP_m 主要包括两部分的摩擦损失。

第一部分为轴与轴承及轴与轴封的摩擦损失功率 ΔP_m1，此项损失与轴承的结构形式、轴封的结构形式、填料种类、轴颈的加工工艺以及流体的密度有关，一般 $\Delta P_\mathrm{m1} = （0.01 \sim 0.03）P$，轴功率较大时取下限，较小时取上限。测定泵在没有灌水时空转所消耗的功率就是这项损失。对小型泵，如填料压盖压得过紧，损失会超过 3%，甚至造成启动负荷过大，填料发热烧坏；对大、中型泵，多采用机械密封、浮动密封等结构，轴端密封的摩擦损失就更小。

　　第二部分为叶轮圆盘与流体的摩擦损失功率 ΔP_{m2}。如图 4-2 所示，叶轮在充满流体的蜗壳内旋转时，泵腔内靠近叶轮前、后盖板的流体，将随叶轮一起旋转，此时流体和旋转的叶轮发生摩擦而产生能量损失。由于这种损失直接损失了泵与风机的轴功率，因此归属于机械损失。这项损失的功率约为轴功率的 $2\%\sim10\%$，是机械损失中的主要部分。计算圆盘摩擦损失的经验式为

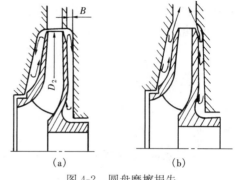

图 4-2　圆盘摩擦损失

(a) 闭式泵腔；(b) 开式泵腔

$$\Delta P_{m2} = k \rho n^3 D_2^5 \times 10^{-6} \quad \text{kW} \tag{4-1}$$

式中　k——圆盘摩擦系数，由试验求得，它与雷诺数、相对侧壁间隙 B/D_2、圆盘外表面和壳腔内表面的粗糙度有关；

　　D_2——叶轮出口直径，m；

　　n——叶轮的转速，r/min；

　　ρ——流体密度，kg/m³。

　　由式 (4-1) 可知，圆盘摩擦损失与转速的三次方成正比，与叶轮外径的五次方成正比。因此，圆盘摩擦损失随转速尤其是叶轮外径的增加而急剧增加。

　　圆盘损失在机械损失中占重要成分，在低比转数离心泵中尤为显著，高比转数泵与风机，如轴流泵与风机，不考虑此项损失。机械损失总功率为

$$\Delta P_m = \Delta P_{m1} + \Delta P_{m2}$$

机械损失的多少用机械效率 η_m 来衡量，即

$$\eta_m = \frac{P - \Delta P_m}{P} \tag{4-2}$$

　　机械效率 η_m 与比转数有关，一般离心泵在额定负荷下 $\eta_m = 0.90\sim0.97$，离心风机 $\eta_m = 0.92\sim0.98$。轴流式泵与风机的机械效率约为 0.97。减小 ΔP_m 或增大负荷是提高泵与风机机械效率的两条途径。

　　降低泵与风机的 ΔP_m 的措施：①保证轴承润滑良好；填料密封的压盖松紧合适；采用摩擦损失小的轴封，如机械密封或浮动环密封。②离心式采用增大转速、减小叶轮外径或级数的办法来提高泵与风机的能头；降低叶轮盖板外表面和壳腔内表面的粗糙度，一般来说，风机的盖板和壳腔较泵光滑，所以，风机的效率要比水泵高；选择合理的相对侧壁间隙 B/D_2，使之处于 $2\%\sim5\%$ 之间；采用开式泵腔，使泵腔中由于圆盘摩擦使能量提高的流体大部分流入压出室回收能量，如图 4-2 (b) 所示。

　　对于给定的泵与风机，机械损失功率 ΔP_m 不随负荷而改变，增大负荷可提高机械效率。因此，泵与风机的工作负荷应尽量在额定负荷附近。

二、容积损失及容积效率

　　泵与风机运行时，其内部叶轮出口侧与入口处及各级之间流体的压强是不相等的，相对存在着高压区和低压区。由于结构上需要，在转动部件与静止部件之间又必须有间隙存在。

这样必然会产生流体由高压区经过间隙向低压区的回流以及向泵外的泄漏。回流流体的能量未被有效利用，反而在泵内循环流动消耗能量；向外泄漏的流体则损失了能量。这种因流体的回流和泄漏所产生的能量损失，称为容积损失。

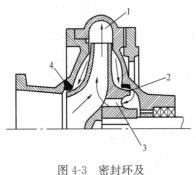

图 4-3　密封环及
平衡孔回流

1—排出流量；2—密封阀；3—平衡孔；
4—密封环

离心泵的容积损失主要有密封环回流损失、平衡装置的回流损失及轴封的向外泄漏损失，现分述如下。

（1）密封环回流损失。如图 4-3 所示，在叶轮进口处设有密封环，泵运行时由于密封环两侧存在着压强差，一部分液体从叶轮出口通过密封环间隙回流到叶轮进口。这部分回流液体在叶轮里获得了能量，但并未送出，减少了泵的输出流量，而且回流液体的能量消耗在流动阻力上了，回流到叶轮进口又要重新获得能量。这样就始终有一部分液体通过密封环间隙回流产生能量损失。同时，回流到叶轮进口的液流将产生扰动，也将增加液流的能量损失。

（2）平衡装置回流损失。在一般离心泵中为了减小轴向力，都设有平衡孔、平衡管、平衡盘等平衡装置，这样也会产生液体从高压区向低压区的回流，造成能量损失。平衡孔的回流使泵效率降低 5% 左右。平衡盘装置的回流量占泵流量的3%，高压泵的回流量还会大些。图 4-3 所示为平衡孔液体回流。

（3）级间回流损失。在蜗壳式多级泵中，级间两侧压强不等，次级叶轮出口的液体经过级间间隙又回流至首级叶轮进口，产生能量损失，级数相差越多，隔板两侧压强差越大，隔板级间回流就越严重。一般多采用台阶式级间密封，以减少回流量。

此外，在分段式多级泵中，也存在级间回流，如图 4-4 所示。级间隔板前后的压强差，是由导叶扩散段的减速增压作用和叶轮侧隙的抽吸作用而引起的。在这个压强差作用下，回流液体沿着级间隔板间隙进入前级叶轮侧隙，并经导叶、环形空间，反导叶而流动。由于这部分回流液体不经过叶轮，不影响泵的流量，故不属于容积损失，但这种回流要产生能量损失，消耗泵的功率。一般以减小级间隔板间隙来减少回流量，达到减少损失的目的。

（4）轴封的向外泄漏损失。无论采用哪一种轴封都存在着液体的向外泄漏，而且一般离心泵多采用叶轮出口的高压水作为轴封水，这也存在液体的向外泄漏和回流的问题。

如图 4-5 所示，对于离心风机，由于叶轮前盘与集流器之间存在有间隙，并且叶轮出口

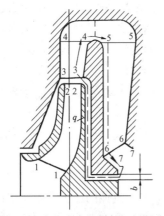

图 4-4　分段式多级泵的级间回流

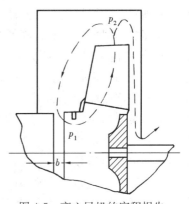

图 4-5　离心风机的容积损失

风压 p_2 大于叶轮进口风压 p_1，因此将有部分气流由叶轮出口经间隙回流到叶轮进口产生能量损失，且叶轮前盘与集流器采用对口形式的损失大于套口形式的损失；同时回流气流对叶轮进口气流产生扰动，也将增加能量损失。另外，气体也将通过蜗壳和轴封处的间隙漏向大气。对于高压、小流量的离心风机或输送含有烟尘及有害气体的风机，可用减小间隙或采用特殊的密封结构来减小容积损失。对于高效风机可采用减小间隙，或将集流器深入叶轮前盘来减小容积损失。

轴流式泵与风机的容积损失主要是由通过叶片顶部与外壳之间间隙的回流所产生。

设容积损失的功率为 ΔP_V，损失的大小用容积效率 η_V 来衡量，即

$$\eta_V = \frac{P - \Delta P_{\mathrm{m}} - \Delta P_V}{P - \Delta P_{\mathrm{m}}} = \frac{\rho g q_V H_{\mathrm{T}}}{\rho g q_{V\mathrm{T}} H_{\mathrm{T}}} = \frac{q_V}{q_{V\mathrm{T}}} \tag{4-3}$$

离心泵的容积效率一般为 $0.92 \sim 0.98$，离心风机的容积效率要低些。轴流式泵与风机对于固定叶片的叶轮，其容积效率为 $0.98 \sim 0.99$；动叶可调的叶轮，容积效率约为 0.96。

提高泵与风机的容积效率就是尽可能减少泄漏量。其主要措施是减少密封环处的回流量。对于定型的泵可以采取以下措施：①减小密封环间隙，试验表明，一台比转数 $n_s = 40$ 的离心泵，当密封环间隙由 $0.5\mathrm{mm}$ 减少到 $0.3\mathrm{mm}$ 时，泵的效率可提高 $4\% \sim 4.5\%$；②保证检修质量，在装配时密封环要对中，不可偏心太大，否则会增加回流量；③采用密封效果好的迷宫、锯齿形密封环，以减少回流量。

应当指出，容积效率 η_V 与比转数有关，对给水泵来说，在吸入口径相等的情况下，比转数大的泵，其容积效率比较高；在比转数相等的情况下，流量大的泵容积效率比较高。

三、流动损失及流动效率

离心式泵与风机的流动损失是指流体通过吸入室、叶轮流道、导叶和壳体时的沿程损失、局部损失和偏离设计流量时产生的冲击损失。

（1）沿程摩擦损失和局部损失。流体和各部分流道壁面摩擦会产生摩擦损失；流道断面变化、转弯等会使边界层分离、产生漩涡和二次流而引起损失。损失的大小为

$$h_{\mathrm{w}} = \sum h_{\mathrm{f}} + \sum h_{\mathrm{j}} = K_1 q_V^2 \tag{4-4}$$

（2）冲击损失。泵与风机在额定流量下工作时，流体的入口流动角与叶片安装角重合，无冲击损失，但当实际流量偏离额定流量时，流体的入口流动角与叶片安装角不一致会产生冲击损失。如图4-6所示，泵与风机在大于额定流量 $q_{V\mathrm{d}}$ 下运行时，此时流体的进口流动角大于进口的安装角（$\beta_1 > \beta_{1\mathrm{y}}$），冲角 $\alpha = \beta_{1\mathrm{y}} - \beta_1 < 0$，形成负冲角，在叶片的工作面上流体会脱

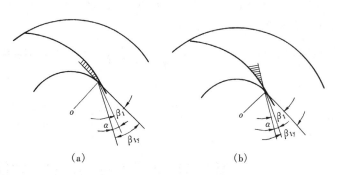

图 4-6　流量变化时的冲击损失
(a) 正冲角；(b) 负冲角

流而形成漩涡区，由此而引起冲击损失。反之，泵与风机在小于额定流量下运行时，会形成正冲角，在叶片的非工作面上产生脱流而引起冲击损失。冲击损失可用下式计算：

$$\sum h_{\mathrm{s}} = K_2 (q_V - q_{V\mathrm{d}})^2 \tag{4-5}$$

应该指出：在正冲角时的流动较为稳定，产生的能量损失比负冲角时小，所以泵与风机应尽量避免在负冲角的情况下工作。

轴流式泵与风机的流动损失主要有绕流叶型损失、前后导叶损失和扩压器损失。流动损失的组成也是沿程摩擦、局部损失和冲击损失两部分。

影响泵与风机效率最主要的因素是流动损失，即在所有损失中，流动损失最大。流动损失用流动效率 η_h 来衡量。流动效率可用下式表示：

$$\eta_h = \frac{P - \Delta P_m - \Delta P_V - \Delta P_h}{P - \Delta P_m - \Delta P_V} = \frac{\rho g q_V H}{\rho g q_V H_T} = \frac{H}{H_T} \tag{4-6}$$

式中　ΔP_h——流动损失功率，kW。

离心泵的流动效率一般为 0.8～0.95，离心风机一般为 0.7～0.85；设计良好的轴流泵，其流动效率为 0.88～0.93。

提高流动效率可考虑以下措施：①合理设计叶片形状和过流部件的形状、尺寸，提高制造工艺，保证流体在流道中速度变化平稳，大小合适，避免死角和产生旋涡；②降低流道表面的粗糙，提高流道壁面及叶轮叶片的光洁程度；清除流道中的污垢，保持流道流畅；③选择合适的叶片入口安装角，运行中尽量使泵与风机的工作流量接近额定流量，减少冲击损失。

四、泵与风机的总效率

泵与风机的总效率等于有效功率与轴功率之比，即

$$\eta = \frac{P_e}{P} = \frac{P - \Delta P_m}{P} \frac{P - \Delta P_m - \Delta P_V}{P - \Delta P_m} \frac{P_e}{P - \Delta P_m - \Delta P_V} = \eta_m \eta_V \eta_h \tag{4-7}$$

由上述分析可知，泵与风机的总效率等于机械效率 η_m 容积效率 η_V 和流动效率 η_h 三者的乘积。因此，要提高泵与风机的效率就必须在设计、制造及安装、运行、检修两方面注意减少机械损失、容积损失和流动损失。离心式泵与风机的总效率视其容量、型式和结构而异，目前离心泵总效率为 0.60～0.90，离心风机的效率为 0.70～0.90，高效风机可达 0.90以上。轴流泵的总效率 η 为 0.70～0.89，大型轴流风机可达 0.90 左右。

【例 4-1】　有一输送冷水的离心泵，当转速为 1450r/min 时，$q_V = 1.24 \text{m}^3/\text{s}$，$H = 70\text{m}$，此时泵的轴功率 $P = 1100\text{kW}$，容积效率 $\eta_V = 0.93$，机械效率 $\eta_m = 0.94$，求流动效率 η_h。水的密度 $\rho = 1000\text{kg/m}^3$。

解　泵的总效率　　$\eta = \dfrac{P_e}{P} = \dfrac{\rho g q_V H}{1000 P} = \dfrac{1000 \times 9.8 \times 1.24 \times 70}{1000 \times 1100} = 0.774$

因　　　　　　　　　　　　　　　$\eta = \eta_m \eta_V \eta_h$

故　　　　　　　　$\eta_h = \dfrac{\eta}{\eta_V \eta_m} = \dfrac{0.774}{0.93 \times 0.94} = 0.885$

第二节　叶片式泵与风机的性能曲线及分析

资源37 泵与风机
的性能曲线

前面已分别介绍了泵与风机的工作性能参数——转速、流量、扬程（全压）、轴功率及经济性能参数——效率等，但未讨论这些参数之间的联系和变化的特点。实际上叶片式泵与风机工作时，这些参数之间存在着一一对应的关系，这种对应关系用工况来表示。工况是指某一流量 q_V 及与其对应的转速 n、扬程 H（全压 p）、轴功率 P、效率 η 等这一组性能参数。泵或风机

的一个工况反映了其某一完整工作状态。当泵与风机的某工作参数改变时（如转速或流量），其余参数（工况）也将发生相应的变化。泵与风机的性能主要是指性能参数之间的对应关系和变化的规律。通常用性能曲线来定量描述泵与风机的性能。性能曲线是用户选择泵与风机、了解泵与风机的性能及经济合理地使用泵与风机的主要依据。

一、性能曲线的概念

在泵与风机的基本性能参数中，通常选用转速作为固定值，然后建立扬程、轴功率、效率等随流量而变化的函数关系。叶片式泵与风机的性能曲线是指在转速和输送流体的密度（轴流式还有叶片安装角）一定时，泵与风机的扬程（全压）、轴功率、效率等随流量而变化的一组关系曲线。

泵的性能曲线有下述四条：①扬程与流量的关系曲线，用 H-q_V 表示；②轴功率与流量的关系曲线，用 P-q_V 表示；③效率与流量的关系曲线，用 ηq_V 表示；④允许汽蚀余量或允许吸上真空高度与流量的关系曲线，用 $[NPSH]$-q_V 或用 $[H_s]$-q_V 表示。

风机的性能曲线有下述五条：①全压与流量的关系曲线，用 p-q_V 表示；②轴功率与流量的关系曲线，用 P-q_V 表示；③全压效率与流量的关系曲线，用 ηq_V 表示；④静压与流量的关系曲线，用 p_{st}-q_V 表示；⑤静压效率与流量的关系曲线，用 η_{st}-q_V 表示。

注：现代火电厂大型轴流式送、引风机 p-q_V 曲线中的全压 p 有被单位质量流体获得能量的比功所取代的趋势，即 J/kg-q_V 曲线。

二、性能曲线的获得

由于实际流体具有黏滞性，叶轮叶片又是有限的，流体在泵与风机内部的流动情况非常复杂，至今尚不能用理论分析的方法准确地绘出泵与风机的实际性能曲线。泵与风机的实际性能曲线只能通过实验获取。

（一）理论分析绘制性能曲线

理论分析的方法可大致绘出泵与风机的性能曲线，这对于研究泵与风机的性能有着积极的指导意义。下面以离心泵与风机的性能曲线进行理论分析。

1. 理想的性能曲线

由式（3-17）通过分析及变换可得到

$$H_{T\infty} = \frac{u_2 v_{2u}}{g} = \frac{u_2^2}{g} - \frac{u_2 q_{VT}\cot\beta_{2g}}{g\pi D_2 b_2 \psi_2} \tag{4-8}$$

同理可得

$$P_T = \rho g q_{VT} \times \left(\frac{u_2^2}{g} - \frac{q_{VT} \times u_2 \times \cot\beta_{2y}}{g\pi D_2 b_2 \psi_2}\right) \tag{4-9}$$

根据式（4-8）可以绘制出理想的 $H_{T\infty}$-q_{VT} 关系曲线，如图 4-7 所示。对于确定的泵与风机，几何尺寸是已知的，转速为定值时，式中的 ψ_2、u_2、$\cot\beta_{2y}$、D_2、b_2 都是常数，则 $H_{T\infty}$ 随 q_{VT} 的变化是直线关系，且其斜率随 β_{2y} 的不同而不同。对后弯叶轮，$\beta_{2y}<90°$，$\cot\beta_{2y}>0$，其 $H_{T\infty}$-q_{VT} 的关系为一条自左至右向下降的直线；对径向叶轮，$\cot\beta_{2y}=0$，其 $H_{T\infty}$-q_{VT} 的关系为一条平行于横轴的直线；对前弯叶轮，$\beta_{2y}>90°$，$\cot\beta_{2y}<0$，其 $H_{T\infty}$-q_{VT} 的关系为一条自左至右向上升的直线。

由式（4-9）可以得到不同形式叶轮理想的 P_T-q_{VT} 之间的关系曲线，如图 4-8 所示。对于前弯式叶轮，流量增加时，功率受双增量影响上升很快，流量与功率的关系是一条向上的曲线；径向型叶轮，流量增加时，扬程不受影响，流量与功率的关系是一条上升的直线；后弯式叶轮，流量增加时，功率受扬程减量的影响变化平缓，流量与功率的关系是一条向上凸的曲线。从图 4-8 可以看出，前弯叶型的风机所需的轴功率随流量的增加而增长得很快。

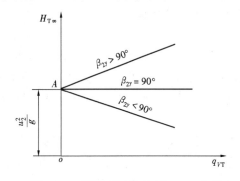

图 4-7　不同叶型叶轮的 $H_{T\infty}$-q_{VT} 曲线

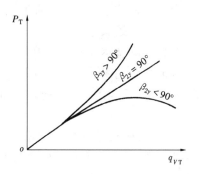

图 4-8　不同叶型叶轮的 $P_{T\infty}$-q_{VT} 曲线

　　因此，这种风机在运行中流量增加时，原动机超载的可能性要比径向型风机大得多，而后弯叶型的风机几乎不会发生原动机超载的现象。

　　根据式（4-8）、式（4-9）和效率计算式可得到理想的效率与理论流量之间的关系曲线，该曲线在坐标系第一象限中为一条开口向下的二次抛物线，这里不再赘述。

　　2. 理论分析法绘制性能曲线

　　图 4-7 中的 $H_{T\infty}$-q_{VT} 曲线未考虑泵中任何损失，因而与实际情况是不相符的。为了得到实际情况下的 H-q_V 性能曲线，必须考虑实际情况进行修正。现以后弯式叶轮为例，对理论能头与理论流量的关系曲线进行修正。

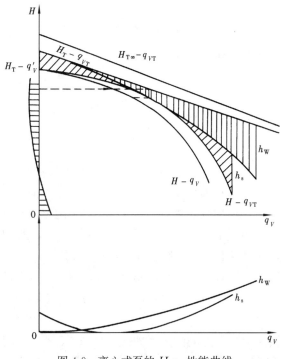

图 4-9　离心式泵的 H-q_V 性能曲线

　　（1）有限叶片数的影响。由于有限叶片会产生轴向涡流，使得有限叶片时的能头低于无限多叶片时的理论能头，因滑移系数 K 为小于 1 且与流量无关的常数，因此有限叶片数的性能曲线也是一条向下倾斜的直线，且位于无限多叶片曲线的下方，如图 4-9 中的 H_T-q_{VT} 线。

　　（2）实际流体各种流动损失的影响。由于流动损失的结果使得能头降低，容积损失的结果使得流量减小，机械损失不影响该曲线，因此这里只考虑前两项损失。由式（4-4）与式（4-5）可知，流动损失中的沿程、局部损失随流量的平方增加，冲击损失则按偏离设计工况流量值的平方增加，其关系曲线见图 4-9。在各流量下，从 H_T-q_{VT} 中减去相应的这两部分损失，即得图 4-9 中的 H-q_{VT} 曲线。

容积损失是随着能头的增大而增加的，容积损失主要是叶轮密封环处的泄漏，该泄漏量 q'_V 和理论扬程 H_T 是平方根的关系，见图 4-9 中的 H_T-q'_V 曲线。在 H-q_{VT} 曲线的横坐标上减去 H_T 相对应的泄漏量 q'_V，则得到实际能头与流量 H-q_V 的性能曲线。

同理，也可用理论分析法大致绘出 P-q_V 及 ηq_V 两条曲线（略）。

（二）试验方法绘制性能曲线

欲精确绘制泵与风机的性能曲线，只能通过实际测量才能得到。实际使用的性能曲线，一般是泵与风机制造厂通过实验台实测的。试验时需保持泵或风机在某一固定的转速下，如果实测时泵的转速是变化的，则应将实测参数换算至某一转速的参数，然后绘制性能曲线。

图 4-10 所示为绘制水泵性能曲线的实测装置示意。试验时先关闭泵出口调节阀，启动离心泵达到额定转速后，再通过逐次改变泵出口调节阀的开度，来改变泵的流量，并记录不同流量下的原始测量数据。①计算扬程数据的测定：可用金属压力表或真空表，也可用 U 形管测压计来测量泵入、出口处液体的压强。②计算流量数据的测定：测量流量的方法有薄壁量水堰，如三角堰、矩形堰；涡轮流量计；节流式流量计，如标准孔板、喷嘴和文丘里管流量计；涡街流量计等。③计算轴功率数据的测定：可用测功电机（其测量原理是利用电机转子的转矩与电机外壳上静子的反转矩相等的关系，通过外壳力臂秤上的砝码重量来确定轴功率）；数字式转矩测量仪（扭矩仪）；功率表（测量电机输入功率）等。④转速的测定：可采用手持机械转速表直接测量；频闪测速仪；数字式转速仪等。

风机性能试验按风道布置不同可分为进气试验装置、排气试验装置和进排气联合试验装置三种，试验采用哪一种布置形式，可根据具体情况或现场试验条件来决定。如送风机是从大气吸入空气，经管道送入炉膛，则应采用排气试验装置。引风机是抽出炉膛的烟气使之经烟囱排入大气，则应采用进排气联合试验装置。图 4-11 所示为排气实测装置系统。气体从集流器进入叶轮，由叶轮流出的气体经排风管道中整流栅流出，用出口锥形节流阀调节风量，并在管道上装设静压测管来测定计算风压的数据，装设皮托管来测定计算流量的数据。①计算风压数据的测定一般采用液柱式测压计。②计算流量数据的测定：用皮托管（注：需用皮托管在断面上测出若干点处的流速，取其平均值即得平均流速，而测点布置一般采用等分面积法，见图 4-12、图 4-13）；用笛形管，如图 4-14 所示；用遮板式动压测定管，见图 4-15（用于测量含尘浓度较大的气体，如烟气的流量），进口集流器等进行测量。功率与转速的测量与泵大致相同（略）。整个试验系统的安排标准、测定泵与风机的流量计、装设测点的位置、距离和测试方法等应该符合国家标准。

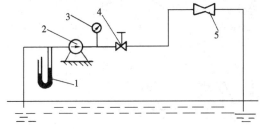

图 4-10　水泵性能曲线的实测装置示意
1—U 形管测压计；2—泵；3—压力表；
4—调节阀；5—流量计

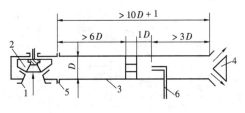

图 4-11　排气试验装置
1—集流器；2—叶轮；3—排风管道；4—锥形节流阀；
5—静压测管；6—皮托管

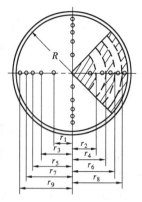

图 4-12　圆形断面测点分布

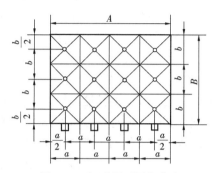

图 4-13　矩形断面测点分布

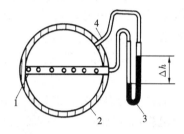

图 4-14　单笛形管式流量计

1—笛形管；2—圆管；3—差压计；4—短管

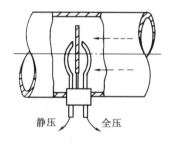

图 4-15　遮板式动压测定管

　　实验方法：对离心式泵与风机来说，为避免启动电流过大，实验应从出口阀门全关态开始，并记录流量 $q_V = 0$ 时的压力表、功率表、真空表及转速的读数，由此可以算得试验曲线上的第一点。以后逐渐开启阀门，增加流量，待稳定后开始记录该工况下的各种数据。试验最少应均匀取得 10 个以上工况的读数。由每个工况测得的数据，计算出该流量下所对应的扬程 H（全压 p）、轴功率 P、效率 η 后，将这些数据描在相应的坐标图中，即可绘出 H-q_V、P-q_V 和 η-q_V 性能曲线。实验方法绘制的离心风机性能曲线如图 4-16 所示，离心泵性能曲线如图 4-17 所示，混流泵的性能曲线如图 4-18 所示。

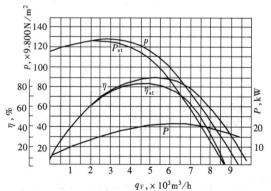

图 4-16　典型后向叶轮离心通风机的性能曲线

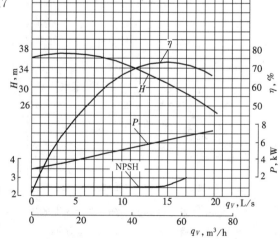

图 4-17　IS80-65-160 型离心泵的性能曲线

三、性能曲线的有关概念说明

如图 4-17 所示，在性能曲线上，每一个流量值均有一个与之对应的扬程 H 或全压 p、功率 P 及效率 η 等，称为工况点，为工况的数学表示。工况点即工况在相应性能曲线上的位置。可以看出，泵与风机的工况点有无数组。最高效率对应的工况点称为最佳工况点。它是泵与风机运行最经济的一个工况。在最佳工况点左右的区域（一般不低于最高效率的90%）称为经济工况区或高效工况区。高效工况区越宽，泵与风机变工况运行的经济性就越高。一般认为最佳工况点与设计工况点相重合。最佳工况点所对应的一组参数值，即为泵与风机铭牌上所标出的数据。当阀门全关时，$q_V = 0$，$H = H_0$、$P = P_0$，该工况称为空转工况，此时消耗的功率为空载轴功率。

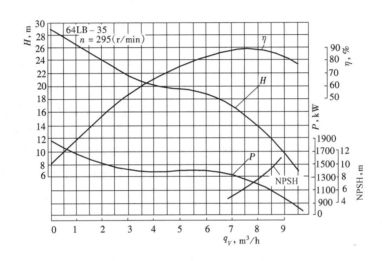

图 4-18 64LB-35 型混流泵的性能曲线

四、叶片式泵与风机性能特点

1. 离心式泵与风机性能的特点

分析实验得到的性能曲线，就后弯式叶轮而言，离心式泵与风机的 H-q_V 曲线较为平坦，即流量增大时，扬程（全压）下降很少。一般离心风机及扬程高流量小的离心泵的 $H(p)$-q_V 性能曲线具有驼峰，这种性能特点为 q_V 从 0 开始增大时压头先升高，到达驼峰顶点后转为下降，如图 4-17 所示，混流泵的性能曲线如图 4-18 所示。

P-q_V 性能曲线是一条上升曲线，即功率随流量的增加而增加，$q_V = 0$ 时轴功率最小。因此离心式泵与风机应空负荷启动，这样原动机不易过载。

η-q_V 性能曲线的顶部较平坦，即高效工况区域宽，因此，离心泵或风机变工况运行的经济性较高。

2. 离心式泵与风机几种典型的 $H(p)$-q_V 性能曲线

（1）陡降型。如图 4-19 中曲线 a 所示，这种曲线有 25%～30% 的斜度，当流量变动很小时，扬程变化较大。这种性能适用于扬程变化大，而要求对流量影响小的情况，如火电厂中的循环水泵。

（2）平坦型。如图 4-19 中曲线 b 所示，这种曲线具有 8%～12% 的斜度，当流量变化很大时，扬程变化很小。这种性能适用于流量变化大，而要求对扬程影响小的情况，如火电厂

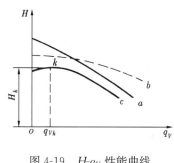

图 4-19 H-q_V 性能曲线
的三种形状

中的锅炉给水泵、凝结水泵等。

(3) 驼峰型。如图 4-19 中曲线 c 所示，其扬程随流量的变化是先增加后减小，曲线上 k 点对应扬程的最大值 H_k 和 q_{Vk}，在 k 点左边为不稳定工作段，在该区域工作会导致泵与风机的工作不稳定。驼峰形曲线，一般与出口安装角 β_{2y}、叶片数 z、叶片形状等有关。

3. 轴流式泵与风机性能的特点

轴流式泵与风机具有相似的性能，故其性能曲线形状大致相同，如图 4-20 所示。由图可以看出其性能曲线具有以下特点：

(1) $H(p)$-q_V 性能曲线是一条陡降的倒 S 形曲线，即 $q_V=0$ 时压头最大，压头随流量的增大而急剧下降，在 q_{Vb} 后压头反之随流量增大而升高，直到 q_{Vc} 后转折。轴流式泵与风机之所以具有这种性能，其原因是流量从设计工况 q_{Vd} 开始减小时，流体进入叶栅（见图 3-16）的入流角 β_∞ 减小，因此翼型的冲角增大，从而使压头升高。当流量达到 H-q_V 曲线上 c 点对应的 q_{Vc} 时，冲角已增大到使翼型上产生脱流而造成失速现象，因此升力系数降低，压头下降。当流量减少到 H-q_V 曲线上 b 点对应的 q_{Vb} 时，压头又继续升高。这是由于在叶轮的叶片中产生二次回流之故。如图 4-21 所示，轴流式泵与风机当流量很小时，不同半径上流束的压头不相等，叶片顶部流束的压头高，根部的压头低，导致部分从叶顶流出的流体又返回叶轮再次获得能量，使得压头升高。

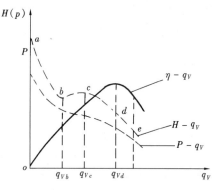

图 4-20 轴流式泵与风机的性能曲线

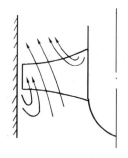

图 4-21 轴流式叶轮
的二次回流

(2) P-q_V 性能曲线是一条下降趋势的曲线，即轴功率随流量的增大而减小。$q_V=0$ 时轴功率最大。其原因是：由于 H-q_V 为陡降型，大流量时流量增大需要增加的功率小于扬程下降减少的功率；随着流量的减少，二次回流加剧，流体的流动更加混乱，流体的相互撞击和回流与叶片的撞击使能量损失增大，导致轴功率的迅速增加。鉴于轴功率 P 在空转状态时最大，为避免原动机过载，轴流式泵与风机启动时管路中的阀门应全开。

(3) 轴流式泵与风机的高效区工况窄。其原因是失速现象的尾涡损失和二次回流的撞击损失使效率急剧下降。因此轴流式泵与风机的经济工况区范围小，工作流量一旦偏离额定流量，效率将明显下降。如果采用动叶片可调的轴流式泵与风机，则可扩大它们经济工作的范围。

混流式泵与风机的性能介于离心式与轴流式之间。

五、叶片式泵与风机性能比较

图 4-22 所示为离心泵、混流泵、轴流泵性能曲线的变化情况。为便于比较，用各参数相对于最高效率点参数的百分比绘制而成。由图 4-22a 部分中的四条 H-q_V 曲线可以看出，随着流量的增加，离心式泵与风机的扬程下降缓慢，比较适用于流量变化时要求扬程改变小的场合；而轴流式泵与风机的扬程下降迅速，宜用于扬程变化大时要求流量变化小的场合；混流式则介于离心式和轴流式之间。分析图 4-22b 部分中的四条 P-q_V 曲线可知，离心式泵与风机的曲线随流量的增加逐渐上升，混流式泵与风机的曲线接近水平，而轴流式泵与风机的曲线随着流量的增加急剧下降。由图 4-22c 部分可知，离心式泵与风机的 η-q_V 曲线比较平坦，高效工况区宽。随着由离心式向轴流式的过渡，η-q_V 曲线越来越陡，高效区越来越窄。

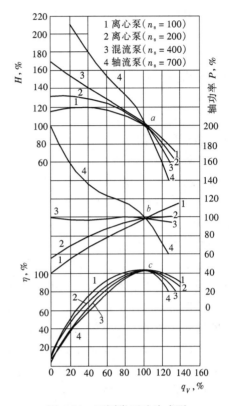

图 4-22 不同类型叶片式泵间性能曲线的比较

六、影响泵与风机性能的几个因素

1. 泵与风机的结构形状

不同的结构形状是泵与风机具有不同性能的主要因素，其中叶轮结构参数的影响尤为突出，下面简要说明。

（1）叶片进口安装角 β_{1y}。叶片进口安装角的大小会使冲击损失发生变化，不仅影响泵与风机的扬程和效率，还将影响泵的汽蚀性能。叶片进口安装角不宜太大，否则会导致效率和泵抗汽蚀性能的下降。

（2）叶片进口边的位置。叶片进口边的位置主要影响泵的抗汽蚀性能，同时对泵与风机的能头、轴功率也有影响。叶片进口边的布置有平行和延伸两类，延伸布置可增大叶片做功的面积，同时对泵的抗汽蚀有利。

（3）叶轮外径 D_2。叶轮的外径对能头的影响较大，同时对流量、轴功率、效率也有影响。增大叶轮外径，叶片泵与风机的能头增加，即能头性能曲线向上平行移动。

（4）离心式叶轮出口宽度 b_2。叶轮出口宽度对流量的影响较大，当出口宽度在一定范围内增大时，流量、能头、轴功率及效率都会增加，且最高效率向大流量方向移动。

（5）叶片出口安装角 β_{2y}。由前面的分析可知，叶片的出口安装角会影响泵与风机的能头、轴功率、效率。增大出口安装角，会使泵与风机的能头、轴功率增加，后弯式叶片的效率变化不大，前弯式叶片的效率下降明显。

（6）叶片数 Z 和叶片包角 θ。叶片数对叶片式泵与风机的能头影响较大，且还影响泵的汽蚀性能。叶片数增加，泵与风机的能头增大，效率也有所提高，但泵的抗汽蚀性能下降。过多的叶片数会导致效率、离心式的能头有所下降，还会使 H-q_V 曲线出现驼峰。

叶片的包角是指叶片从进口到出口所对应的中心角,其大小对泵与风机的效率、能头均有影响。统计表明,$\theta \times Z/360°$ 在 1.2～2.2 内可获得较高的效率。

(7) 多级离心泵导叶进口面积。增大导叶进口面积可使 H-q_V 曲线变平坦,效率增高,同时效率曲线向大流量方向偏移。每种泵都有一个最佳断面积,过分增大进口面积反而会降低效率。

(8) 密封环与叶轮的间隙。密封环处间隙对泵的性能影响较大。间隙大,泵的泄漏量增加,能头和流量减小,功率增大,效率降低。

此外,对于轴流式泵与风机,其轮毂比(叶轮轮毂直径与叶轮外径的比值)、叶栅稠度(b/t)都对效率和汽蚀性能有影响。叶片顶端与机壳间的径向间隙会影响轴流式泵与风机的压头、流量和效率。间隙增大,压头、流量及效率减小;间隙过小,则噪声加大,轴流泵还会因此而产生汽蚀。

2. 预旋和叶轮内流体的回流

预旋会使泵与风机的能头降低,但可以改善泵的汽蚀性能;自由预旋伴有流量的变化,并会使小流量下的冲击损失减小,效率提高。

叶片式泵与风机在小流量下工作时,叶轮出口处会出现回流现象,使部分流体在叶轮内反复地获得能量,从而使泵与风机的能头、轴功率和损失增大。不同形式的泵与风机产生回流的机理不一样,因此对性能的影响也有差别。

3. 泵与风机的几何尺寸大小、转速及被输送流体的密度

前面在讨论泵与风机的性能曲线时是附加有条件的,如泵或风机厂家产品样本所提供的为标准状态下的性能曲线。对一般风机而言,我国规定的标准条件是大气压强为 101.325kPa(760mmHg),空气温度为 20℃,相对湿度为 50%,即性能曲线只能反映某台具体的泵或风机在给定的转速下输送特定条件的流体时的性能。若以上条件改变,则泵与风机的性能也会发生相应的变化。下面将讨论上述条件改变时,泵与风机性能的变化问题。

第三节 泵与风机的相似定律

综合分析研究泵与风机性能的变化,完全采用实验的方法是不现实的。利用相似原理进行理论分析能够解决这个问题。由相似理论推导出的相似定律是泵与风机的设计、运行和整理数据等工作的理论依据。它可以解决泵与风机的大小、转速和输送条件变化时的性能换算问题。

相似定律的一个非常重要的应用就是模型试验。在进行新产品的设计、制造时,为了获得一个性能良好的泵或风机,必须进行试验以比较各种设计方案的性能。对实物直接进行试验耗时费资,特别是大型产品的设计,通常是将泵与风机按比例缩小制成模型,通过模型试验进行反复设计、实验、改进。

此外,相似定律还可用于相似设计,即在现有的结构简单、性能良好的泵与风机资料中,选择一台合适的样品作为模型,按相似关系对该模型进行放大或缩小,就可设计出满足用户需要的泵或风机。因此相似定律是深入了解泵与风机的性能和实际应用的理论工具。

一、相似条件

为保证流体流动相似,必须具备几何相似、运动相似和动力相似三个条件,即必须满足模型泵（风机）和实型泵（风机）任一对应点上的同一物理量之间保持比例关系。相似三条件中，几何相似是基础。为了讨论方便，实型泵与风机的各参数仍用以前符号表示，模型泵与风机的参数注以脚标"m"表示。

（1）几何相似是指相似的泵或风机，其通流部分对应的几何尺寸成同一比例，对应角相等，即

$$\frac{D_1}{D_{1m}} = \frac{D_2}{D_{2m}} = \frac{b_1}{b_{1m}} = \frac{b_2}{b_{2m}} = \cdots = \frac{D_2}{D_{2m}}$$

$$\beta_{1y} = \beta_{1ym}, \quad \beta_{2y} = \beta_{2ym}$$

式中 D、D_m——实型与模型的任一对应的线性尺寸，通常选用叶轮外径作为定性尺寸。

（2）运动相似是指实型泵（风机）与模型泵（风机）间通流部分各对应流体质点的同名力速度方向相同、大小成比例，即对应质点的速度三角形相似，如图4-23所示，即

$$\frac{v_1}{v_{1m}} = \frac{v_2}{v_{2m}} = \frac{u_1}{u_{1m}} = \frac{u_2}{u_{2m}} = \cdots = \frac{D_2 n}{D_{2m} n_m}, \quad \alpha = \alpha_m, \beta = \beta_m$$

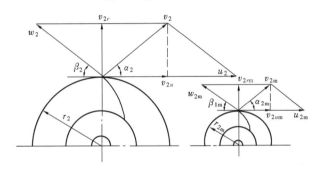

图4-23 对应点运动相似示意

（3）动力相似是指作用在实型泵（风机）和模型泵（风机）的通道内各相应点上的流体质点所受的各同名力的方向相同，大小成比例。流体在泵与风机中流动时主要受到惯性力、黏性力、重力和压力的作用。使这四种力都满足相似条件，实践中是不可能的。分析得知，流体在泵与风机中流动，起主导作用的力为惯性力和黏性力。所以，只要这两种力相似就满足了动力相似的条件。而惯性力和黏性力的相似准则是雷诺数（Re），所以只要模型和原型的雷诺数相等，就满足了动力相似，但要保证模型和原型的雷诺数相等，十分困难。实践证明，泵与风机中流体的流动已在的阻力平方区内，阻力系数不再改变。此时，即使模型和原型的雷诺数不相等，也会自动满足动力相似的要求。所以实践经验中，通常不考虑动力相似这个因素。

二、相似定律

全部符合三个相似条件的工况称为相似工况，表达相似工况各性能参数之间关系的对应关系式，称为相似定律。相似定律反映了相似泵或风机之间性能的共同特征。

1. 流量相似定律

流量相似定律可以根据流量的计算公式及相似条件推得。泵与风机的流量可以用下式计算：

$$q_V = q_{VT} \eta_V = A_2 v_{2r} \eta_V = \pi D_2 b_2 \psi_2 v_{2r} \eta_V$$

所以两台相似的泵或风机在相似的工况下，流量之比为

$$\frac{q_V}{q_{Vm}} = \frac{\pi D_2 b_2 \psi_2 v_{2r} \eta_V}{\pi D_{2m} b_{2m} \psi_{2m} v_{2m} \eta_{Vm}}$$

因为相似，所以 $\dfrac{D_2}{D_{2m}} = \dfrac{b_2}{b_{2m}}$，$\psi_2 = \psi_{2m}$，$\dfrac{v_{2r}}{v_{2m}} = \dfrac{u_2}{u_{2m}} = \dfrac{D_2}{D_{2m}} \dfrac{n}{n_m}$

所以

$$\frac{q_V}{q_{Vm}} = \left(\frac{D_2}{D_{2m}}\right)^3 \frac{n}{n_m} \frac{\eta_V}{\eta_{Vm}} \tag{4-10}$$

式（4-10）表达了相似工况间的流量关系，称为流量相似定律。它表明，几何相似的泵与风机，在相似工况下运行时，其流量之比与几何尺寸比的三次方成正比，与转速比的一次方成正比，与容积效率比的一次方成正比。

2. 扬程（全风压）相似定律

同样，可根据实际扬程的关系式（3-19）及相似条件推得扬程相似定律，即

$$\frac{H}{H_m} = \left(\frac{D_2}{D_{2m}}\right)^2 \left(\frac{n}{n_m}\right)^2 \frac{\eta_h}{\eta_{hm}} \tag{4-11}$$

对于全压

$$\frac{p}{p_m} = \frac{\rho}{\rho_m} \left(\frac{D_2}{D_{2m}}\right)^2 \left(\frac{n}{n_m}\right)^2 \frac{\eta_h}{\eta_{hm}} \tag{4-12}$$

式（4-11）和式（4-12）表达了几何相似的泵在相似工况下运行时，其扬程之比与几何尺寸比的平方成正比，与转速比的平方成正比，与流动效率比的一次方成正比；全压之比还有与流体密度比的一次方成正比。

3. 功率相似定律

由功率关系式可推得功率相似定律

$$\frac{P}{P_m} = \frac{\rho}{\rho_m} \left(\frac{D_2}{D_{2m}}\right)^5 \left(\frac{n}{n_m}\right)^3 \frac{\eta_{mm}}{\eta_m} \tag{4-13}$$

式（4-13）表达了几何相似的泵与风机，在相似工况下运行时，其功率之比与几何尺寸比的五次方成正比，与转速比的三次方成正比，与流体密度比的一次方成正比，与机械效率比的一次方成反比。

试验表明，当相似泵与风机的几何尺寸比不太大、转速较高且相差不太大时，可以近似认为相似工况的各种效率相等，则上述关系式可化简为

$$\left.\begin{aligned}
\text{流量相似定律} \quad & \frac{q_V}{q_{Vm}} = \left(\frac{D_2}{D_{2m}}\right)^3 \frac{n}{n_m} \\[2mm]
\text{扬程相似定律} \quad & \frac{H}{H_m} = \left(\frac{D_2}{D_{2m}}\right)^2 \left(\frac{n}{n_m}\right)^2 \\[2mm]
\text{全压相似定律} \quad & \frac{p}{p_m} = \frac{\rho}{\rho_m} \left(\frac{D_2}{D_{2m}}\right)^2 \left(\frac{n}{n_m}\right)^2 \\[2mm]
\text{功率相似定律} \quad & \frac{P}{P_m} = \frac{\rho}{\rho_m} \left(\frac{D_2}{D_{2m}}\right)^5 \left(\frac{n}{n_m}\right)^3
\end{aligned}\right\} \tag{4-14}$$

式（4-14）是在假定了相似工况下容积效率、流动效率及机械效率相等的条件下得到的，为近似定律。当泵与风机的几何尺寸及转速比较大时，按此式计算所得结果误差较大。

【例 4-2】　两台几何相似的离心泵，其 $D_2/D_{2m}=2$，且 $n=n_m$，求此两台泵在对应工况点的流量比、扬程比及功率比各为多少？

解　由相似定律可得

$$\frac{q_V}{q_{Vm}} = \left(\frac{D_2}{D_{2m}}\right)^3 \frac{n}{n_m} = 2^3 = 8, \quad \frac{H}{H_m} = \left(\frac{D_2}{D_{2m}}\right)^2 \left(\frac{n}{n_m}\right)^2 = 2^2 = 4$$

$$\frac{P}{P_m} = \left(\frac{D_2}{D_{2m}}\right)^5 \left(\frac{n}{n_m}\right)^3 = 2^5 = 32$$

可见，把泵的线性尺寸几何相似均放大一倍时，对应工况点的流量、扬程、轴功率将各增加到原来的 8 倍、4 倍和 32 倍。

三、相似定律的两个重要特例

特例一：两台完全相同或同一台泵或风机在转速相同时输送不同密度的流体。由相似定律式（4-14）可得

$$\left.\begin{array}{l} q_{V1} = q_{V2} \\[4pt] H_1 = H_2 \ 或 \dfrac{p_1}{p_2} = \dfrac{\rho_1}{\rho_2} \\[6pt] \dfrac{P_1}{P_2} = \dfrac{\rho_1}{\rho_2} \end{array}\right\} \tag{4-15}$$

式（4-15）说明了对于同一台泵或风机，改变工作介质前后，流量和扬程均不发生变化；全压和功率与其密度成正比。由此特例可知，按热态下运行选配原动机的泵或风机，如火电厂中的引风机，在冷态下试运行时，可能导致原动机过载。

特例二：两台完全相同或同一台泵或风机在转速改变时输送相同密度的流体。这就是下一节将要讨论的比例定律。

第四节　比例定律及通用性能曲线

一、比例定律

若两台完全相同的泵或风机在相同的条件下输送相同流体，仅仅转速不同，或者说，同一台泵或风机在不同转速下输送相同流体，以角标 1 表示 n_1 对应的参数，角标 2 表示 n_2 对应的参数，那么在 $D_1 = D_2$、$\rho_1 = \rho_2$ 的条件下，相似定律可简化为

$$\left.\begin{array}{l} \dfrac{q_{V1}}{q_{V2}} = \dfrac{n_1}{n_2} \\[8pt] \dfrac{H_1}{H_2} = \left(\dfrac{n_1}{n_2}\right)^2 \ 或 \dfrac{p_1}{p_2} = \left(\dfrac{n_1}{n_2}\right)^2 \\[8pt] \dfrac{P_1}{P_2} = \left(\dfrac{n_1}{n_2}\right)^3 \end{array}\right\} \tag{4-16}$$

式（4-16）是相似定律的最重要特例，称为叶片式泵与风机的比例定律。它表明同一台泵与风机相似工况的流量与转速的一次方成正比，扬程或全压与转速的二次方成正比，轴功率与转速的三次方成正比。

二、比例定律的应用

1. 不同转速下性能曲线的换算

利用比例定律可以把同一泵或风机已知转速下的性能曲线换算为另一转速下的性能曲线。如图 4-24 所示，已知 n_1 转速下泵的 H_1-q_{V1}、η_1-q_{V1} 性能曲线，求转速改变为 n_2 时的 H_2-q_{V2}、η_2-q_{V2} 性能曲线。设 a_1 为 H_1-q_{V1} 曲线上任取的一点，由比例定律可得 n_2 的 H_2-q_{V2}

上与 a_1 工况相似的点 a_2 的性能参数换算式为

$$q_{Va2} = \frac{n_2}{n_1}q_{Va1}, H_{a2} = \left(\frac{n_2}{n_1}\right)^2 H_{a1}$$

其余各点 b_1、c_1 等同理。将求得的若干相似工况参数描在性能曲线坐标图中（图 4-24 中的 b_2、c_2 等），光滑连接便得到 n_2 时的 H_2-q_{V2}。

当转速变化不大时，相似工况的效率相等，将所求的若干相似工况按等效率关系平移可绘出 η_2-q_{V2}，如图 4-24 所示。

2. 相似工况的变化规律——比例曲线

由比例定律可以得到同一泵或风机在不同转速下各对应的工况相似点。仍以图 4-24 的 H-q_V 曲线为例进行分析，图中 a_1、a_2 为相似工况点，应用比例定律有

$$\frac{H_{a1}}{H_{a2}} = \left(\frac{n_1}{n_2}\right)^2 = \left(\frac{q_{Va1}}{q_{Va2}}\right)^2$$

故

$$\frac{H_{a1}}{q_{Va1}^2} = \frac{H_{a2}}{q_{Va2}^2} = \frac{H}{q_V^2} = K \text{（常数）}$$

即

$$H = Kq_V^2 \qquad\qquad (4\text{-}17)$$

式（4-17）为二次曲线方程，称为比例方程。其图像为图 4-24 中一条通过坐标原点的二次抛物线，称为比例曲线。该曲线实质上反映了转速改变时，一系列（与 a_1）工况相似的点的变化规律。在同一条比例曲线上的各点，彼此工况相似，可认为效率相等，因此比例曲线又称为相似曲线或等效率曲线。只有同一比例曲线上的工况才能应用比例定律进行参数间的换算。不在同一条比例曲线上的两个工况间不存在相似关系，不能应用比例定律。

由于 a_1 是 n_1 的 H-q_V 曲线上任意一点，所以式(4-17)实际上代表了无数抛物线。它们的常数 K 可用 H-q_V 曲线上任意已知点参数代入式（4-17）中求得，再用列表描点法就能绘出一簇通过各已知点的比例曲线。

【例 4-3】 某台离心泵转速 $n_1 = 1450\text{r/min}$ 的 H-q_V 性能曲线以及所在管道的特性曲线 DE 如图 4-25 所示。为使泵的运行工况点移动到 B 点，转速应降低多少？

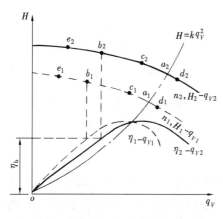

图 4-24　转速改变时性能曲线的换算

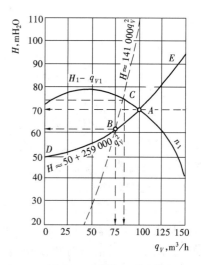

图 4-25　[例 4-3] 用图

解　由图 4-25 查得 B 点的性能参数 $H_B = 61\text{mH}_2\text{O}$，$q_{VB} = 75\text{m}^3/\text{h}$。将它们代入式（4-17）可得过 B 点比例曲线方程的常数 K 为

$$K = \frac{H_B}{q_{VB}^2} = \frac{61}{\left(\dfrac{75}{3600}\right)^2} = 141\,000$$

故比例曲线的方程式为 $H = 141\,000q_V^2$，方程的计算结果见表 4-1。

表 4-1　　　　　　　　　　　　　　　　　计算结果

q_V （m³/h）	0	25	50	75	100	125
H （mH₂O）	0	6.80	27.20	61	108.8	170

再用描点法作出比例曲线，则比例曲线与离心泵 $n_1 = 1450\text{r/min}$ 时的性能曲线相交于 C 点，C 点处

$$q_{VC} = 83(\text{m}^3/\text{h}), \quad H_C = 75(\text{mH}_2\text{O})$$

C 与 B 在同一条比例曲线上，是工况相似点，因此，可以应用比例定律求得 B 点所对应的转速为

$$n_2 = n_1 \frac{q_{VB}}{q_{VC}} = 1450\,\frac{75}{83} = 1310(\text{r/min})$$

或
$$n_2 = n_1 \left(\frac{H_B}{H_A}\right)^{1/2} = 1450\left(\frac{51}{75}\right)^{1/2} = 1308(\text{r/min})$$

计算结果不同是由于读数误差所致。

三、通用性能曲线

为了提供泵与风机用户变工况运行的方便，通常将泵或风机在不同转速下的 $H\text{-}q_V$ 性能曲线及其相应等效率曲线绘在同一张图上，这种性能曲线称为通用性能曲线，如图 4-26 所示。图中的等效率曲线就是把各转速下 $H\text{-}q_V$ 曲线上效率相等的各工况点连接起来所形成的曲线。通用性能曲线既可由实验直接绘出，也可根据已知性能曲线由比例定律绘制。实验方法绘制通用性能曲线的优点是准确可靠，缺点是试验工作量大。

应当指出，由于比例曲线上的点均为相似工况点，而在推导相似定律时认为相似工况点的效率相等，所以，比例曲线应与等效率曲线。实际上比例曲线应与等效率曲线存在差异，如图 4-26 所示。图中虚线为比例曲线。可以看出，只有在转数改变不大时等效率曲线与比例曲线基本重合，但在转速很低或改变较大时，两者并不重合。原因是比例曲线是在假设各种损失不变时得到的，但当转速很低或相差较大时，相应损失的差异变

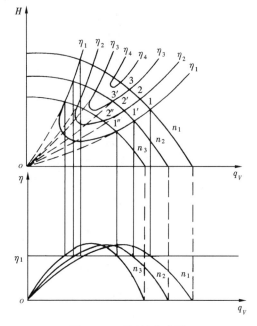

图 4-26　通用性能曲线

大，因而两曲线的差别也大。

第五节　比转数与型式数

一、比转数

相似定律解决了同类型泵与风机的性能综合分析和参数之间的换算问题，但未解决不同结构形式泵与风机的性能分析比较及性能与结构之间的联系。为了泵与风机的设计和选型比较的需要，希望能运用相似原理导出一个新的参数，它不依赖于泵与风机的具体转数、几何尺寸以及流体的密度，而由设计参数求出，且还与泵或风机的几何形状和性能特点相联系。

1. 比转数的概念

根据相似原理引入的一个与泵或风机的几何形状特征和工作性能特点相联系，且可由设计流量、扬程（全压）、转速求出的综合性特征数（或称相似判别数）称为比转数。

2. 泵的比转数

根据相似定律

$$\frac{q_V}{q_{Vm}} = \left(\frac{D_2}{D_{2m}}\right)^3 \frac{n}{n_m}, \quad \frac{H}{H_m} = \left(\frac{D_2}{D_{2m}}\right)^2 \left(\frac{n}{n_m}\right)^2$$

将以上两式进行数学整理可得

$$\left(\frac{q_V}{D_2^3 n}\right)^2 = \left(\frac{q_{Vm}}{D_{2m}^3 n_m}\right)^2 = 常数 \tag{4-18}$$

$$\left(\frac{H}{D_2^2 n^2}\right)^3 = \left(\frac{H_m}{D_{2m}^2 n_m^2}\right)^3 = 常数 \tag{4-19}$$

将式（4-18）除以式（4-19），再两端开四次方得

$$\frac{n\sqrt{q_V}}{H^{3/4}} = \frac{n_m\sqrt{q_{Vm}}}{H_m^{3/4}} = 常数$$

将式中常数乘以 3.65 的系数，并用符号 n_s 表示，即泵的比转数为

$$n_s = 3.65\frac{n\sqrt{q_V}}{H^{3/4}} \tag{4-20}$$

式中　q_V——泵设计工况的单吸流量，双吸叶轮时应以 $q_V/2$ 代替式中的 q_V，m^3/s；

　　　n——泵的工作转速，r/min；

　　　H——泵设计工况的单级扬程，m，i 级泵与风机应以 H/i 代替式中的 H。

3. 风机的比转数

风机的比转数习惯上用符号 n_y 表示，它与泵的比转数性质完全相同，只是将扬程改为全压，并采用以下公式计算：

$$n_y = \frac{n\sqrt{q_V}}{p_{20}^{3/4}} \tag{4-21}$$

式中　q_V——风机设计工况的单吸流量，双吸叶轮时应以 $q_V/2$ 代替式中的 q_V，m^3/s；

　　　n——风机的工作转速，r/min；

　　　p_{20}——标准状态下（$t=20℃$，$p=1.013\times10^5Pa$）风机设计工况的全压，Pa。

当风机工作的进口为非标准状态时，应将实际状态下的全压 p 换算为标准状态的全压

p_{20}，其换算关系式为

$$H = \frac{p}{\rho g} = \frac{p_{20}}{\rho_{20} g} = H_0$$

由此可得

$$p_{20} = \rho_{20} \frac{p}{\rho} = 1.2 \frac{p}{\rho}$$

将上式代入式（4-21）得

$$n_y = \frac{n \sqrt{q_V}}{p_{20}^{3/4}} = \frac{n \sqrt{q_V}}{(1.2 p/\rho)^{3/4}} \tag{4-22}$$

4. 比转数公式的有关说明及意义分析

（1）泵的比转数中的系数 3.65 无任何物理意义。由于泵与水轮机同属水力机械，为了统一水力机械的比转数，才在泵的比转数中乘上了这个常数。国外一般不乘以此系数。

（2）由式（4-20）、式（4-22）可知，比转数是工况的函数。而每台泵或风机有无数个工况，故可以计算出无数个比转数值。通常规定以最佳工况的比转数值作为泵与风机的比转数，因此每台泵或风机只有一个比转数。一系列几何相似的泵与风机比转数相等。由于比转数强调叶轮出口部分满足相似要求，因此 n_s 相等的泵不一定相似。

（3）比转数是个具体的数，与泵或风机转速的概念不同。比转数是有单位的量，单位本身无价值，但在不同的单位制中由于全压值不等，故风机的比转数值不一样。

（4）比转数的意义分析。

比转数综合表达了几何相似泵与风机设计参数 n、q_V、H 之间的联系，因为所有几何相似泵或风机由上述参数求出的 n_s 值相等。比转数是与泵或风机的几何形状特征和工作性能特点相联系的综合性特征数。根据 n_s 定义式（4-20）分析如下：

当转速 n 一定时，若 q_V 小、H 大，则 n_s 小。这表明比转数小的泵与风机的工作性能特点是流量小，能头高。根据泵与风机的理论流量式（3-4）和理论扬程式（3-8）可知，这就要求叶轮的 D_1 小、D_2 大、b_2 小，即叶轮流道形状为窄长。当 n_s 增大时，泵与风机的性能变化为 q_V 增大、H 减小，结构变化为 D_1 增大、D_2 减小、b_2 增大。可见，比转数既能反映泵或风机的结构形状特征，又能反映其工作性能特点。

二、型式数

1. 型式数的定义

国际标准化组织（ISO/TC）和我国有关标准（GB 3216—2005）要求用型式数 K 取代现行使用的比转数，型式数的定义为

$$K = \frac{2\pi n \sqrt{q_V}}{60 (gH)^{3/4}} \tag{4-23}$$

式（4-23）是我国标准中规定的型式数的计算式。式中 n 的单位为 r/min；国际标准化组织规定的型式数计算式中转速 n 的单位为 s^{-1}，故分母中无 60。

与比转数一样，式（4-23）是对单级单吸泵与风机而言，双吸叶轮时应以 $q_V/2$ 代替式中的 q_V；多级（i 级）泵与风机应以 H/i 代替式中的 H。

2. 型式数与比转数的关系

型式数 K 与我国目前使用的比转数式（4-20）之间存在以下换算关系：

$$K = 0.005\,175\,9n_s \tag{4-24}$$

或
$$n_s = 193.2K \tag{4-25}$$

型式数与比转数相比较在使用中的优点有以下几条：

（1）比转数是有因次的量，而型式数是无因次的准则数，不同单位制求出的型式数都相等，不必进行换算，具有国际的通用性。型式数实质上是比转数的无因次表达式。

（2）我国采用的泵比转数的定义式（4-20）是以输送水为前提条件，有较大的片面性。而型式数则与泵所输送的液体的密度无关。因此，型式数 K 与叶轮几何形状的关系更为单一，用它作为叶轮分类的基准，与比转数相比更好。

三、比转数的应用

1. 用比转数对泵与风机进行分类

比转数反映了泵与风机的综合特征，其大小与叶轮形状和性能有密切关系，不同的比转数代表了不同类型泵的结构与性能的特点。因此，用比转数对泵与风机进行分类，是比转数的重要应用。表 4-2 就是根据比转数 n_s 的大小，将叶片式泵分成五种不同的类型，列表给出它们在结构和性能上的主要特征。

表 4-2　　　　　　　比转数与叶片泵的分类、叶轮形状和性能曲线形状的关系

泵的类型	离心泵			混流泵	轴流泵
	低比转数	中比转数	高比转数		
比转数 n_s	$30 < n_s < 80$	$80 < n_s < 150$	$150 < n_s < 300$	$300 < n_s < 500$	$500 < n_s < 1000$
叶轮形状					
尺寸比 D_2/D_0	≈ 3	≈ 2.3	$\approx 1.8 \sim 1.4$	$\approx 1.2 \sim 1.1$	≈ 1
叶片形状	柱形叶片	入口处扭曲 出口处柱形	扭曲叶片	扭曲叶片	轴流泵翼型
性能曲线形状					
流量—扬程曲线特点	关死扬程为设计工况的 $1.1 \sim 1.3$ 倍，扬程随流量的减少而增加，变化比较缓慢			关死扬程为设计工况的 $1.5 \sim 1.8$ 倍，扬程随流量的减少而增加，变化比较急	关死扬程为设计工况的 2 倍左右，扬程随流量的减少先急速上升后，又急速下降
流量—功率曲线特点	关死功率较小，轴功率随流量的增加而上升			流量变化时轴功率变化较小	关死点功率最大，设计工况附近变化比较小，以后轴功率随流量的增大而下降
流量—效率曲线特点	比较平坦			比轴流泵平坦	先急速上升后，又急速下降

由表 4-2 可看出，$n_s = 30 \sim 300$ 为离心泵，$n_s = 300 \sim 500$ 为混流泵，$n_s > 500$ 以后为轴流泵。其原因是泵比转数增大时，泵与风机的 q_V 增大、H 减小，叶轮的 D_2/D_0 随之减小，叶轮出口宽度 b_2 增加，叶片变得宽而短，叶片前后盖板处流体的流程悬殊增大，形成获能不等。当 $n_s > 300$ 后，叶轮出口两边的能头差明显增大，引起二次回流，导致能量损失增加，如图 4-27 所示。为此，叶轮出口边需做成倾斜，以避免二次回流，叶轮就由离心式过渡为混流式。当 $n_s > 500$ 后，D_2 减小到了极限，即 $D_2/D_0 = 1$，此时则从混流式过渡到轴流式。

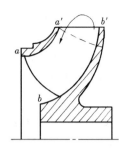

图 4-27 叶轮出口处的二次回流

用比转数 n_y 对风机的分类：$n_y = 2.7 \sim 14.4$（$15 \sim 80$ 为相应工程单位制的比转数）为离心通风机；$n_y = 14.4 \sim 21.7$（$80 \sim 120$）为混流通风机；$n_y = 18 \sim 90$（$100 \sim 500$）为轴流通风机。

2. 对泵与风机进行相似设计和选型

用设计参数 q_V、H（p_{20}）、n 计算出比转数，再用求得的比转数，选择性能良好的模型或速度系数进行相似设计或速度系数法设计。用户也可根据所需泵或风机的工作参数求出比转数作为选型的依据。

3. 比转数是编制泵与风机系列的基础

泵与风机制造行业通常以比转速为基础来编制泵与风机的相似系列或系列型谱（见图 6-1），这样可大大减少模型数目，减少产品目录的编制工作，节约人力和物力。不同用户可根据泵与风机的额定参数和性能要求，在恰当的相似系列或系列型谱中选择合适的泵或风机。用户通过系列型谱选择产品十分方便，同时又明确了开发新产品的方向。

【例 4-4】 有一单级单吸叶片式水泵，当转速 $n = 2900 \text{r/min}$ 时，最佳工况流量 $q_V = 9.5 \text{m}^3/\text{min}$，$H = 120\text{m}$；另有一台与该泵相似的泵，其最佳工况流量 $q_{V1} = 38 \text{m}^3/\text{min}$，$H_1 = 80\text{m}$，问叶轮转速应为多少？该系列泵属哪类型的泵？

解 原泵的比转数 n_s 为

$$n_s = \frac{n\sqrt{q_V}}{H^{3/4}} = \frac{3.65 \times 2900 \sqrt{9.5/60}}{120^{3/4}} = 115.92$$

相似泵的比转数 n_{s1} 为

$$n_{s1} = \frac{3.65 n_1 \sqrt{q_{V1}}}{H_1^{3/4}} = \frac{3.65 n_1 \sqrt{38/60}}{80^{3/4}}$$

根据相似泵的比转数应该相等，即 $n_s = n_{s1}$，则

$$n_1 = \frac{n_{s1}\, 80^{3/4}}{3.65\sqrt{0.633}} = \frac{115.92 \times 80^{0.75}}{3.65\sqrt{0.633}} = 1068 (\text{r/min})$$

因 $80 < n_s < 150$，故该系列泵属于中比转数的离心泵。

第六节 无因次性能曲线

比转数解决了不同类型泵或风机最佳工况的性能比较问题，但在泵或风机的选择和设计比较中，需要对不同类型泵或风机的整体性能进行比较。而一系列相似泵或风机（即使是同

一台)的性能曲线也有无数组,这就给选型、设计比较及编制手册和说明等带来很大的不便。如果能将同一类型泵或风机的性能用一组曲线表示,上述问题就迎刃而解了,这实际上可以实现。因相似定律表明,凡相似的泵或风机,必然存在性能参数间共性的相似关系,其性能之所以不同,是因为尺寸大小、转速及输送流体密度的影响所致。引入无因次参数消除上述影响因素,相似的泵或风机采用无因次参数绘制的无因次性能曲线就只有一组。这种性能曲线对选型设计和系列之间进行比较都十分方便。

无因次性能曲线仅用于风机。

一、无因次参数

由相似理论导出的式(4-14),经过形式上的变换可以得到无因次系数。

1. 流量系数$\bar{q}_V$

由流量相似定律变形可得

$$\frac{q_{Vm}}{D_{2m}^3 n_m} = \frac{q_V}{D_2^3 n} = 常数$$

上式两边同除以$\frac{\pi}{4} \cdot \frac{\pi}{60}$,然后取$u_2 = \frac{\pi D_2 n}{60}$,$A_2 = \frac{\pi D_2^2}{4}$,得

$$\frac{q_{Vm}}{A_{2m} u_{2m}} = \frac{q_V}{A_2 u_2} = 常数$$

令

$$\bar{q}_V = \frac{q_V}{A_2 u_2} \tag{4-26}$$

式中 u_2——叶轮出口的圆周速度,m/s;

A_2——叶轮投影面积,m^2。

可见,$\bar{q}_V$为无因次(无单位)的量。凡属几何相似的风机,在相似工况下流量系数为常数,即一个流量系数值代表了对应的无数个相似工况的实际流量;工况(q_V)改变时,流量系数值也相应改变,即流量系数可反映相似风机实际流量的变化规律。

2. 全压系数$\bar{p}$

同理,由全压相似定律变形可得

$$\frac{p_m}{\rho_m D_{2m}^2 n_m^2} = \frac{p}{\rho D_2^2 n^2} = 常数$$

上式两边同除以$\left(\frac{\pi}{60}\right)^2$,然后取$u_2 = \frac{\pi D_2 n}{60}$可得

$$\frac{p_m}{\rho_m u_{2m}^2} = \frac{p}{\rho u_2^2} = 常数$$

令

$$\bar{p} = \frac{p}{\rho u_2^2} \tag{4-27}$$

式中ρu_2^2的单位与全压的单位相同,故$\bar{p}$为无因次的量。凡属几何相似的风机,在相似工况下全压系数为常数,即一个压系数值代表了对应的无数个相似工况的实际全压;工况(p)改变时,全压系数值也相应全改变,即全压系数可反映相似风机实际全压的变化规律。

3. 功率系数$\bar{P}$

同理,由功率相似定律变形可得

$$\frac{p_m}{\rho_m D_{2m}^5 n_m^3} = \frac{p}{\rho D_2^5 n^3} = 常数$$

将关系式两边同除以 $\frac{\pi}{4}\left(\frac{\pi}{60}\right)^3$，并乘以 1000 得

$$\frac{1000P_m}{\rho_m A_{2m} u_{2m}^3} = \frac{1000P}{\rho A_2 u_2^3} = \overline{P} = 常数 \tag{4-28}$$

$\overline{P}$ 同样为无因次的量功率系数。其意义与上两系数相同，不再重复。

4. 效率 η

泵与风机的效率 η 本身为无因次量，也可以用无因次性能参数进行计算，即

$$\overline{\eta} = \frac{\overline{q_V}\,\overline{p}}{\overline{P}} = \frac{pq_V}{1000P} = \eta \tag{4-29}$$

式（4-29）中第三项是将式（4-26）～式（4-28）代入第二项整理后的结果。可见，用无因次参数和用实际性能参数计算效率是一致的。

二、无因次性能曲线

几何相似的风机采用无因次系数（$\overline{q_V}$、$\overline{p}$、$\overline{P}$、η）以 $\overline{q_V}$ 为自变量，余者为函数绘制而成的一组平面曲线称为无因次性能曲线。

绘制无因次性能曲线可通过实验获得，也可由某原型风机的性能曲线求得，其具体做法是：由实验测出（或由原性能曲线读出）某台风机在不同工况时的若干组 q_V、p、P 及 η 值，然后由式（4-26）～式（4-29）计算出相应工况时的 $\overline{q_V}$、$\overline{p}$、$\overline{P}$、$\overline{\eta}$，以流量系数 $\overline{q_V}$ 为横坐标，以压力系数 $\overline{p}$、功率系数 $\overline{P}$ 及效率 η 为纵坐标，即可绘得一组无因次性能曲线 $\overline{p}\text{-}\overline{q_V}$、$\overline{P}\text{-}\overline{q_V}$、$\eta\text{-}\overline{q_V}$。图 4-28 就是国产 G3-68 型锅炉离心式送风机的无因次性能曲线。

无因次性能曲线为相对性能曲线，与风机的尺寸大小、转速及被输送气体的密度无关，故可代表一系列相似风机的性能。因此，若把各类风机的无因次性能曲线绘在同一张图

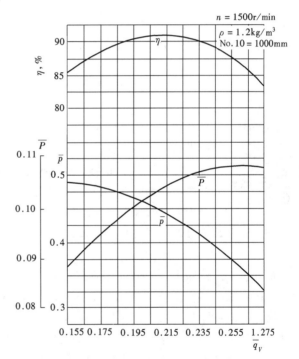

图 4-28　G3-68 型锅炉离心式送风机的无因次性能曲线

上，在选型或设计时可方便地进行性能比较。

理论上，无因次性能曲线不因风机的大小、转速及输送流体的种类的变化而变化，即一系列几何相似风机的无因次性能曲线相同。应该指出，有时同系列的两台风机的大小悬殊，或风机的尺寸很小时，实测作出的无因次性能曲线并不完全相同，即同系列风机虽然大体上是几何相似的，但实际上风机通流部分的壁面粗糙度、动静间隙等不可能也保持几何相似，结果，小尺寸风机相对的表面粗糙度和泄漏损失就要大些。这种实际上的几何不相似，使其无因次性能曲线也有所不同，故不能对应地重合在一起。

因为无因次参数除去了性能参数中的转速、几何尺寸、密度等的计量单位，因此无因次性能曲线不能代表它们的实际工作性能。实际应用中，需将无因次性能曲线按实际转速、几何尺寸和被输送气体的密度换算出风机的实际工作性能曲线，换算公式为

$$q_V = A_2 u_2 \bar{q}_V \tag{4-30}$$

$$p = \rho u_2^2 \bar{p} \tag{4-31}$$

$$P = \frac{\rho A_2 u_2^3}{1000} \bar{P} \tag{4-32}$$

具体做法：在工作风机相应的无因次性能曲线上读出若干组参数，根据上式求出每组的实际性能参数，选择合适的坐标系描点并光滑连接便可得到该风机的实际性能曲线。

应该指出，风机的比转数 n_y 也可由无因次参数求出。由式（4-30）和式（4-31）变换得

$$q_V = A_2 u_2 \bar{q}_V = \frac{\pi^2 D_2^3 n}{240} \bar{q}_V, \quad p_{20} = \rho_{20} u_2^2 \bar{p} = \rho_{20} \left(\frac{\pi D_2 n}{60} \right)^2 \bar{p}$$

将上式及标准状态下空气的密度 $\rho_{20} = 1.2 \text{kg/m}^3$ 代入式（4-21），整理可得

$$n_y = \frac{30}{\sqrt{\pi} \rho_{20}^{3/4}} \frac{\sqrt{q_V}}{\bar{p}^{3/4}} = 14.8 \frac{\sqrt{q_V}}{\bar{p}^{3/4}} \tag{4-33}$$

式中的流量系数和全压系数均为最佳工况时的值。

第七节　泵　的　汽　蚀

资源38 泵的汽蚀

　　汽蚀涉及的范围十分广泛，在造船、水利以及水力机械等方面都对汽蚀问题的机理及防止汽蚀的方法进行了大量的研究，并取得了满意的成果。对水泵而言，汽蚀问题是影响其向高速化发展的一个突出障碍。随着火电厂机组容量的增大，如国内在部分地区实施建设的 1000MW 机组中，泵的汽蚀问题仍然是一个重要的课题。

一、汽蚀现象及其对泵工作的影响

1. 汽蚀现象

根据热工理论知道，当液面压强降低时，相应的汽化温度也降低。例如，水在大气压 101.3kPa 下的汽化温度为 100℃；一旦水面压强降至 2.43kPa，水在 20℃ 时就会沸腾，开始的汽化的液面压强称为汽化压强，用 p_{Vp} 表示。因此，叶片式泵运行时，如果叶轮叶片入口处某局部液体的绝对压强等于或低于所输送液体的汽化压强，液体便发生汽化，产生气泡。这些气泡随着液体流动被带到叶轮的高压区，在高压的作用下迅速凝结而破裂。与此同时，周围的流体质点便以高速冲向原来气泡占有的空间，相互撞击而形成高压高频的局部水锤。这种水锤如果在金属附近发生，就会对金属表面形成持续的反复的冲击，导致金属表面因疲劳而破坏，这种破坏称为机械剥蚀。此外，气泡破裂时产生局部温升，加速了活泼气体对金属材料的化学腐蚀作用。金属表面在机械剥蚀和化学腐蚀的长期联合作用下，会出现蜂窝状破坏。这种在泵内反复出现的液体汽化（气泡形成）和凝结（气泡破裂）的过程，并使金属表面受到冲击剥蚀和化学腐蚀的破坏现象称为汽蚀现象。

2. 汽蚀对泵工作的影响

汽蚀对泵的危害具体体现在以下几个方面：

（1）噪声和振动加剧。在汽蚀开始时，表现在水泵外部的是轻微噪声、振动，而机组的振动将促使更多气泡的产生和破灭。此时，将会导致机组的剧烈振动，称之为汽蚀共振。若水泵机组发生汽蚀共振，则必须停止水泵机组的运行。但是，由于工厂其他来源的噪声已相当高，一般情况下，往往感觉不到汽蚀所产生的噪声。

（2）工作性能下降。汽蚀发生时，在汽蚀的初生阶段泵内气泡较少，泵的性能曲线无明显变化。当液体的汽化形成了大量气泡时，将"堵塞"叶道过流断面，使叶道的过流断面面积减小，导致液流的流量和液体从叶片获得的能量减少，同时效率也有所下降，出现了断裂工况，其性能曲线如图 4-29 所示，图中 d 点为断裂工况点。可见，汽蚀会造成泵的工作性能恶化，严重时，可能出现断流，造成事故。

（3）缩短泵的使用寿命。汽蚀发生时，由于机械剥蚀和化学腐蚀的长期作用，叶轮和蜗壳等处变得粗糙和多孔，产生裂纹，严重时将出现蜂窝状侵蚀，甚至形成空洞，因此缩短了泵的使用寿命。图 4-30 就是受汽蚀破坏的离心泵叶轮和轴流泵动叶片。

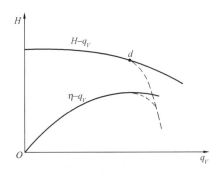

图 4-29　泵的汽蚀性能曲线　　　　　图 4-30　汽蚀作用而破坏的叶轮和叶片

二、汽蚀性能参数

泵内汽蚀的根本原因是泵入口或叶轮吸入口处液体的压强过低。影响吸入口液体压强的因素除吸入管路的管长、管径、λ、$\Sigma\zeta$ 及流量外，最主要的是泵的几何安装高度 H_g 或吸水高度。吸水高度是指泵入口中心线至吸入池液面的垂直距离。几何安装高度 H_g 一般是指叶轮中心至吸入池液面的垂直距离，如图 4-31 所示，大型离心泵的 H_g 如图 4-32 所示。当管路条件及流量一定时，增大 H_g，泵内会发生汽蚀，或使汽蚀加剧，致使泵无法正常工作。

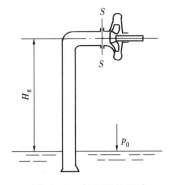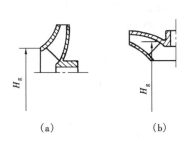

图 4-31　离心泵的吸水　　　　　图 4-32　大型泵几何安装高度
高度与几何安装高度　　　　　（a）卧式泵；（b）立式泵

因此，正确选择泵的几何安装高度是避免泵工作时发生汽蚀的主要方法。汽蚀性能参数允许吸上真空高度或允许汽蚀余量是定量确定 H_g 的依据。

（一）允许吸上真空高度 $[H_s]$

图 4-31 所示为泵的工作示意。列出吸入容器液面及泵入口 s—s 断面的能量（伯努利）方程，即

$$\frac{p_0}{\rho g} = H_g + \frac{p_s}{\rho g} + \frac{v_s^2}{2g} + h_w \tag{4-34}$$

式中　p_s——泵吸入口 s—s 断面中点液体的压强，Pa；

　　　v_s——泵吸入口 s—s 断面液体的平均流速，m/s；

　　　h_w——液体从吸入池液面至泵入口的阻力损失，m。

将上式变形，得

$$\frac{p_0 - p_s}{\rho g} = H_g + \frac{v_s^2}{2g} + h_w$$

当液面为大气压时，令 $H_s = \frac{p_a - p_s}{\rho g}$，$H_s$ 称为吸上真空高度。

即

$$H_s = \frac{p_a - p_s}{\rho g} = H_g + \frac{v_s^2}{2g} + h_w \tag{4-35}$$

式（4-35）表明，吸上真空高度 H_s 表示泵入口处真空的程度，也反映了该处液体压强下降的多少；吸上真空高度 H_s 等于泵的几何安装高度、泵进口处的速度能头及液体从吸入液面至泵入口的阻力损失三者之和。

式（4-35）也表明，如果流量一定，吸上真空高度 H_s 将随泵的几何安装高度 H_g 的增加而增大，吸上真空高度 H_s 越大，p_s 越小，越易发生汽蚀。汽蚀刚好发生时所对应的吸上真空高度 H_s 称为最大吸上真空高度，用 H_{smax} 表示。若 $H_s > H_{smax}$，则泵内发生汽蚀；反之，则不发生汽蚀。最大吸上真空高度 H_{smax} 由汽蚀实验的方法测定。为保证泵的安全运行，一般规定 H_{smax} 留 0.3m 的安全量作为泵的允许吸上真空高度，用 $[H_s]$ 表示，即允许吸上真空高度

$$[H_s] = H_{smax} - 0.3 \tag{4-36}$$

泵制造厂提供的 $[H_s]$ 为标准状态（大气压 760mmHg、液温 20℃）时的数值，若泵使用场合的大气压及液温不同于标准值，则应按下式进行修正：

$$[H_s]' = [H_s] + (H_{amb} - 10.33) + (0.24 - H_{Vp}) \tag{4-37}$$

式中　H_{amb}——使用场合的大气压头，m；

　　　H_{Vp}——使用场合的汽化压头，m。

对同一台泵来讲，安装地点的海拔越高，则大气压头越低，被输送液体的温度越高，则汽化压头越高。这两种情况都会使 $[H_s]'$ 值减少。表 4-3 为不同海拔与大气压强的关系，表 4-4 为不同水温与饱和蒸汽压强的关系。

表 4-3　　　　　　　　　　　　　　不同海拔对应的大气压强

海拔（m）	−600	0	100	200	300	400	500	600	700
大气压 p_a（kPa）	110.8	101	100	99	98.1	96.1	95.1	94.1	93.2
海拔（m）	800	900	1000	1500	2000	3000	4000	5000	
大气压 p_a（kPa）	92.1	91.1	90.2	84	79.4	70.6	61.8	53.9	

表 4-4　　　　　　　　　　　　　　不同水温对应的饱和蒸汽压强

水温（℃）	0	5	10	15	20	25	30
密度（kg/m³）	999.9	1000.0	999.7	999.1	998.2	997.0	995.6
p_{Vp}（kPa）	0.608 0	0.872 8	1.225 8	1.706 4	2.334	3.167 6	4.236 5
水温（℃）	35	40	45	50	55	60	65
密度（kg/m³）	994.0	992.2	990.2	988.0	985.7	983.2	980.6
p_{Vp}（kPa）	5.619 2	7.374 6	9.581 1	12.327 0	15.739 7	19.917 3	25.007 0
水温（℃）	70	75	80	90	100	105	110
密度（kg/m³）	977.8	974.9	971.8	965.3	958.1	954.5	950.6
p_{Vp}（kPa）	31.155 7	38.550 0	47.363 1	70.107 7	101.322 3	120.798 3	143.265 4

综上分析可知，汽蚀性能参数 $[H_s]$ 不能直接反映泵本身的汽蚀性能；且当泵的工作环境改变时需要进行修正，使用时不方便。因此有必要引进一个能直接反映泵本身汽蚀性能且使用时不需修正的描述参数。汽蚀余量是目前国内外广泛采用的汽蚀性能参数。

（二）允许汽蚀余量 $[NPSH]$

泵运行时发生汽蚀不仅与其吸入管路装置条件有关，还与泵本身的吸入结构有关。为了定义和理解汽蚀余量的概念，需引入分别反映这两方面的有效汽蚀余量和必需汽蚀余量。

1. 有效汽蚀余量 $NPSH_a$（Δh_a）

有效汽蚀余量也称为装置汽蚀余量。它是指泵吸入口处单位重力液体所具有超过汽化压强能头的富裕能头，以符号 $NPSH_a$ 表示。根据有效汽蚀余量的定义可得

$$NPSH_a = \frac{p_s}{\rho g} + \frac{v_s^2}{2g} - \frac{p_{Vp}}{\rho g} \tag{4-38}$$

式中　p_s——液体在泵吸入口处所具有的压强，Pa；

　　　v_s——泵吸入口处液体的断面平均流速，m/s；

　　　p_{Vp}——液体的饱和蒸汽压强或汽化压强，Pa。

式（4-38）为有效汽蚀余量的定义式，计算使用时不方便，由式（4-34）变换得

$$\frac{p_s}{\rho g} + \frac{v_s^2}{2g} = \frac{p_0}{\rho g} - H_g - h_w$$

将上式代入式（4-38）得到

$$NPSH_a = \frac{p_0}{\rho g} - \frac{p_{Vp}}{\rho g} - H_g - h_w \tag{4-39}$$

式（4-39）为有效汽蚀余量的计算式。可以看出，影响有效汽蚀余量的因素有吸入容器液面的压强 p_0、被吸液体的温度、泵几何安装高度和吸入管路的阻力损失等，即①$NPSH_a$ 由吸入管路系统装置决定，与泵本身无关；②在吸入池液面压强、泵几何安装高度不变时，液体温度升高或流量增加，有效汽蚀余量减少，泵工作时发生汽蚀的可能性增大。

由式（4-38）可知，有效汽蚀余量越大，泵入口处液体超过汽化压强的富裕能头就越

多，泵工作时出现汽蚀的可能性就越小，但 $NPSH_a$ 的大小并不能说明泵是否发生汽蚀，即 $NPSH_a$ 不能单独反映泵的汽蚀性能。

2. 必需汽蚀余量 $NPSH_r$ (Δh_r)

有效汽蚀余量仅指在泵吸入口处，单位重力液体所具有的富余能量，但泵吸入口处的液体压强并不是泵内压强最低处的液体压强。液体从泵吸入口流至叶轮进口的过程中，能量没有增加，但它的压强还要继续降低。压强降低的原因有：①从泵吸入口至叶轮入口的截面积一般是逐渐收缩的，所以液体在其间的流速要升高，而压力却相应降低，如图 4-33 所示；②液体从泵吸入口流至叶片 K 点间，存在沿程、局部流动阻力损失，致使液体压强下降；③液体进入叶轮流道时，以相对速度 w_1 绕流叶片头部，此时液流急剧转弯，流速加大，液体压强降低。这在叶片背部（非工作面）K 点更甚，液体在 K 点的压力急剧下降至最低，如图 4-33 所示。

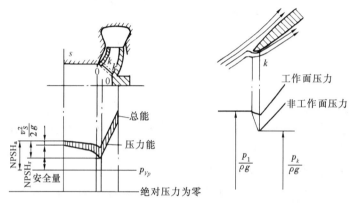

图 4-33　泵入口至叶轮入口压力分布

综上所述，必需汽蚀余量是指单位重力液体从泵入口流至叶轮叶片进口压强最低处的压强降能头，也称为泵的汽蚀余量，用符号 $NPSH_r$ 表示，其定义式为

$$NPSH_r = \frac{p_s}{\rho g} + \frac{v_s^2}{2g} - \frac{p_k}{\rho g} \tag{4-40}$$

必需汽蚀余量的定量分析式可根据伯努利方程推导得到。根据图 4-33，列出泵吸入口 $s-s$ 及叶轮叶片进口处稍前 $0-0$ 截面、再列出泵吸入口 $s-s$ 至 $k-k$ 截面相对运动伯努利方程，并假设

$$z_s = z_0 = z_k, \quad u_0 = u_k, \quad h_w = 0$$

令

$$\left(\frac{w_k}{w_0}\right)^2 - 1 = \lambda$$

则

$$\frac{p_s}{\rho g} + \frac{v_s^2}{2g} - \frac{p_k}{\rho g} = \frac{v_0^2}{2g} + \lambda \frac{w_0^2}{2g}$$

考虑到绝对速度因液流转弯而造成的流动不均匀，以及液流的流动阻力损失，所以在上式中引进压降系数 m。上式即为

$$NPSH_r = m \frac{v_0^2}{2g} + \lambda \frac{w_0^2}{2g} \tag{4-41}$$

式中　m——压降系数，一般 $m = 1.0 \sim 1.2$；

　　　λ——液体绕流叶片头部的压降系数，一般 $\lambda = 0.3 \sim 0.4$，与冲角、叶片数、叶片头部形状有关；

w_0——叶片进口前 0—0 截面的相对速度；

v_0——0—0 截面的绝对速度。

式（4-41）称为汽蚀基本方程。

必需汽蚀余量 $NPSH_r$ 的值取决于吸入室结构、首级叶轮入口形状和结构、叶轮进口处流速大小和分布等，而与吸入管路装置无关。$NPSH_r$ 值越大，说明液流从泵入口到首级叶轮入口时的压强降越大，泵抗汽蚀性能就越差，其大小在一定程度上反映了泵本身汽蚀性能的好坏。式（4-41）表明，当泵输送的流量增大时，$NPSH_r$ 增大，泵内发生汽蚀的可能性增加。

3. 允许汽蚀余量 [NPSH]

（1）$NPSH_a$ 与 $NPSH_r$ 的关系。有效汽蚀余量反映的是液体在泵入口处超过汽化压强的富裕能量，其值越大越好。必需汽蚀余量反映的是液体从泵吸入口流至叶轮叶片进口压强最低处 K 点所消耗的能量，其值越小越好。当 $NPSH_a > NPSH_r$ 时，有效汽蚀余量的富裕能量多于消除必需汽蚀余量所耗的能量，$p_k > p_{Vp}$，泵内不会发生汽蚀；反之，当 $NPSH_a < NPSH_r$ 时，富裕能量不足以提供消耗的能量，泵内液体的最低压强将降至液体的汽化压强以下（$p_k < p_{Vp}$），发生汽蚀。$NPSH_a = NPSH_r$ 为泵内发生汽蚀的临界状态。为使泵工作时不发生汽蚀，必须保证 $NPSH_a > NPSH_r$。

（2）允许汽蚀余量。由式（4-39）和式（4-41)知，$NPSH_a$ 随流量增大而减小，$NPSH_r$ 随流量增大而增加，图 4-34 所示为有效汽蚀余量和必需汽蚀余量与流量之间的关系。当泵的流量小于 q_{Vmax} 时，$NPSH_a > NPSH_r$，泵工作是安全的；若流量达到 q_{Vmax}，泵处于发生汽蚀的临界状态，此时的汽蚀余量称为临界汽蚀余量，用 $NPSH_c$ 表示，即

$$NPSH_c = NPSH_a = NPSH_r$$

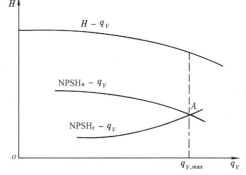

图 4-34　$NPSH_a$ 与 $NPSH_r$ 随流量的变化关系

$NPSH_c$ 由汽蚀实验测定。为了确保泵不发生汽蚀，根据 JB/T 2231.5 规定：将 $NPSH_c$ 加上 0.3m 的安全量作为泵的允许汽蚀余量，简称汽蚀余量，用 [NPSH] 表示，即

$$[NPSH] = NPSH_c + 0.3 \tag{4-42}$$

应该指出，安全量的大小应视系统及泵的具体情况而定，通常选取

$$[NPSH] = (1.1 \sim 1.3)NPSH_c \tag{4-43}$$

可以看出，使用 [NPSH] 时，相较于 [H_s]，不需要进行换算，特别对电厂的锅炉给水泵和凝结水泵等吸入液面不是大气压力的工作场景下，尤为方便，也更能直接说明汽蚀的物理概念。

三、泵允许几何安装高度 [H_g] 的确定

根据汽蚀性能参数，可以导出定量分析计算泵的允许几何安装高度公式。

1. 由允许吸上真空高度 [H_s] 确定

当泵制造厂提供的汽蚀性能参数是 [H_s] 时，由式（4-35）可导得

$$[H_g] = [H_s] - \frac{v_s^2}{2g} - h_w \tag{4-44}$$

或修正式

$$[H_g] = [H_s]' - \frac{v_s^2}{2g} - h_w \tag{4-45}$$

2. 由允许汽蚀余量 [NPSH] 确定

当泵制造厂提供的汽蚀性能参数是 [NPSH] 时，由式（4-39）可导得

$$[H_g] = \frac{p_0 - p_{Vp}}{\rho g} - [NPSH] - h_w \tag{4-46}$$

3. 由泵的几何安装高度及倒灌高度确定

根据式（4-45）及式（4-46）计算 [H_g]，只要泵的几何安装高度 $H_g \leqslant [H_g]$，泵工作时不会发生汽蚀。

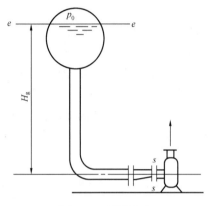

图 4-35 倒灌高度

当应用公式求出结果 [H_g] > 0 时，泵中心线可安装在吸入容器液面以上；若 [H_g] < 0，则此时泵的 H_g 必须为负值，即泵中心线应在吸入容器液面以下，否则泵工作时会发生汽蚀。泵的几何安装高度为负值时，称为倒灌高度，如图 4-35 所示。

若吸入容器液面的压强为饱和蒸汽压强，即 $p_0 = p_{Vp}$，由式（4-46）可得

$$[H_g] = -[NPSH] - h_w \tag{4-47}$$

式（4-47）说明了当泵吸取饱和液体时，泵的中心线必须安装在吸入容器液面以下，如火力发电厂中的给水泵与凝结水泵，分别安装在除氧器液面及凝汽器液面以下，否则泵一投入运行将发生严重汽蚀而无法工作。

【例 4-5】 在高原大气压力为 90 636Pa 的地方，用泵输送水温为 45℃ 的热水。吸水管路阻力损失为 0.8m，等直径吸水管段热水流速为 4m/s，此时泵的允许吸上真空高度 [H_s] = 5.5m。(1) 试求泵的允许几何安装高度？(2) 若其他条件不变，输送水温为 80℃，泵的允许几何安装高度又是多少？

解 (1) 查表 4-3，45℃ 时的密度是 990.2kg/m³，饱和蒸汽压强为 9.581 1×10³Pa。

将高原大气压换算为高度表示，有

$$H_{amb} = \frac{90\ 636}{990.2 \times 9.8} = 9.33(m)$$

将饱和蒸汽压力换算为高度表示，有

$$H_{Vp} = \frac{9.581\ 1 \times 10^3}{990.2 \times 9.8} = 0.99(m)$$

根据式（4-37）有

$$[H_s]' = [H_s] + (H_{amb} - 10.33) + (0.24 - H_{Vp})$$
$$= 5.5 + 9.33 - 10.33 + 0.24 - 0.99$$
$$= 3.75(m)$$

水温 45℃ 时泵的允许几何安装高度

$$[H_g] = [H_s]' - \frac{v_s^2}{2g} - h_w = 3.75 - \frac{4^2}{2 \times 9.8} - 0.8 = 2.13(m)$$

(2) 查表 4-3，80℃ 时的密度是 971.8kg/m³，饱和蒸汽压强为 4.736 3×10³Pa。

同理可求得 $H_{Vp} = 4.97$ (m)，[H_s]' = -0.23 (m)，代入式（4-45）可得

$$[H_g] = [H_s]' - \frac{v_s^2}{2g} - h_w = -0.23 - \frac{4^2}{2 \times 9.8} - 0.8 = -1.85(m)$$

计算结果表明：当输送水温升高时，泵的 H_g 会变为"倒灌高度"。

【例 4-6】 某台 CHTA 型锅炉给水泵，其入口直径 $d_1 = 257\text{mm}$，吸入管路总阻力损失系数 $\zeta_0 = 4.3$。泵在额定工况下的流量为 $675\text{m}^3/\text{h}$，扬程为 $2370\text{N} \cdot \text{m/N}$，转速为 5900r/min，$[\text{NPSH}] = 34\text{m}$。试确定其几何安装高度 H_g。

解 因为给水泵的吸入容器（除氧器）内液面的压强为饱和蒸汽压强，即给水泵吸取的是饱和水，$p_0 = p_{Vp}$，代入式（4-46）得

$$[H_g] = -[\text{NPSH}] - h_w$$
$$= -[\text{NPSH}] - \zeta_0 \frac{v_1^2}{2g}$$
$$= -34 - \frac{4.3 \times 8 \times 675^2}{\pi^2 \times 9.8 \times 3600^2 \times 0.257^4}$$
$$= -34 - 2.87$$
$$= -36.87 (\text{m})$$

即给水泵应安装在除氧器内液面以下 36.87m 的下方。

四、汽蚀比转数

汽蚀余量能够反映泵汽蚀性能的好坏，但不能对不同吸入结构泵进行汽蚀性能比较。因此需要引入一个既能表示泵的汽蚀性能，又与泵的性能参数相联系的综合参数（综合相似特征数），这个综合参数称为汽蚀比转数，用符号 c 表示。

推导汽蚀比转数需应用汽蚀相似定律。汽蚀相似定律可根据相似原理由原型泵与模型泵的汽蚀基本方程式（4-41）推出，其形式为

$$\frac{\text{NPSH}_r}{\text{NPSH}_m} = \left(\frac{nD_1}{n_m D_{1m}}\right)^2 \tag{4-48}$$

与推导比转数计算公式类似，根据式（4-14）中的流量相似定律及汽蚀相似定律式（4-48）经过数学变换，得到汽蚀比转数的计算公式为

$$c = \frac{5.62n \sqrt{q_V}}{\text{NPSH}_r^{3/4}} \tag{4-49}$$

式中　q_V——泵的额定流量，对双吸叶轮流量应以 $q_V/2$ 代入计算，m^3/s；

　　　n——泵的工作转速，r/min；

　　　5.62——放大的倍数，即 $= 10^{3/4}$。

由式（4-49）可知：必需汽蚀余量小，则汽蚀比转数大，表示汽蚀性能好，反之则差。因此，汽蚀比转数的大小可以反应泵抗汽蚀性能的好坏。但必须指出，为了提高汽蚀比转数，往往使泵的效率有所下降，目前汽蚀比转数的大致范围如下：

对 $c = 600 \sim 800$ 的泵，主要考虑效率；对 $c = 800 \sim 1200$ 的泵，兼顾汽蚀和效率；对 $c = 1200 \sim 1600$ 的泵，对汽蚀要求较高；对一些特殊要求的泵，如电厂的凝结水泵和给水泵、火箭用的燃料泵等，汽蚀比转数 $c = 1600 \sim 3000$。

汽蚀比转数有类似比转数的性质。凡入口几何相似的泵，在相似工况下运行时，汽蚀比转数必然相等。因此，可作为汽蚀相似准则数。与比转数不同的是，只要进口部分几何形状和流动相似，即使出口部分不相似，其汽蚀比转数仍相等。

除汽蚀比转速 c 以外，有些国家常采用托马汽蚀系数以及目前国际上使用的无量纲的汽

蚀比转数等作为综合性汽蚀相似特征数。具体内容可参阅有关文献。

五、防止泵发生汽蚀的措施

(一) 增大有效汽蚀余量

(1) 减少吸入管路的阻力损失。如增加管径、降低管路内表面粗糙度、减少弯头及三通的数量、减少吸入管路的长度、选用阻力损失小的阀门等。

(2) 正确地决定几何安装高度。抽取井水时,往往随着井水位的下降而会使几何安装高度越来越大。应采取降低泵的安装高度等措施以减小几何安装高度。对于工业锅炉及火电厂的给水泵、凝结水泵、低压疏水泵等,由于水温较高,液面压强为汽化压强,极容易引起汽蚀。为提高有效汽蚀余量,必要时应采用倒灌高度。

(3) 加前置泵。为提高主泵入口处液体的压头,在高速主泵前加装一台低速泵。使用这种 "低速前置泵 + 高速主泵" 组合方式既可避免前置泵汽蚀,又能防止主泵发生汽蚀。火电厂 200MW 以上机组的锅炉给水泵一般采用这种形式。

(二) 提高泵的抗汽蚀性能

1. 降低必需汽蚀余量

(1) 采用双吸叶轮。使叶轮每一侧的流量减少,必需汽蚀余量也随之降低。

(2) 采用吸入性能好的叶轮。如图 4-36 所示,将叶轮进口直径 D_0 加大,或将叶片入口宽度 b_1 加大,从而使 $NPSH_r$ 降低。但 D_0 和 b_1 都有其最佳设计范围,D_0 或 b_1 取得太大时,汽蚀余量反而会增加。

(3) 增加叶轮前盖板的曲率半径。减少液体因急转弯引起的附面层分离倾向,避免过大的涡流损失和压力损失。

(4) 采用叶片扩展到吸入口的叶轮。图 4-36 所示为加大入口直径 D_0 和叶片入口宽度 b_1 的叶轮。这种叶轮的叶片入口边是按照三元流动无冲击流的观点进行设计的。虽然叶片具有难以制造的扭曲形状,但这种叶轮的必需汽蚀余量较低,其吸入性能优于普通离心泵叶轮,因而获得越来越多的应用。

2. 采用诱导轮或双重翼叶轮

诱导轮一般为装在主叶轮前部的一个双叶片轴流叶轮,如图 4-37 所示。其作用在于提高液体的能量,使主叶轮入口处的压头加大,从而可以有效地防止主叶轮发生汽蚀。某些离心泵加装诱导轮以后,可使 $NPSH_r$ 减少 70%。诱导轮的缺点是轴向尺寸增加,且其出口液流与叶轮配合不当会使效率下降。采用双重翼叶轮可避免上述缺点。双重翼叶轮由前置叶轮和离心主叶轮组成,两叶轮非常靠近。前置叶轮只有 2、3 片斜流形叶片,轴向尺寸较短。

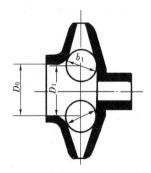

图 4-36　采用吸入性能好的叶轮

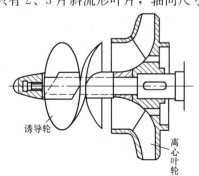

图 4-37　带有诱导轮的离心泵

3. 采用超汽蚀泵

超汽蚀泵是指在主叶轮之前装一个类似轴流式的超汽蚀叶轮。其叶片采用薄而尖的超汽蚀翼型，使其诱发一种固定型的气泡，覆盖整个叶片背面，并扩展到后部，与原来叶片的翼型和空穴组成了新的翼型，其优点是气泡保护了叶片，避免汽蚀并在叶片后部溃灭，因而不损坏叶片。

（三）加强运行管理

1. 控制泵的流量

（1）泵的工作流量不应大于额定流量。因为确定泵的 H_g 时，一般以额定的流量及 [NPSH] 为依据，当流量过大时，使 $NPSH_r > NPSH_a$，导致汽蚀发生。

（2）泵的工作流量也不能小于其允许最小流量。因为过小的流量会导致泵内的叶轮盘与液体的摩擦及其他损失产生的热量难以有效排出，泵内液温迅速升高，汽化压强 p_{Vp} 增大，$NPSH_a$ 减小，以致汽蚀发生。如火电厂中给水泵、凝结水泵运行时，一旦流量小于允许最小流量，必须开启再循环门，让部分液体带热量回流至除氧器或凝汽器，以控制泵内液温。

2. 限制泵的转速

变速泵运行时，必须防止转速过高。由汽蚀相似定律式（4-48）可知，$NPSH_r$ 随转速的平方而增大，转速增加，泵的抗汽蚀性能恶化。因此，泵运行的工作转速不应高于规定的转速。

3. 不允许采用泵的入口阀门调节流量

因为节流损失会使 $NPSH_a$ 减小（p_s 降低）。

4. 泵启动时空载运行时间不能过长

因为机械损失等的热量会使液温迅速升高，导致泵未供水时就已发生汽蚀而不能出水。

（四）选用抗汽蚀材料

有些泵由于受到安装、使用等条件的限制，不能完全避免汽蚀的发生，如火电厂中的凝结水泵。经验表明，采用不同的材料制造的叶轮、导叶及蜗壳等过水部件，当受到汽蚀破坏时，其损坏程度差别较大。为了延长叶轮的使用寿命，首级叶轮应采用强度高、硬度高、韧性好、化学性能稳定及抗汽蚀性能良好的金属材料，如含镍铬的不锈钢（国内常用）、铝青铜、磷青铜等。

除此之外，还有一些新型材料如金属陶瓷复合材料和高分子涂层材料。

1. 金属陶瓷复合材料

纳米材料的颗粒小，当纳米涂层中纳米颗粒与其他材料在一起时，由于表面原子的自由键较多、表面能高，极易与其他材料形成比较牢固的晶界，从而具备较强的抵抗高速射流冲击的能力。

2. 高分子涂层材料

在机件表面吸附的高分子层中烷基链很长，可以缓冲机械波的冲击能，对由于机械波冲击而引起的剥蚀有很好的抑制作用。因此，用高分子聚合物复配的缓蚀剂具有抑制电化学腐蚀和机械剥蚀的性能，对防止汽蚀是一种良好的缓蚀剂。典型的有美国 Devcon 公司和 Belzona 的高分子聚合物产品。

思 考 题

4-1 离心泵内有哪些损失？分别对哪些性能参数产生影响？如何减少这些损失？

4-2 离心式叶轮的理想 $H_{T\infty}\text{-}q_{VT}$ 曲线为直线，而实际所得的 $H\text{-}q_V$ 为曲线，原因何在？

4-3 何谓泵与风机的性能曲线？它们各有哪些性能曲线？

4-4 什么是工况？什么是工况点和最佳工况点？它们之间有何区别和联系？

4-5 离心式泵与风机与轴流式泵与风机的性能有何异同？

4-6 泵与风机的 $H(p)\text{-}q_V$ 曲线有哪几种典型形式？其工作特点和火电厂中应用如何？

4-7 泵与风机的结构参数改变时对其性能有何影响？

4-8 泵与风机的相似条件有哪些？何谓相似工况？

4-9 当同一泵或风机吸送流体的密度增大时 $H\text{-}q_V$ 性能曲线是否改变？出口表压是否变化？轴功率如何改变？

4-10 当同一泵的转速发生改变时，其扬程、流量、功率将如何变化？

4-11 比例曲线与等效率曲线有何区别和联系？

4-12 何谓比转数？比转数的物理意义是什么？为何可用比转数对泵与风机进行分类？

4-13 比转数和型式数有何区别？随着比转数的增加，泵与风机的结构性能如何变化？

4-14 "凡几何相似的风机，在相似工况下运行时，其无因次系数相同"的说法对吗？

4-15 无因次性能曲线是如何绘制的？有何特点？

4-16 电厂给水泵和凝结水泵为什么都要装在水面下方？

4-17 什么是泵内汽蚀现象？汽蚀产生的原因是什么？有何危害？

4-18 什么是有效汽蚀余量、必需汽蚀余量？两者有何区别和联系？

4-19 允许吸上真空高度是如何定义的？允许汽蚀余量是如何定义的？

4-20 为什么目前多采用汽蚀余量而少采用吸上真空高度来表示泵的汽蚀性能？

4-21 什么叫汽蚀比转数？其大小对泵的性能有何影响？

4-22 提高泵的抗汽蚀性能的措施有哪些？

习 题

4-1 有一离心式水泵，转速为 480r/min，总扬程为 136m，流量 $q_V=5.7\text{m}^3/\text{s}$，轴功率 $N=9860\text{kW}$，设容积效率 η_V、机械效率 η_m 均为 92%，$\rho=1000\text{kg/m}^3$，水温为 20℃，求水力效率 η_h。

4-2 有一离心式送风机，转速 $n=1450\text{r/min}$，流量 $q_V=1.5\text{m}^3/\text{min}$，全压 $p=1200\text{Pa}$，$\rho=1.2\text{kg/m}^3$，今用同一送风机输送 $\rho=0.9\text{kg/m}^3$ 的烟气，全压与输送空气时相同，此时，转速应变为多少？其实际流量为多少？

4-3 叶轮外径 $D_{21}=600\text{mm}$ 的风机，当叶轮出口处的圆周速度为 60m/s，风量 $q_V=300\text{m}^3/\text{min}$。有一与它相似的风机 $D_{22}=1200\text{mm}$，以相同的圆周速度运转，求其相似工况的风量为多少？

4-4 模型泵叶轮外径 $D_2=128\text{mm}$，在转速 $n_m=1450\text{r/min}$ 下，扬程 $H_m=20\text{N}\cdot\text{m/N}$，

流量 $q_{Vm}=20L/s$。为使其在相似工况下产生的扬程 $H=30N \cdot m/N$，流量 $q_V=40L/s$ 时，试确定与模型泵相似的原型泵的叶轮外径 D_2 及转速 n。

4-5 用一台水泵从吸水池液面向 50m 高的水池水面输送流量为 $0.3m^3/s$ 的常温清水（$t=20℃$，$\rho=1000kg/m^3$），设水管的内径为 300mm，管道长度为 300m，管道阻力系数为 0.028，求泵所需的有效功率。

4-6 有一台 7 级离心泵，其叶轮外径 $D_2=18cm$，在转速 $n=2950r/min$ 时，所得实验数据见表 4-5。

表 4-5 实 验 数 据

q_V（L/s）	0.73	3.09	4.23	5.10	5.80	6.66	7.67
H（N·m/N）	238.8	225.6	206	186.5	167.4	138.5	99
η（%）	13.9	42	47.6	48.7	47.8	43.7	25.2

（1）绘出 H-q_V 及 η-q_V 性能曲线；（2）绘出转速变为 2250r/min 时的性能曲线；（3）求水泵在 $q_V=4.5L/s$，$H=180N \cdot m/N$ 工况时的转速；（4）计算该泵的比转数。

4-7 已知一锅炉给水泵，最佳工况点的参数为：$q_V=270m^3/h$，$H=1490m$，$n=2980r/min$，$i=10$ 级，试求其比转数。

4-8 有一单级双吸泵，已知最佳工况点的参数为：$q_V=18\ 000m^3/h$，$H=20m$，$n=375r/min$，试求其比转数。

4-9 有一台吸入口直径为 600mm 的双吸单级泵，输送常温水，其工作参数为：$q_V=880L/s$，允许吸上真空高度为 3.2m，吸水管路阻力损失为 0.4m，试问该泵中心线装在离吸水池液面高 2.8m 处，是否能正常工作？

4-10 有一单吸单级离心泵，流量 $q_V=68m^3/h$，$NPSH_c=2m$，从封闭容器中抽送温度为 40℃清水，容器中液面压强为 8.829kPa，吸入管路的阻力损失为 0.5m·N/N。试求该泵的允许几何安装高度是多少？水在 40℃时的密度为 $992kg/m^3$。

4-11 除氧器的液面压强为 117.6kPa，水温为 104℃，使用一台六级离心式给水泵，该泵的允许汽蚀余量为 5m，吸水管路直径 $d_1=150mm$，总阻力系数 $\zeta_0=12.6$，求该水泵在额定流量 $q_V=160m^3/h$ 时应安装在除氧器内液面多少米以下？

4-12 有一台单级离心泵，在转速为 1450r/min 时，额定流量为 $2.6m^3/min$，该泵的汽蚀比转数是 700。现将该泵安装在地面上进行抽水，求吸水面距地面多少米时发生汽蚀？设水面压强为 98 066.5Pa，水温为 80℃，$\rho=971.4kg/m^3$，吸水管内流动损失为 1m。

4-13 有一吸入口直径为 600mm 的双吸单级泵，输送 20℃的清水时，$q_V=0.3m^3/s$，$n=970r/min$，$H=47m$，汽蚀比转数 $c=900$，试求：

（1）在吸水池液面压强为大气压强时，泵的允许吸上真空高度为多少？

（2）泵如在海拔 1500m 的地方抽送温度为 40℃的水，泵的允许吸上真空高度又为多少？

4-14 有一离心式水泵：$q_V=4000L/s$，$n=495r/min$，倒灌高度为 2m，吸入管段阻力损失为 6000Pa，吸入容器液面压强为 101.3kPa，水温为 35℃，试求水泵的汽蚀比转数。

第五章 泵与风机的运行

【导读】 有人说，本章是全书最重要的章节，说的确实有道理，因为前几章讲了泵与风机的结构、性能以及相关理论，这些内容最终都是为泵与风机的运行服务的，换句话说，只有学好了前面几章才能更好地掌握这一章的内容。学习是循序渐进的过程，只有把每一步都走踏实，才能走的既快又远，才能实现从量变到质变。

本章我们从叶片式泵与风机的运行工况即工作点开始讨论，一起学习工作点的概念，泵与风机单独及联合运行工作点的确定方法，同时讨论分析改变工作点的途径及具体方法。同时我们还将一起学习泵与风机运行的基本知识、常见问题以及泵与风机的启动、正常运行维护、停车、事故处理、各种连锁保护的定期试验过程中需注意事项等相关内容。

第一节 叶片式泵与风机运行工况的确定

泵或风机在管路系统中每一时刻的实际工作状况称为运行工况。运行工况只有一个。由泵与风机的性能可知，在管路系统中以固定转速运行的泵或风机有无数个工况，这就存在如何确定运行工况的问题。由于流体在管路系统中流动所需要的能量由泵或风机提供，它们构成了能量的供求关系，因此，运行工况不仅与泵或风机本身的性能有关，还与其工作管路系统的特性有关。要确定泵与风机的运行工况，还需研究泵或风机装置管路系统的通流特性。

一、管路特性曲线

流体在管路系统中流动时通过的流量与其所需能量之间的关系称为管路系统的通流特性。反映这种通流特性关系的曲线称为管路特性曲线。管路特性曲线一般由分析法绘制。前面已经讨论过，单位重力作用下的流体在管路系统中流动时所需能量 $H_c = H_z + (p_B - p_A)/\rho g + h_w$。其中，$H_z + (p_B - p_A)/\rho g$ 与管路中通过的流量无关，称为静扬程，用 H_{zp} 表示，而 $h_w = (\lambda_1 L_1/d_1 + \Sigma\zeta_1)q_V^2/(2gA_1^2) + (\lambda_2 L_2/d_2 + \Sigma\zeta_2)q_V^2/(2gA_2^2) = \varphi q_V^2$。这样管路系统中流体流动时所需能头可写为

$$H_c = H_{zp} + \varphi q_V^2 \tag{5-1}$$

当 $H_{zp} = 0$ 时
$$H_c = \varphi q_V^2 \tag{5-1a}$$

式（5-1）描述了管路系统中通过的流量与单位重力作用下的流体必须具有的能量之间的定量关系，称为管路通流特性方程，简称管路特性方程。式中 φ 与管路中流体的种类、密度和黏度、管长、管路截面的几何特征、管壁粗糙度、积垢、积灰、结焦、堵塞、泄漏及管路系统中局部装置的个数、种类和阀门开度等因素有关。当管路系统的条件和阀门开度一定时，φ 为常数。将式（5-1）和式（5-1a）绘在以流量 q_V 为横坐标，能头 H 为纵坐标的坐标系中所得的平面曲线即为管路性能曲线，如图 5-1 所示。

在风机管路系统中，由于通流的是气体，通常用单位体积流体在管路系统中流动时所需能量来表示，即 $p_c = \rho g H_c = \rho g H_z + p_B - p_A + \rho g h_w$。由于气体的密度很小，且吸风道入口及压风道出口处气体压强差一般很小，如火电厂中送风机从大气中吸入空气送入微负压炉

膛，引风机将炉膛烟气抽出送至烟囱出口的大气等。故可取 $H_z \approx 0, p_B \approx p_A$，管路系统中流体流动所需压头可写为

$$p_c \approx \rho g \varphi q_V^2 = \varphi' q_V^2 \tag{5-2}$$

式（5-2）描述的是风机管路系统中通过的流量与单位体积流体必须具有的能量之间的关系，即为风机管路通流特性方程。按此方程所绘的管路特性曲线如图 5-2 所示。这是一条通过坐标原点的二次抛物线。

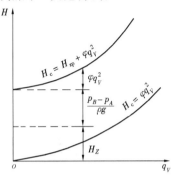
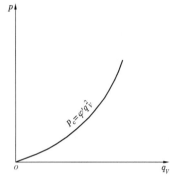

图 5-1　泵系统管路特性曲线　　　　图 5-2　风机管路系统特性曲线

　　管路特性曲线表明：对于给定的管路系统，通过的流量越多，需要外界提供的能量就越大。管路特性曲线的形状、位置取决于管路装置、流体性质和流动阻力等。如果管路中阀门开度改变，管路特性曲线形状就会发生相应改变。

　　如果管路系统是由简单管段并联而成，管路系统总的通流特性曲线则由并联的管段性能共同决定。并联管段的工作特点：①各并联管段上单位重力作用下（N）流体的阻力损失相等，否则就会失去平衡；②管路系统中的流量等于各管段流量之和。如图 5-3 所示，将Ⅰ、Ⅱ两条简单管段的性能曲线在同一扬程下流量相加，便得到并联管路总的通流特性曲线Ⅰ＋Ⅱ。

　　若管路系统是由不同的简单管段串联而成，管路系统总的通流特性曲线取决于串联管路的工作特点。其工作特点为：①各串联管段的流量相等；②总阻力损失为各管段阻力损失之和。由这一特点将图 5-4 中Ⅰ、Ⅱ两简单管段的特性曲线按同一流量下扬程叠加，便得到两管串联后总的通流特性曲线Ⅰ＋Ⅱ。

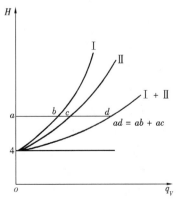
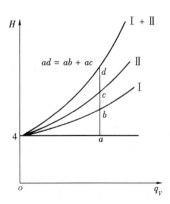

图 5-3　管路并联　　　　　　　　　图 5-4　管路串联

二、泵与风机的运行工况点（简称工作点）

泵与风机的运行工况在其性能曲线上的位置即为运行工况点，通常称为工作点。寻求泵或风机的运行工况，实际上就是应用图解法确定其工作点。因为泵或风机输送流体时提供的能量由性能曲线表示，管路系统中流体流动时所需求的能量由管路特性曲线表示，若将泵或风机工作管路的特性曲线按同一比例绘于泵或风机工作转速的性能曲线图上，如图 5-5 所示，则管路特性曲线与 $H\text{-}q_V$ 曲线的交点 M 就是泵的工作点。因为泵或风机在输送该流量时产生的能头恰好等于管路系统中通过这一流量时所需要的能头，即 M 点为能量的供求平衡点。M 点对应的这组参数即为该泵的运行工况。

以泵为例（见图 5-5）分析，若泵不在 M 点而在 A 点工作，此时泵提供的能头 H_A 大于管路在此流量下所需要的能头 H'_A，供给的能量多于需求。多供的能量促使管内流体加速，流量增大，直到工作点后移至 M 点达到能量的供求平衡；反之，若泵在 B 点工作，则出现能量的供不应求，迫使管中流量减小，工作点左移到 M 点方可达到能量的供求平衡。由此可见，只有交点 M 可满足能量的供求平衡状态，即泵或风机唯有在交点处工作时才是稳定的。

对于风机要加以说明的是，虽然反映风机总能量用全压的概念，但全压中动能往往占有较大的比例，而真正能克服管路阻力的是全压中的压能部分。当管路阻力较大时，用全压来确定工作点难以满足系统的要求。因而风机的工作点有时还用静压流量曲线 $p_{st}\text{-}q_V$ 与管路特性曲线的交点 N，见图 5-6。风机 $p\text{-}q_V$ 性能曲线与管路特性曲线的交点 M 为风机的总工作点。

资源39 泵与风机的运行工况点

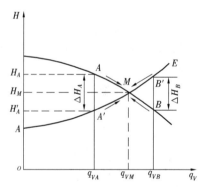

图 5-5 泵的工作点分析

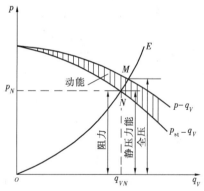

图 5-6 风机的工作点分析

应当指出，由于工作点是由管路特性曲线与泵或风机的 $H(p)\text{-}q_V$ 曲线的交点确定的，两曲线任何一条发生变化都将导致工作点改变。因此，工程实际中要注意影响泵与风机工作点的一些因素，以便掌握泵与风机的实际运行状况。影响泵与风机性能曲线的因素前面已经说明，重要的是影响管路特性曲线改变的因素。导致管路特性曲线改变的因素较多，如上面已经指出影响管路特性方程式中 φ 的多种因素，此外，还有（H_{zp}）吸入池和压出池液面压强及液位或风机管路系统入口和出口处压强的变化，被输送流体含固体杂质等。

【例 5-1】 图 5-7 所示为电厂循环水泵在工作转速时的 $H\text{-}q_V$ 和 $\eta\text{-}q_V$ 性能曲线。已知循环水管路的直径 $d=600\text{mm}$，管长 $L=250\text{m}$，局部总阻力系数 $\Sigma\zeta_0=17.5$，取管路的沿程阻力系数 $\lambda=0.03$。水泵房进水池水面至循环水管出口的位置高差 $H_z=24\text{m}$。设电动机效率 $\eta_g=90\%$，传动装置效率 $\eta_d=100\%$。试求出循环水泵向管路系统输水时电动机的输入功率

P'_g。

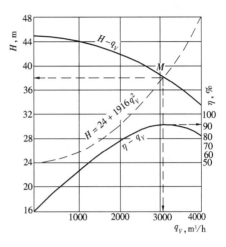

图 5-7 ［例 5-1］用图

解 电动机输入功率 $P'_g = \dfrac{P}{\eta_g \eta_d}$

轴功率 $P = \dfrac{\rho g H q_V}{1000 \eta}$

即需要求出泵的工作参数，可用图解法确定其工作点。

根据循环水管路系统的特性参数建立管路特性方程

$$H = H_z + \frac{p_B - p_A}{\rho g} + h_w$$

$$= H_z + h_w$$

$$= 24 + \left(\frac{0.03 \times 250}{0.6} + 17.5 \right) \times \frac{16 q_V^2}{2g\pi^2 \cdot 0.6^4}$$

$$= 24 + 19.16 q_V^2 \ (q_V \text{ 单位为 m}^3/\text{s})$$

将上方程选取若干流量值进行计算，然后在泵性能曲线图上绘出管路特性曲线确定点。计算结果见表 5-1。

表 5-1   计 算 结 果

q_V	m³/h	0	1000	2000	3000	4000
	m³/s	0	0.278	0.556	0.833	1.111
H	N·m/N	24	25.48	29.91	37.31	47.65

描点绘出管路特性曲线如图 5-7 所示虚曲线。该曲线与 $H\text{-}q_V$ 曲线的交点 M 即为工作点。由工作点读得 $q_{VM} = 3100\text{m}^3/\text{h}$，$H_M = 38\text{N·m/N}$，$\eta_M = 90\%$。

循环水泵所需的输入功率为

$$P'_g = \frac{\rho g H_M q_{VM}}{1000 \eta_M \eta_g \eta_d} = \frac{1000 \times 9.8 \times 3100 \times 38}{1000 \times 3600 \times 0.9 \times 1 \times 0.9} = 396.3 (\text{kW})$$

第二节 泵与风机的联合运行

泵与风机除独立运行方式外，由于管路系统或工程实际的需要，在使用中还有采用两台以上的泵或风机组成一个整体的联合运行方式。联合运行方式有串联与并联两种。

一、泵或风机的串联运行

串联运行是指管路系统中两台以上首尾相接的泵或风机依次传送同一流体的运行方式，如图 5-8（a）所示。串联工作的主要目的是为了增加输送流体的能头。此外，大型火电厂中为防止高转速给水泵入口液体的压强低而发生汽蚀，均采用了串联前置泵先行升压。工程实际中通常在下列情况下采用这种工作方式：①设计与制造一台高扬程泵或高全压风机困难较大时；②改建或扩建工程中，原有泵或风机的扬程与全风压不足时；③工作中需要分段升压时，如有些火电厂中 300MW 机组的凝结水系统就采用了凝结水泵与除盐装置后的凝结水升压泵串联运行。

串联运行的工作点由反映串联泵或风机整体性能的合成性能曲线与其工作管路系统特性曲线 DE 的交点来确定，因为该点是能量的供求平衡点。

分析可知，串联运行的整体性能特点是：其输出总流量等于通过每台泵或风机的流量，输出总能头为每台泵或风机的能头之和。因此，合成性能曲线应按流量相同、扬程叠加的原则绘制。如图 5-8（b）所示，两台不同性能的泵串联运行时的合成性能曲线（I＋II）是个体性能曲线 I 与 II 在若干同流量下，将两台泵的扬程相叠加，描点连接而成的。该合成性能曲线与 DE 曲线的交点 M 即为两泵串联运行的工作点。过 M 点作垂线与 I、II 两泵性能曲线的交点 A_1、A_2 分别为 I 泵与 II 泵的实际工作点，这是因为 $q_{VM} = q_{VA1} = q_{VA2}$，$H_M = H_{A1} + H_{A2}$。

由图可知，在串联运行的管路通流特性（曲线）保持不变时，泵串联后与其单独在此管路系统中工作比较：$H_{B1}(H_{B2}) < H_M < H_{B1} + H_{B2}$，$(q_{VB1}) q_{VB2} < q_{VM}$。这说明两台泵串联运行所产生的扬程增大了，但小于其单独运行产生扬程之和。同时流量也增加了，其原因在于串联运行时，扬程的增高比阻力的增加要大，富余的能量促使流体加速。

较大的静扬程 H_{zp} 可减小流量的增加或保持流量不变。如图 5-9 所示，由 DE 曲线可知，泵单独运行时的流量为 q_{VB}，串联运行时为 q_{VM}。随着 H_{zp} 的增加，串联运行的流量逐渐减少，如 D_1E_1 曲线的 M_1。当 H_{zp} 增加到原静扬程的一倍时，如 D_2E_2 曲线，串联运行的流量 $q_{VM2} = q_{VB}$。因此，泵或风机串联运行方式适用 H_{zp} 较大的管路系统。

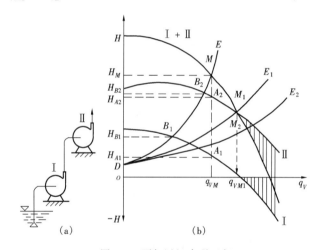
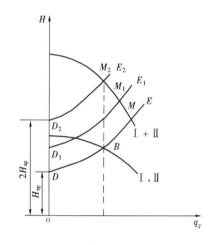

图 5-8　泵与风机串联运行　　　　　　　图 5-9　静扬程对串联工作点
（a）泵与风机的串联运行；（b）不同性能的泵串联运行分析图　　　的影响分析图

如果串联运行的管路系统不合适，则有可能达不到串联的目的。图 5-8（b）所示，当串联运行的流量等于 q_{VM1} 时，I 泵处于空转状态，失去串联运行的作用；若工作点为 M_2 时，串联运行的总扬程和流量反而比 II 泵单独运行时要小，此时 I 泵将呈现负扬程工况，只起节流作用，成为管路中的阻力器。尤其是 I 泵串联在 II 泵前工作时，还会恶化 II 泵的吸水条件，可能导致 II 泵发生汽蚀。

为使串联运行的泵或风机能取得较好的效果和较大的正常工作范围，应注意以下几点：

（1）串联台数不应过多，以两台为宜。

（2）串联方式适合用于**静扬程 H_{zp} 较大、管路特性曲线较陡（管路阻力大）**的工作管路系统。

（3）串联运行泵与风机的性能尽可能相近或相匹配，且以平坦型 $H(p)$-q_V 性能为佳。此外，由于串联运行中，流体逐级升压，因而后续泵的材料强度应满足要求。

应当指出：当两串联泵之间有较长的管路或阻力较大时，必须考虑其对泵串联工作性能的影响，即应按同流量时能头叠加的原则，将合成性能曲线减去该管路的阻力曲线 $h'_w = Bq_V^2$。这样会使合成性能曲线明显变陡而影响工作点位置。

二、泵与风机的并联运行

两台以上泵或风机同时向同一压出管路系统输送流体的工作方式称为并联运行，如图 5-10（a）所示。并联运行的主要目的是为了增大输送流体的流量。此外，系统为了保证其运行的安全可靠性和调节的灵活性，设置有并联的备用设备。例如火电厂中的给水泵、凝结水泵等。工程上采用并联工作的情况是：①设计制造大流量的泵或风机困难较大时；②运行中系统需要的流量变动很大，采用一台大型的泵或风机运行经济性差时；③分期建设工程中，要求保证第一期工程所用的泵或风机经济运行，又要求在扩建后满足流量增长需要时。火电厂中锅炉给水泵、循环水泵以及送、引风机等常采用并联运行。

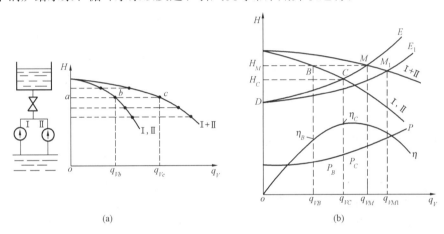

(a)　　　　　　　　　　　　　(b)

图 5-10　泵与风机并联运行
（a）泵与风机并联运行及合成性能曲线；（b）相同性能泵并联运行分析

同理，并联运行的工作点也是由反映并联泵或风机整体性能的合成性能曲线与其工作管路系统的特性曲线的交点来确定。

分析可知，并联运行的整体性能特点是：其输出总流量为每台泵或风机输出流量之和，输出总扬程（全压）等于每台泵或风机的扬程（全压）。故并联运行合成性能曲线应按扬程相等，流量叠加的原则绘制。如图 5-10（a）所示，两台性能相同的泵并联运行时的合成性能曲线（Ⅰ＋Ⅱ）是个体性能曲线Ⅰ与Ⅱ在若干同扬程下，将两并联泵的流量相叠加描点连接而成的。合成性能曲线与 DE 曲线的交点 M 即为两泵并联运行的工作点，如图 5-10（b）所示。过 M 点作水平线与Ⅰ、Ⅱ两泵性能曲线的交点 B 分别为Ⅰ泵、Ⅱ泵的实际工作点，这是因为 $q_{VM} = q_{VB1} + q_{VB2} = 2q_{VB}$，$H_M = H_{B1} = H_{B2} = H_B$。

由图可知，在并联运行的管路通流特性（曲线）保持不变时，泵并联后与其单独在此管路系统中工作比较，$q_{VC} < q_{VM} < 2q_{VC}$，$H_C < H_M$。这说明两台泵并联运行输出的总流量增大了，但小于其单独运行输出的流量之和。同时扬程也增大了，其原因是管路中流量增大，流动阻力损失也增大，泵必须提供较高的扬程。减小管路的流动阻力损失（主要是增大管路截

面积）可减小扬程的增加量，增大输送的流量。图 5-10（b）中的 DE_1 是 DE 相应的管路减小了流动阻力损失的情况，比较 DE、DE_1 曲线的两工作点 M、M_1 可证实上述结论：H_{M1} $<$ H_M，q_{VM1} $>$ q_{VM}。

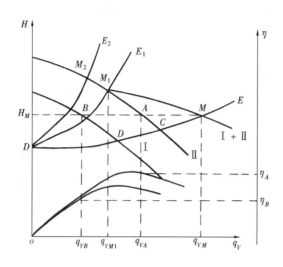

图 5-11　不同性能泵并联运行分析图

不同性能泵或风机并联运行的效果比同性能泵或风机要差，并且可能出现不良的运行工况。如图 5-11 所示，管路特性曲线 DE 与合成性能曲线（Ⅰ＋Ⅱ）的交点 M 为两泵并联运行的工作点，其流量与Ⅱ泵单独运行（工作点为 C）的流量比较，增量不大。泵或风机性能差异越大及管路特性曲线越陡，流量增大的倍率越小，即效果越差。如果管路系统特性不合适，如图 5-11 中 DE_1 曲线或 DE_2 曲线，Ⅰ泵将处于空负荷运行，即并联运行的输出流量小于或等于 q_{VM1} 时为不良运行工况。

以下措施可使泵或风机并联运行取得较好的效果和较大的正常工作范围：

（1）并联台数尽量少，因为并联台数越多，总流量增加的倍率就越少。

（2）工作管路系统中的流动阻力损失要小，即管路特性曲线要平坦。

（3）并联泵或风机的性能应尽可能相近，最好性能相同。

（4）并联泵与风机的 $H(p)$-q_V 性能曲线，陡降型较平坦型效果好。

此外，DE 特性曲线中，静扬程 H_{zp} 的大小对并联效果也有影响。

根据上面串联、并联运行的分析可知：同一管路系统中，与泵或风机独立运行比较，串联运行在扬程增大的同时流量增加了；并联运行在流量增加的同时扬程也增大了。因此，工程实际中选择泵或风机联合工作方式时，尤其是性能相同泵或风机联合工作方式的选择，应进行具体的分析。选择的依据是管路的通流或阻力特性。无论是为了增加流量还是希望提高能头，一般管路流动阻力大，串联效果好；反之并联效果好。

【例 5-2】 20Sh-13 型离心泵的性能曲线如图 5-12 所示。输水管路特性方程为 $H_1 = 20 + 10q_V^2$（q_V 的单位为 m³/s）。试求两台及三台性能完全相同的泵并联运行时，流量分别增加的百分数。又当管路特性方程变为 $H_2 = 20 + 100q_V^2$（q_V 的单位为 m³/s）时，问流量增加的百分数又将如何变化？

解 根据并联工作的特点，分别绘出两台及三台泵并联运行时的总性能曲线Ⅰ＋Ⅱ，Ⅰ＋Ⅱ＋Ⅲ，如图 5-12 所示。再由管路特性方程 $H_1 = 20 + 10q_V^2$ 及 $H_2 = 20 + 100q_V^2$ 分别绘出 DE_1 和 DE_2 管路特性曲线于同一图中。

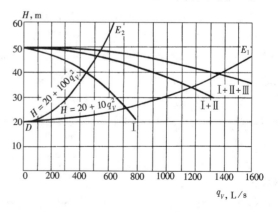

图 5-12　［例 5-2］图

两个管路特性方程的计算结果见表 5-2。

表 5-2　　　　　　　　　　　　　　计 算 结 果

q_V	L/s	0	200	400	600	800	1000	1200	1400	1600
	m³/s	0	0.2	0.4	0.6	0.8	1	1.2	1.4	106
H_2	N·m/N	20	20.4	21.6	23.6	26.6	30.0	34.4	39.4	45.6
q_V	L/s	0	100	200	300	400	500	600	700	800
	m³/s	0	0.1	0.2	0.3	0.4	0.5	0.6	0.7	0.8
H_2	N·m/N	20	21	24	29	36	45	56	69	84

管路特性曲线 DE_1 与各性能曲线的三个工作点的流量如下：

一台泵工作时，$q_V = 730 \text{L/s}$，把单台泵工作流量定为 100%；

二台泵工作时，$q_V = 1160 \text{L/s}$，流量增加为 159%；

三台泵工作时，$q_V = 1360 \text{L/s}$，流量增加为 186%。

管路特性曲线变为 DE_2 后，工作点的流量分别变为

一台泵工作时，$q_V = 450 \text{L/s}$，100%；

二台泵工作时，$q_V = 520 \text{L/s}$，116%；

三台泵工作时，$q_V = 540 \text{L/s}$，120%。

由此可见，泵与风机并联工作的台数越多，管路流动阻力就越大，流量增加的倍率就越小，并联的效果也就越差。

资源40 给水泵的运行　　资源41 凝结水泵的运行　　资源42 轴流风机的运行　　资源43 送引风机的运行

第三节　泵与风机运行工况的调节

泵与风机的运行工况为适应外界负荷变化的要求而改变的过程称为运行工况调节。如火电厂中给水泵、凝结水泵、送风机、引风机等的流量需随锅炉、汽轮机负荷的变化而改变。运行工况调节的实质就是改变工作点的位置。由于工作点为泵或风机 $H(p)$-q_V 曲线与管路 DE 曲线的交点，所以，调节的途径可以通过改变管路通流特性或改变泵与风机本身的性能来实现工作点移动。下面介绍运行工况调节的具体方法。

一、节流（变阀）调节

节流调节是通过改变管路系统中阀门或挡板的开度，使管路通流特性发生变化来改变泵与风机输出流量的调节方式。节流调节的实质是利用改变阀门或挡板的节流阻力来改变管路特性曲线的形状，从而变更了工作点的位置。节流调节分出口端节流调节和入口端节流调节。

1. 出口端节流调节

出口端节流调节是将调节阀装在泵与风机的压出管路上，由改变调节阀的开度而进行的工况调节。如图 5-13 所示，DE（Ⅰ）曲线为调节阀全开时管路系统的特性曲线，此时的工作点为 M。若需将泵的流量减小为 q_{VA}，则应关小调节阀开度，阀门局部阻力系数增大，使

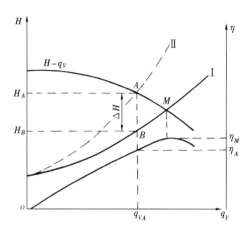

图 5-13　泵与风机出口
端节流调节分析

管路特性曲线上扬为 DE_1（Ⅱ），工作点移到 A。此时泵的流量为 q_{VA}，扬程为 H_A，运行效率为 η_A。水泵所需的轴功率为

$$P_A = \frac{\rho g H_A q_{VA}}{1000 \eta_A}$$

由图可知，管路系统在阀门全开时通过 q_{VA} 所需能量为 H_B，但阀门关小后管路在通过相同流量时提供的扬程 H_A 大于 H_B。泵多提供的能量 ΔH 为消耗在调节阀上额外产生的节流损失。因此，节流调节的实际效率 η_A' 小于其运行效率 η_A，即

$$\eta_A' = \frac{H_A - \Delta H}{H_A}\eta_A = \frac{H_B}{H_A}\eta_A \qquad (5\text{-}3)$$

可见，出口端节流调节运行经济性较差。

但是，其优点是其调节设备简单，操作方便可靠，在调节量不大的中小型离心泵工作系统中仍然广泛使用，不常调节的泵系统尤为适用。

2. 入口端节流调节

对于风机，还可采用入口端节流调节，即通过改变入口挡板的开度，使风机的性能和管路系统特性同时发生变化来改变工作点的调节方式。因改变挡板开度会使风机入口处气流参数和管路阻力系数都发生变化，图 5-14 所示为关小风机入口挡板的开度使流量减小到 q_{VB} 的情况，此时的工作点为 B。若采用出口端节流调节，则工作点为 C。可以看出，节流损失 Δh_1 小于 Δh_2，即入口端节流调节的经济性较出口端节流调节高。但这种调节在泵中不宜采用，因进口调节阀关小会使泵入口处液体的压强降低，可能导致泵发生汽蚀。

二、回流调节

回流调节就是通过改变泵出口处回流支管 2 上调节阀的开度，将部分流量返回进水管或吸水池，使主管 1 中流量改变的调节方式，如图 5-15 所示。这种调节方式并未改变泵与风机的性能，而是由于支管中流量 q_{V2} 的出现和变化而改变了原管路系统的通流特性。这种调节的工作点可由主管 1 和支管 2 的合成特性曲线与泵或风机性能曲线的交点来决定。

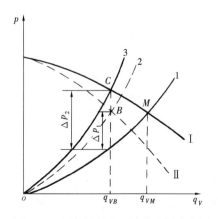

图 5-14　泵与风机入口端节流调节分析

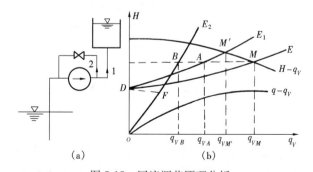

图 5-15　回流调节原理分析

（a）管路连接；（b）曲线分析

　　回流调节的经济性较差，因为回流量 q_{V2} 做了虚功，故 q_{V2} 越大，调节经济性就越差。但对于轴流式泵与风机，由于高效工况区较窄，采用回流调节的经济性比节流调节要好些。

　　火力发电厂中，锅炉给水泵、凝结水泵等要控制其最小流量，防止泵内发生汽蚀，在低负荷时采用了开启再循环门的回流方式作为辅助调节。

三、入口导流器和静叶调节

　　入口导流器调节是离心式风机普遍采用的一种调节方式。它是通过改变入口导流器导叶的安装角，使风机本身的性能发生变化来改变其输出流量的调节方式。入口导流器调节的实质是利用不同的导叶安装角来改变气流进入叶轮的方向，使风机的性能曲线相应改变，从而变更了工作点的位置。入口导流器有轴向导流器和径向导流器两种，如图 5-16 和图 5-17 所示。一般情况，前者的调节效率高于后者。

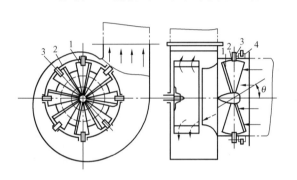

图 5-16　轴向导流器

1—入口导叶；2—叶轮入口风筒；3—导叶转轴；

4—导叶调节机构

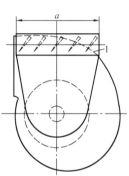

图 5-17　径向导流器

1—径向导流器；2—导叶；3—进气箱；

4—扩压环

　　入口导流器调节的原理可通过对叶轮入口速度三角形和基本方程式的分析来说明。图 5-18（a）所示为叶轮的入口速度三角形。当导流器全开时，气流径向（$\alpha_1 = 90°$）流入叶轮。此时，风机的全压和流量最大，其性能曲线如图 5-18（b）中的 α_1 曲线所示。若转动导叶的安装角，使进入叶轮气流的角度减小为 α_1'，则 $v_{1u}' > v_{1u}$，$v_{1r}' < v_{1r}$。此时，风机的全压和流量均减小，其相应改变的性能曲线为图 5-18（b）中的 α_1' 曲线；同理，继续减小导叶安装角，则风机的性能曲线将随之改变为 α_1''、α_1'''、…相对应的曲线。风机的工作点由 A 点依次变更为 B、C、D 等各点，从而使流量得到调节。

　　导流器调节的特点是结构简单，成本低；操作灵活方便；调节后驼峰性能有所改善，稳定工况区扩大，提高了运行的可靠性；在调节量不大时，调节的附加阻力较小，调节效率较高。但是随着调节量的加大，调节效率将不断降低。因此，调节

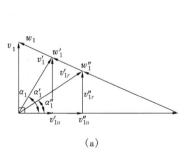

（a）

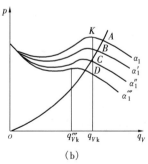

（b）

图 5-18　入口导流器

（a）导流器调节对叶轮入口速度三角形的影响；

（b）入口导流器调节对风机性能曲线的影响

范围大的离心风机常采用导流器加双速电机联合的调节方式，以提高其调节效率。目前电厂中大型机组的离心式送、引风机已较普遍地采用这种联合调节方式。

入口静叶调节是轴流式、混流式风机中采用的一种调节方式。其构造和调节原理与离心风机入口导流器相似。轴流风机静叶调节的效率高于后弯离心风机轴向导流器的调节效率。因此，有些电厂采用子午加速轴流式静叶调节的风机作为锅炉引风机。

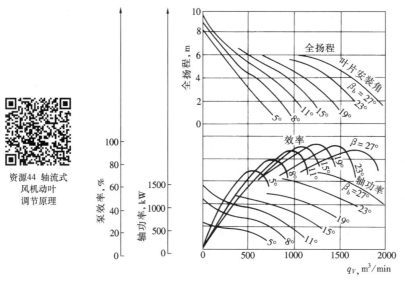

资源44 轴流式风机动叶调节原理

图 5-19　轴流泵动叶调节性能变化曲线

四、动叶调节

大型轴流式、混流式泵与风机应用最广泛的是可动叶片调节。它是在泵或风机的转速不变时，通过改变叶轮叶片的安装角，使泵或风机本身的性能发生变化来改变其输出流量的调节方式。动叶调节的实质是利用不同的动叶片安装角来改变流体进入和流出叶轮的方向（进出口速度三角形均发生变化），使泵或风机的性能曲线相应改变，从而变更了工作点的位置。

图 5-19 所示为根据试验结果绘制出的轴流泵性能参数与叶片安装角之间的关系曲线。由图可知，动叶片安装角 β_y 改变时，扬程变化不大，而流量变化较大，这有利于流量调节。另外，减小叶片安装角时，流量、扬程、轴功率都减小。故启动时可以减小叶片安装角以降低启动功率。

轴流式泵与风机动叶调节的性能常用综合性能曲线表示。综合性能曲线是指将泵或风机在固定转速、不同动叶安装角或导叶安装角时的 $H(p)\text{-}q_V$ 性能曲线及曲线上效率相等的工况点连接而成的若干等效率曲线绘于同一张图上的曲线簇。图 5-20 所示为 64ZLB50 型轴流泵在转速 $n=250\text{r/min}$ 时的综合性能曲线。图中 DE 为其工作管路的特性曲线。从图中可以直观地看出工作点及其相应的运行效率随动叶安装角而改变的情况。

动叶调节有两种方式：一种为半调，即在泵或风机停转时，改变动叶安装角，而泵或风机运行时不能调节。目前火电厂中轴流式循环泵多采用这种方式。因为循环水泵运行负荷基本稳定（或做季节性调节）。半调方式设备造价低，结构简单，可靠性高，但调节不方

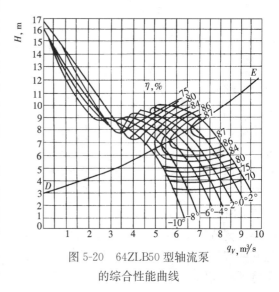

图 5-20　64ZLB50 型轴流泵的综合性能曲线

便。另一种为全调，即在泵与风机运行中，可随时改变动叶片安装角。全调动叶调节的传动方式有机械式和液压式，常见为液压式。现以轴流风机为例简要说明调节原理。

图 5-21 所示为液压式动叶机构调节的传动系统示意图。随风机叶轮一起旋转的调节油缸 4 可沿风机轴中心线移动，推动各个可动叶片根部下面的调节杆，以调整叶片安装角。活塞 3 置于调节缸内，轴向位置固定；液压缸的中心孔上安装有位置反馈杆，此反馈杆一端固定于缸体上，另一端与反馈齿条连接，这样位置反馈齿条做轴向往返移动，带动输出轴显示调节杆所在位置，即叶片角度的大小。同时反馈齿条又带动传动控制滑阀（错油门）齿条的齿轮，使控制滑阀复位。

液压缸轴固定于风机转子上，轴的一端装液压缸缸体和活塞（固定于轴

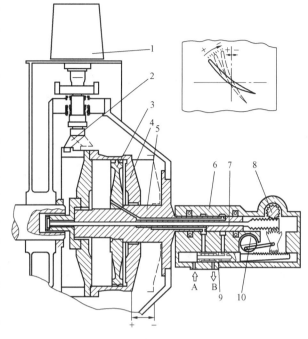

图 5-21　动叶调节的液压传动系统示意
1—叶片；2—调节杆；3—活塞；4—调节油缸；5—接收轴；
6—控制头；7—位置反馈杆；8—输出轴；9—控制滑阀；
10—输入轴；A—压力油；B—回油

上），另一端装控制头（即控制阀，它和轴靠轴承连接）。控制滑阀装在控制头的另一侧，压力油和回路管道通过控制滑阀与两个压力油室连接。控制滑阀的阀芯与传动齿条铰接，传动齿条穿过滑块的中心与装配在滑块上的小齿轮啮合，和小齿轮同轴的大齿轮与反馈杆相啮合。在与伺服马达连接的输入轴（控制轴上）偏心地装有约 5mm 的金属杆，嵌入在滑块的槽道中。

液压调节机构的动作原理如下：

当信号从输入轴（伺服马达带入）输入要求"＋"向位移时，控制阀左移，压力油从进油管 A 经过通路 2 送到活塞左边的油缸中，油缸左侧的油压就上升，使油缸向左移动，同时活塞右侧缸的体积变小，油压也将升高，使油从通路 1 经回油管 B 排出。油缸左移带动调节杆偏移，使动叶片向"＋"向位移。与此同时，位置反馈杆也随着油缸左移，而齿条将带动输入轴的扇齿轮反时针转动，但控制滑阀带动的齿条却要求控制轴的扇齿轮做顺时针转动，因此位置反馈杆就起到"弹簧"的限位作用。当调节力过大时，"弹簧"不能限制住位置，所以叶片仍向"＋"向移动，图 5-21 所示的即为叶片调节正终端的位置，但由于弹簧的作用，在一定时间内油缸的位移会自动停止，由此可避免叶片调节过度。

当信号输入要求叶片"－"向移动时，控制阀右移，压力油从进油管 A 经通路 1 送到活塞右边的油缸中，使油缸右移，而油缸左边的体积减小，油从通路 2 经回流管 B 排出，整个过程正好与上述过程相反。图 5-21 右下角所示即为叶片调节负终端时控制阀及进、出油的位置。

动叶调节优于入口导流器调节，图 5-22 所示为绘制在同一坐标系中轴流风机动叶调和离心风机入口导流器调节的综合性能曲线。图中粗实线为轴流式性能曲线，细实线为离心式性能曲线；类似椭圆形的两簇虚线为等效率曲线，轴流式动叶调节的等效率曲线与管路特性曲线大

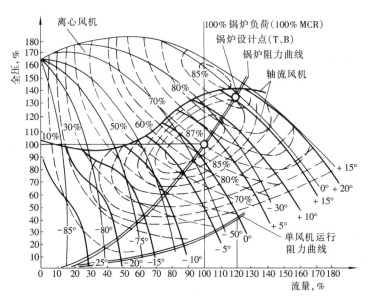

图 5-22　动叶调节轴流风机与入口导流器
调节离心风机性能曲线比较

致平行，而离心式入口导流器调节的等效率曲线与管路特性曲线近乎垂直。可见，在进行工况调节时，前者效率变化小，后者效率变化大。若在同样负荷变化范围内，动叶调节轴流风机的运行工况点大部分落在高效工况区内，而入口导流器调节离心风机的效率下降明显。

轴流式泵与风机动叶调节的主要优点为：在较大范围内调节流量时效率改变较小，即调节经济性高。另外，还可以由额定流量向流量减小或增大的两个方向进行调

节，调节范围较大。其不足是调节设备复杂，投资（维护）成本高。目前，火电厂中大型机组的送、引风机，广泛采用动叶调节；混流式、轴流式循环水泵也有采用动叶调节的情况。

五、汽蚀调节（变压调节）

汽蚀调节是利用泵内发生汽蚀的程度使泵本身的性能发生变化来改变其输出流量的调节方式。汽蚀调节的实质是利用泵内不同程度的汽蚀，使泵的性能曲线形状相应改变，从而变更了工作点的位置。火电厂中凝结水泵的流量调节采用了此方法。凝结水泵的汽蚀调节是借凝汽器热井水位的变化来调节输水量的。

图 5-23（a）中 H 为汽轮机负荷正常时的热井水位对应的倒灌高度；图 5-23（b）为泵的工作性能曲线及其工作管路的特性曲线，图中 M 点为泵正常运行时的工作点。当汽轮机负荷减小时，凝结水量减少，热井水位下降，泵内叶轮入口处液体的压强降低，设水位降至 H_1 时泵内开始出现泵内汽蚀，产生断裂工况 1。泵的 $H-q_V$ 性能曲线在工况 1 后急剧下降，工作点移至 M_1，相应工作流量为 q_{V1}。若凝结水量仍小于 q_{V1}，则热井水位继续下降，泵内汽蚀的程度增强，断裂工况沿图中 2、3、4…的方向移动，凝结水泵的输水量自动逐渐减少，直到泵的工作流量与凝结水量平衡为止。反之，汽轮机负荷回升，凝结水量增加，热井水位上升，泵内汽蚀的程度减弱，泵的工作流量增大，从而实现了凝结水泵的流量与汽轮机负荷保持动态平衡。

汽蚀调节要求泵的 $H-q_V$ 性能曲线平坦，以便在汽轮机负荷变化时可以有较大的流量变化范围。管路特性曲线也以平坦为佳，这样可在流量改变相同时降低泵的汽蚀程度，使泵进行汽蚀调节的运行工况稳定性提高。

汽蚀调节的优点是不存在附加调节阻力，调节效率高，且可实现流量的自动调节。但是，

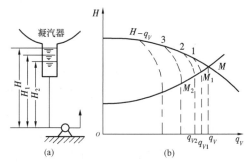

图 5-23　泵汽蚀调节分析

汽蚀调节泵在运行时，汽蚀不可避免。因此要求泵具有较好的抗汽蚀性能，叶轮应采用耐汽蚀材料。此外，为保证凝结水泵在汽轮机低负荷下能正常工作，可采用回流（再循环）的方法来辅助调节，保证一定的热井水位，降低泵的汽蚀程度，延长泵的使用寿命。

应当指出，目前大型火电机组凝结水泵经过改造后普遍采用变频调节方式运行。

六、变速调节

变速调节是通过改变泵与风机的工作转速，使其本身的性能发生变化来改变输出流量的调节方式。变速调节的实质是利用泵与风机不同的工作转速，使其性能曲线相应改变，从而变更了工作点的位置。变速调节的依据是比例定律。图 5-24 所示为泵的转速由 n 升为 n_1 或降为 n_2 时，性能曲线的变化情况。由图 5-24 可知，泵的工作转速升高，其流量、扬程增大；反之流量扬程减小。

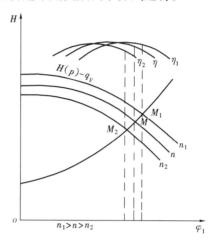

图 5-24 泵与风机变速调节性能变化

应当指出，泵装置的静扬程 H_{zp} 一般不为零，此时管路特性曲线 DE 是一条不经过原点的二次抛物线，故变速前后的工作点不在同一比例曲线上，见图 5-25 所示的 A 点与 C 点。因此，各工作点间对应的性能参数关系不遵循比例定律。只有同一比例曲线上的相似工况（见图 5-25 中 B 点与 C 点）才能应用比例定律解决相关的问题。对于风机，p_{zp} 一般可忽略，例如火电厂中微负压运行锅炉的送、引风机装置系统，其管路特性曲线为通过坐标原点的二次抛物线，与比例曲线重合。因此，变速前后风机的各工作点均位于同一比例曲线上，各工作点参数之间的对应关系遵循比例定律。

变速调节中管路特性不变，不存在附加的调节阻力，调节经济性高，是泵与风机较为理想的调节方法。但是，变速调节必须使用变速原动机或增设变速装置，增加了设备投资和运行维护费用。故这种调节方式主要用于调节较频繁的大、中型泵或风机。

【例 5-3】 在转速 $n_1 = 960 \text{r/min}$ 时，10SN5×3 型凝结水泵的 H_1-q_{V1} 性能曲线绘于图 5-26 中。试问当该泵的转速降低到 $n_2 = 900 \text{r/min}$ 运行时，管路系统中流量减少了多少？泵工作管路系统的特性方程式为 $H = 80 + 5300 q_V^2$。

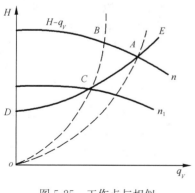

图 5-25 工作点与相似
工况点变化分析

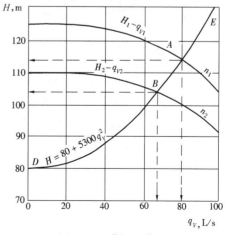

图 5-26 ［例 5-3］图

解　本题为由图解法确定工作点问题，故首先应绘出工作管路的特性曲线。

根据 $H=80+5300q_V^2$ 计算各个选定流量值下管系中流体所需能头，计算结果见表 5-3。

表 5-3　　　　　　　　　　　　　　　　计　算　结　果

q_V	L/s	0	20	40	60	80	100
	m³/s	0	0.02	0.04	0.06	0.08	0.1
H	N·m/N	80	82.12	88.48	99.08	113.92	133

将计算结果在图 5-26 中描点绘出管路特性曲线。

第二步是在已知的 H_1-q_{V1} 性能曲线上取若干点流量和扬程值，应用比例定律求出转速为 $n_2=900\text{r/min}$ 时各对应工况相似点的流量和扬程值，其换算关系为

$$q_{V2} = q_{V1}\frac{n_2}{n_1} = 0.937\,5q_{V1}$$

$$H_2 = \left(\frac{n_2}{n_1}\right)^2 H_1 = 0.878\,9H_1$$

读取的流量和扬程值及性能换算的结果见表 5-4。

表 5-4　　　　　　　　　　　　　　　　计　算　结　果

$n_1=960\text{r/min}$	q_{V1}	L/s	0	20	40	60	80	100
	H_1	N·m/N	125	125	123	120	114	104
$n_2=900\text{r/min}$	q_{V2}	L/s	0	18.75	37.5	56.25	75	93.75
	H_2	N·m/N	109.86	109.86	108.1	105.47	100.2	91.4

根据 H_2、q_{V2} 在图 5-26 中描点作出 H_2-q_{V2} 性能曲线。

由图可读得该泵向管路输送的流量为

$$n_1 = 960\text{r/min } 时（工作点为 A），\quad q_{VA} = 80\text{L/s}$$

$$n_2 = 900\text{r/min } 时（工作点为 B），\quad q_{VB} = 67\text{L/s}$$

故流量减少的百分数为

$$\frac{q_{VA} - q_{VB}}{q_{VA}} = \frac{80 - 67}{80} = 16.25\%$$

【例 5-4】　某火电厂 DG270-140 型锅炉给水泵在转速 $n_1=2980\text{r/min}$ 时，其性能曲线以及所在管路系统的特性曲线 DE，如图 5-27 所示。现因电厂负荷的改变，要求给水量降为 225m³/h，（1）试比较采用节流调节和变速调节所消耗的轴功率各为多少？（2）变速调节的相对节电量又是多少？（3）求出变速调节后的转速 n_2。设给水的密度 $\rho=909\text{kg/m}^3$。

解　（1）调节前泵的运行工况由图 5-27 可查得

$$q_{VA} = 300\text{m}^3/\text{h}, \quad H_A = 1425\text{N·m/}$$

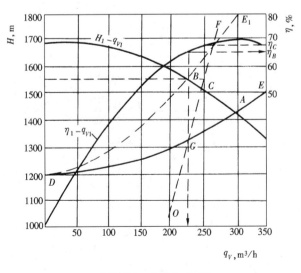

图 5-27　［例 5-4］图

N，$\eta_A = 69.2\%$。

（2）采用节流调节使流量由 $q_{VA} = 300\text{m}^3/\text{h}$ 变为 $q_V = 225\text{m}^3/\text{h}$ 时，由于工作点必须位于 H_1-q_{V1} 性能曲线上，故通过横轴上 $q_V = 225\text{m}^3/\text{h}$ 的点作垂线与 H_1-q_{V1} 性能曲线的交点 B 即是节流调节的工作点，其对应的运行工况为

$$q_{VB} = 225\text{m}^3/\text{h}, \quad H_B = 1550\text{N} \cdot \text{m/N}, \quad \eta_B = 66\%$$

$$P_B = \frac{\rho g q_{VB} H_B}{1000\eta_B} = \frac{909 \times 9.8 \times 225 \times 1550}{1000 \times 3600 \times 0.66} = 1329(\text{kW})$$

（3）采用变速调节使 $q_{VA} = 300\text{m}^3/\text{h}$ 变为 $q_V = 225\text{m}^3/\text{h}$ 时，由于工作点必须位于管路特性曲线上，故通过横轴上 $q_V = 225\text{m}^3/\text{h}$ 的点作垂线，与管路特性曲线的交点 G 即是变速调节后的工作点。从图中可查得 $q_{VG} = 225\text{m}^3/\text{h}$，$H_G = 1330\text{N} \cdot \text{m/N}$。

但是，G 点不在原来的 H_1-q_{V1} 性能曲线上，η_G 不能直接由 η_1-q_{V1} 曲线查得，必须根据比例曲线找到 H_1-q_{V1} 曲线上与工作点 G 相似的工况点 C，查出 $\eta_G = \eta_C$。

相似工况点 C 可通过用描点法绘出过 G 点的比例曲线 OF 来确定。绘制 OF 曲线需先求比例曲线方程的系数 K_G，其计算式为

$$K_G = \frac{H_G}{q_{VG}^2} = \frac{1330}{225^2} = 0.026$$

则过 G 点的比例曲线方程为

$$H = K_G q_V^2 = 0.026 q_V^2$$

由方程得出不同 q_V 与 H 值见表 5-5，由此可描点绘出过 G 点的比例曲线 OF，如图 5-27 所示。

表 5-5   **q_V 与 H 的数值**

q_V（m^3/h）	200	225	250	300
H（$\text{N} \cdot \text{m/N}$）	1040	1320	1625	2340

从图中可查得原转速中与工况点 G 相似的工况点 C 的效率 $\eta_C = 0.68$，故 $\eta_G = \eta_C = 0.68$。

由此可知，变速调节后的运行工况参数为

$$q_{VG} = 225\text{m}^3/\text{h}, \quad H_G = 1330\text{N} \cdot \text{m/N}, \quad \eta_G = 68\%$$

$$P_G = \frac{\rho g q_{VG} H_G}{1000\eta_G} = \frac{909 \times 9.8 \times 225 \times 1330}{1000 \times 3600 \times 0.68} = 1098(\text{kW})$$

（4）变速调节的相对节电量为

$$\frac{P_B - P_G}{P_B} = \frac{1329 - 1098}{1329} = 0.174 = 17.4\%$$

（5）由变速调节前后的相似工况 G 和 C 应用比例定律可得

$$n_2 = \frac{q_{VG}}{q_{VC}}n_1 = \frac{225}{246} \times 2980 = 2725(\text{r/min})$$

第四节 变速调节的变速方式

泵与风机变速调节的变速方式可分为两大类：一是采用可变速的原动机进行变速，主要包括汽轮机（或内燃机）直接变速驱动或变速电动机变速驱动；二是原动机的转速不变，而

在原动机与泵或风机之间采用变速传动装置进行变速，主要有液力耦合器、油膜滑差离合器和电磁滑差离合器等。

一、火力发电厂泵与风机常用的变速方式

1. 采用小汽轮机驱动

泵与风机采用汽轮机驱动，是通过改变进入汽轮机蒸汽量的多少来改变汽轮机转速，从而达到变更泵与风机转速的目的。由于汽轮机造价高，工作系统复杂等原因，这种方法通常只用于驱动大型给水泵。经过技术经济比较认为，单机容量在 250MW 以上机组的给水泵比较适宜采用汽轮机驱动。

大型给水泵采用汽轮机驱动进行变速调节，具有以下特点：

（1）现代给水泵单机容量大，使与之配用的汽轮机效率几乎与主机相等，因而可以提高机组热效率，降低厂用电量，增大单元机组输出电量（为发电量的 3%～4%）。

（2）可用挠性联轴器传动，传动效率 $\eta_d = 1$。

（3）可实现无级调速。

（4）当电网频率变化时，水泵运行转速不受影响，使给水泵运行稳定性得到提高。

（5）必须配置备用的电动给水泵，以适应单元制机组的点火启动工况。

2. 采用变极数双速电动机驱动

在电源电压不变的情况下，根据异步电动机的转速与磁极对数成反比的关系（见式 5-5），改变电机极对数可达到两级乃至多级变速。现在广泛采用的是单绕组双速鼠笼式异步电动机。调速时，只需改变定子绕组的接法，就可使极对数改变。由于这种调速方法成本很低；工作安全可靠且不存在因变速产生的转差损失，故调节效率高。目前国内外 200MW 以上机组的锅炉离心送、引风机多采用双速电动机和入口导流器联合调节的方式。当机组高负荷运行时，电动机投入高速挡运行；机组低负荷运行时，电机切换为低速挡运行。在高低转速下运行风机还可采用导流器进行小范围的调节，以获得较高的运行经济性。

双速电机用于大容量、高压且需要经常切换速度挡的泵或风机时（如电厂送引风机调速），不能连续平滑调速，即切换速度挡时电动机的电力必须瞬间中断。因此双速电机调速存在实现无撞击的转换问题，即如何提高转换开关的可靠性和使用寿命。

3. 采用液力耦合器传动

资源45 液力耦合器的工作原理

液力耦合器是以液体为工作介质，将原动机的转矩传递给工作机的一种液力传动装置。它主要由泵轮、涡轮及旋转内套（即与泵轮相连的勺管室）、勺管等组成，如图 5-28 所示。泵轮轴与电动机主轴（或增速齿轮轴）相连，涡轮轴与泵轴（或增速齿轮轴）相连。带有若干径向叶片的泵轮与涡轮尺寸相同，相向布置，且保持一定间隙。为避免共振，涡轮的叶片数比泵轮少 1～4 片。泵轮内腔 S 与涡轮内腔 T 之间形成椭圆状腔室，称为工作室。腔室中充有可控制的传动工作油。

当电动机带动泵轮高速旋转时，泵轮的叶片对工作油做功，产生的高能油流沿泵轮腔室外径出口处以径向相对速度与圆周速度的合成速度冲入涡轮，推动涡轮旋转而带动泵或风机转子旋转。对涡轮做功后的工作油流能量减少，低能的油流由涡轮腔室内径出口处返回泵轮，重新在泵轮中获得能量后又从原处进入涡轮做功。腔室中的工作油如此连续不断地循环流动，在泵轮中获得能量，在涡轮中释放能量，完成了原动机转矩的传递。

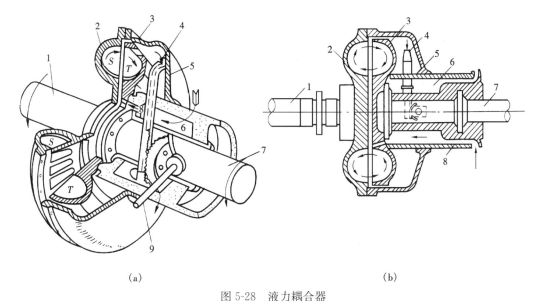

(a)　　　　　　　　　　　　　　　　(b)

图 5-28　液力耦合器

(a) 调速型液力耦合器结构；(b) 液力耦合器分析图

1—主动轴；2—泵轮；3—涡轮；4—勺管；5—旋转外套；6—回流通道；7—从动轴；8—控制油入口；9—调节杆

　　泵轮的转速是固定的，涡轮的转速可通过改变椭圆腔室中的工作油量来实现。工作油量越多，泵轮传递给涡轮的力矩就越大，涡轮的转速升高；反之转速降低。工作油的控制有两种基本形式：一是改变由工作油泵经调节阀进入工作腔内的进油量。这种控制方式的特点是：可使工作机迅速增速，但不适应工作机迅速降速。比如难以适应电厂中单元机组在事故甩负荷时要求给水泵迅速降速的情况；二是调节旋转内套中勺管端口的位置高度来改变出油量。其原理是旋转内套中油环的油压随半径增大而增大（$p \propto r^2$），升高勺管，进入其内为高压油流，排油量增加；反之减少。这种控制方式的特点刚好与上述方式相反。火电厂中锅炉给水泵的调速型液力耦合器一般采用上述两种控制方式联合使用的形式。下面以图 5-29 为例，说明其调节过程。

　　图 5-29 中，由锅炉给水量的负荷信号操纵伺服机。当锅炉给水量需要增加时，伺服机将凸轮向"＋"方向转动，传动杆逆时针方向转动，带动勺管下降，泄油量减小；同时，因传动杆的逆转，杆上凸轮将进油阀开大，进入工作腔的油量增加，涡轮转速升高，泵的输水量增大。当锅炉给水量需减少时，则伺服机将凸轮向"－"方向转动，泄油量增大，进油量减小，涡轮转速下降，泵的输水量减小。勺管泄放出的油，经热交换器冷却后，先进入进油阀，再由回油管回到联轴器底座下的油箱。这样在锅炉给水量需增加时，一方面开大进油阀开度，另一方面可在进油阀阀底

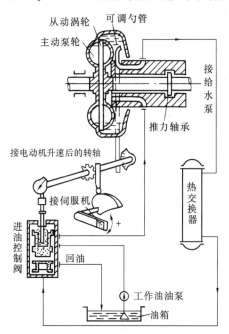

图 5-29　勺管和进油阀联合调节示意

小弹簧的作用下,增加勺管泄油的阻力,从而减小泄放油量,也就是进油阀同时起到控制进出油量的双重作用,因而能迅速调节耦合器的工作油量。

液力耦合器工作时,泵轮与涡轮同向转动,工作腔中的油液均受惯性离心力作用。只有当泵轮中油液的能量大于涡轮中油液的能量时,泵轮中的工作油才能流入涡轮,工作腔中的油液才能形成循环流动而实现转矩的传递。因此,泵轮的转速 n_S 必须大于涡轮的转速 n_T。这种转速差可用液力耦合器的滑差率 S 来表示,即

$$S = \frac{n_S - n_T}{n_S} = 1 - \frac{n_T}{n_S} = 1 = i \tag{5-4}$$

式中 i——传动比,i 的值一般为 $0.97 \sim 0.98$。

i 反映了液力耦合器的传动效率,即液力耦合器的传动效率 $\eta_d \approx i$。

泵与风机采用液力耦合器传动的主要优点有以下几点:

(1) 可与廉价的鼠笼式交流电动机相匹配,并能空载或轻载启动,可减小选配电动机的容量,降低了设备投资,提高了设备的使用效率。

(2) 可实现无级调速和自动控制。

(3) 对电机和工作机均有良好的过载保护和吸收隔离振动;因泵轮与涡轮之间没有机械联系,为柔性液力传动。

(4) 工作平稳可靠,能长期无检修运行。

(5) 调节灵活,升、降速快。

液力耦合器的不足之处是:调节本身存在工作油循环流动的摩擦、升速齿轮摩擦等功率损耗。另外,系统复杂,造价较高,增加了投资成本。

液力耦合器在火电厂的锅炉电动给水泵中已得到广泛的应用。这是由于锅炉电动给水泵采用液力耦合器变速调节时,不但可提高给水系统运行的经济性,还可以大大提高给水泵启动和低负荷运行的安全可靠性。

二、泵与风机的其他变速方式

泵与风机的变速方式除上面介绍的几种之外,可变速原动机的变速方式还有:①调速型直流电动机,这种方式变速简单,但造价高,需要直流电源,很少使用;②绕线式交流电动机转子绕组串电阻变速;③绕线式交流电动机串级变速,即在绕线式电机的转子绕组回路中串接一反电动势,是通过改变该电动势的大小使转差率变化来调节绕线式异步电机转速的一种变速方式;④鼠笼式交流电动机调压变速,是通过改变电机电源的电压引起其转差率变化使电机变速的;⑤鼠笼式交流电动机变频调速;⑥油膜滑差离合器;⑦电磁滑差离合器。其中变频调速和油膜滑差离合器在火电厂泵与风机中有较好的应用前景,下面分别作简要介绍。

1. 变频调速

变频调速是利用变频装置作为变频电源,通过改变供电电源频率 f_1,使电机同步转速 n_1 变化达到改变电机转速的方式。变频调速的基本原理是异步电动机的转速公式

$$n = n_1(1-s) = \frac{60f_1}{p}\left(1 - \frac{n_1 - n}{n_1}\right), \quad s = (n_1 - n)/n_1 \tag{5-5}$$

式中 n——电机转速,r/min;

n_1——电机定子旋转磁场转速,也称为同步转速,r/min;

s——异步电机的转差率；

p——电机定子绕组极对数。

变频调速是很有发展前途的一种调节方式。它的优点是调节效率高，节能效果明显；调速范围宽，最适用于流量调节范围大且经常处于低负荷范围工作的泵与风机；加上自动控制后，能作高精度运行；能控制启动电流在额定电流的 1.5 倍以内，减小对电网的冲击，延长电机的使用寿命。国外已广泛采用自控式变频调速的同步电机，即无换向器电动机来驱动电厂给水泵、循环水泵及锅炉送引风机。

由于变频调速的变频器较复杂，初投资大，使用、维护技术水平高，不能采用高压直接供电，需附设变压器等，使其应用受到限制。目前国内 600MW 以上汽轮机组的凝结水泵已普遍采用了此种调节方式。随着变频调速技术的发展，其调速性能与可靠性不断完善，价格不断降低，国内有些电厂的送、引风机也采用了此种调节方式。

2. 油膜滑差离合器（液力离合器）

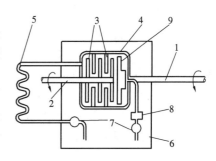

图 5-30　油膜滑差离合器示意

1—输出轴；2—输入轴；3—原板组；4—转鼓；5—热交换器；6—油箱；7—泵；8—控制阀；9—控制活塞

油膜滑差离合器又称为液体黏滞性传动装置，是一种以黏性流体为介质，依靠黏滞力来传递功率的变速传动装置。如图 5-30 所示，油膜滑差离合器主要由固定在主动轴上的可移动圆板组（主动摩擦片）和固定在从动轴端的密闭圆筒（转鼓）上的圆环形从动摩擦片组构成，转鼓内充满由油泵供给、并经冷油器冷却后的工作油。当原动机驱动输入轴旋转时，主、从摩擦片之间出现相对运动，其间的工作油将产生黏性内摩擦力，从动摩擦片受此油膜黏性剪切力的作用而旋转，实现了扭矩的传递。两组圆板越靠近，油膜就越薄，剪切力就越大，从动轴转速就越高，若使两轴接近或达到同步转速，则两组圆板需直接接触，此时两轴扭矩靠圆板（摩擦片）之间的接触摩擦力来传递。

从动轴转速的调节过程是由控制油泵的油压大小推动控制活塞轴向位移，调整主、从摩擦片组间隙中油膜的厚度和油的压力，通过两组圆板的"离"与"合"使传递的扭矩和转速差变化而实现的。它既能无级调速，又能实现完全"离"与"合"。

这种离合器与液力耦合器比较，具有转差损耗小传动效率高（约高 3%）；控制的反应快，过载保护性能好；尺寸小，成本低等优点。因此，在国外的火电厂锅炉给水泵、凝结水泵，送、引风机上已广泛采用油膜滑差离合器进行变速调节。

第五节　泵与风机运行中的几个问题

泵与风机的异常运行工况、磨损等运行中的问题是影响其安全运行和产生故障的重要因素，火电厂中泵与风机的运行人员掌握其基本情况是分析泵与风机各种运行状况、及时发现运行中的故障、准确判断故障原因、确保设备安全运行的基础。下面分别介绍。

一、不稳定运行工况

泵与风机在管路系统中工作时，必须满足能量的供求平衡。如果这种平衡在外界干扰（电压、电频率、负荷、机组振动等）下能建立新的稳定平衡，干扰消除后仍能恢复原状的

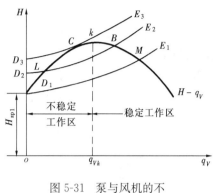

图 5-31　泵与风机的不
稳定工作分析

运行工况称为稳定运行工况；反之，受外界干扰或干扰消除后不能建立新的稳定平衡和恢复原状，而是出现流量跃迁或剧烈波动的运行工况，称为不稳定运行工况。如果叶片式泵与风机的 $H(p)$-q_V 性能曲线为驼峰型，则其在实际运行中可能出现不稳定运行工况。

1. 双交点及切点型不稳定运行工况

以驼峰型 H-q_V 性能曲线的离心泵为例，分析其工作情况。如图 5-31 所示，当管路特性曲线为 D_1E_1 时，其与 H-q_V 性能曲线只有一个交点 M，工作点 M 是稳定的。如果管路特性曲线为 D_2E_2，则其与 H-q_V 性能曲线有两个交点 B 与 L。若工作点处于 B 点，则泵的工作是稳定的。因为当外界条件变化后，工作点将在 B 点附近左右偏移，然后都能自动恢复到 B 点工作。当工作点位于 L 点时，只要外界条件稍有变化，就会导致运行工况的突变。若工作点向右偏移，出现能量供大于求的现象，促使流体加速，这种能量供求不平衡的关系只有移至 B 点才能稳定下来；如果工作点向左偏移，出现能量供不应求，泵将迅速处于 $q_V=0$ 的空转运行。故 L 点为不稳定工作点。由此可见，工作点落在 H-q_V 性能曲线上升段时，泵的工作是不稳定的，流量将在大范围内突跃改变，从而引起管路系统中流量的急剧改变，并引发管路系统的水击现象。如果 DE 曲线与 H-q_V 只有唯一的一个切点 C，这是泵能够工作的极限工况，此运行工况同 L 点，且极易造成泵出现无交点的空转状态。综上分析可知，具有驼峰性能的泵能够稳定工作的最小流量为 q_{Vk}，最大静扬程为 H_{zp1}。

2. 喘振

具有驼峰型 p-q_V 性能曲线的风机在大容量管路系统中工作时，可能产生更为复杂的不稳定运行工况，即风机的流量将出现周期性大幅度时正时负的波动，引起整个系统装置剧烈振动和噪声加大的现象。这种不稳定运行工况通常称为喘振（或飞动）。

如图 5-32 所示，风机的 p-q_V 性能曲线具有驼峰，同时其工作管路系统容量又较大。大容量管路系统的特点是：当用户需要的流量发生变化时，管路系统中气体的压强不会立刻改变，它将滞后于工况的变化。当工作点位于 p-q_V 性能曲线下降段工作时，如图 5-32 中 A、B 点，风机的风压变化能适应管路负荷的变化，工作是稳定的。k 点为稳定工作的临界工况。如果进行工况调节，使 $q_V<q_{Vk}$，风机产生的风压瞬间将低于管系内气体的压强，出现能量供不应求的现象，迫使风机工作点左移，流量骤降为零，但此时的风压 p_D 还是小于 p_k，仍不能平

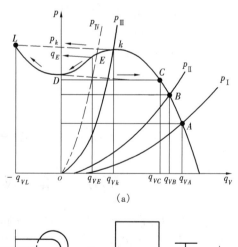

(a)

(b)

图 5-32　风机喘振分析

(a) 喘振时参数变化情况；(b) 大容量管路系统

衡。所以工作点会极迅速地移到第二象限的 L 点，达到能量的供求平衡。此时系统中的储气一部分向用户供气，另一部分以负流量 q_{VL} 从风机入口排出（若吸风道上无止回阀），使管系中气体的压强迅速下降，风机的工作点将由 L 点沿 p-q_V 曲线移至 D 点。如果管路系统中气体的压强下降到零流量以下的压强时，风机的工作点将迅速移至 C 点投入运行。若系统输出的流量仍小于 q_{Vk}，上述过程将按 $K \rightarrow L \rightarrow D \rightarrow C \rightarrow K$ 重复循环，风机的工作点始终落不到 E 点上。这种不稳定运行工况即为喘振现象。

综上分析，泵的不稳定运行工况会引起泵系统装置的水击，导致系统振动。风机系统装置喘振的强烈振动可能导致风机基础振松或风机损坏，如果气体经过风机后已被加热（如火电厂中送风机），发生喘振时倒流的气体会使风机受到猛烈加热，以致轴承烧毁等，造成重大事故。可见，不稳定运行工况将危害管路系统与设备的安全，必须防止。

造成泵与风机不稳定运行工况的内因是其本身的性能缺陷，即 $H(p)$-q_V 性能曲线有驼峰；外因是用户使用不当，即泵与风机处在不稳定工况区的小流量下运行，如图 5-31 所示。以火电厂中送引风机及一次风机为例，导致使用不当的原因有：①受热面、空气预热器严重积灰或出口及管道中挡板误差等，引起系统阻力增大，造成动叶开度与空气或烟气流量不匹配；②两台风机并联运行时，负荷分配不均；③动叶调节特性差或调节幅度

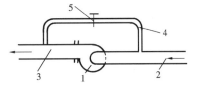

图 5-33　泵或风机的再循环管道
1—风机或泵；2—吸入管道；
3—压出管道；4—再循环管道；
5—调节阀

过大；④自动调节装置失灵；⑤风机叶片磨损，出力降低。对于一次风机，还有多台磨煤机同时故障跳闸，引起系统风压和风量大幅变化的原因。因此，防止泵与风机出现不稳定运行工况的措施有以下几种：

（1）尽量避免选用 $H(p)$-q_V 曲线具有驼峰的泵与风机。

（2）使用 $H(p)$-q_V 曲线有驼峰的泵与风机时，应保证其在稳定工况区运行。如果用户所需流量 q_V 小于 q_{Vk}，可装设再循环管（见图 5-33）或自动排出阀，使泵或风机的输出流量始终大于 q_{Vk}。

（3）采用变速调节或动叶调节（轴流式）以扩大稳定运行工况区。

（4）保证设备及调节装置完好，保持管道系统阻力正常，确保运行调节质量。

二、旋转失速（旋转脱流）

由工程流体力学可知，流体绕流叶型的冲角 α 增大到某一临界值时，会产生失速现象，此时叶型上的升力下降，阻力上升。流体通过泵与风机旋转叶轮的叶栅，当其入流角（冲角）改变到某值时也会发生失速现象。这种失速现象有其本身的特点，即所谓旋转失速现象。

图 5-34 所示为轴流式叶轮叶栅，由于叶片的加工形状和安装角等不可能完全相同，且流入叶栅流体的流向也不会完全一致、均匀。因此，当运行工况变化使流体进入叶栅的入流角 β_1 达到某临界值时，不可能同时在叶栅的所有叶片上同时发生失速现象。假设图中叶轮的叶道 2 上首先出现失速而形成阻塞现象，其通过的流量将减少，部分流体将分流挤入叶道 1 与 3。这两股分流使得叶道 1 来

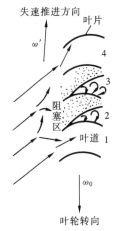

图 5-34　旋转失速的形成

流的入流角减小，不会发生失速；而叶道 3 来流的入流角会增大，促使其发生失速，形成阻塞。叶道 3 阻塞后，部分来流又向叶道 4 和 2 分流，结果又使叶道 4 发生失速和阻塞，而叶道 2 的入流角减小，恢复正常流动。叶道 4 的失速形成后，又会使叶道 3 的失速消失，叶道 5 的失速发生。只要运行工况在性能曲线的上升段上，这种失速将逆叶轮旋转方向不断进行下去。

实验表明，失速沿圆周移动的相对速度 ω' 远小于叶轮本身的旋转速度 ω_0。因此，以机壳为参照系，可观察到失速的传播方向与叶轮转向相同，旋转速度为 $\omega_0 - \omega'$。叶轮中某叶片上首先出现的失速以 ω' 逆旋向逐个传递发生，并在叶轮旋向以 $\omega_0 - \omega'$ 角速度旋转的现象称为旋转失速。

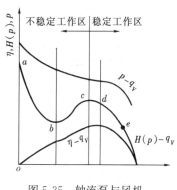

图 5-35　轴流泵与风机的不稳定工况区

轴流式泵与风机性能曲线的不稳定工况区如图 5-35 所示。泵与风机进入不稳定工况区运行时，叶轮必定会产生一个或几个旋转失速。旋转失速使叶片前后压力发生变化，在叶片上产生交变作用力，这种交变力会使叶片产生疲劳受损。如果作用在叶片上的交变力频率接近或等于叶片的固有频率，将发生共振，导致叶片断裂。因此，轴流式泵与风机运行时，应确保其工作流量 $q_V > q_{Vc}$，避免工作点进入不稳定工况区。为了及时发现风机进入旋转失速区内工作，有些轴流式风机装设有旋转失速监测装置。如 ASN 型轴流式风机采用的失速探针就是旋转失速报警装置。

旋转失速与喘振现象是两个不同的概念，旋转失速与叶片的结构特点有关，与外界管路条件无关，且泵或风机输出流量、压头基本稳定，泵或风机还可以维持正常运行。而喘振是由泵与风机性能和其工作的管路系统（大容量）共同决定的，且喘振时流量、压头会发生大幅度周期性波动，风机不能维持正常运行。旋转失速与喘振又是相关的，在出现喘振的不稳定运行工况内必定伴有旋转失速。

三、并联工作泵与风机的不稳定运行工况

1. 驼峰型 $H(p)\text{-}q_V$ 性能曲线离心泵与风机并联运行

如图 5-36 所示，Ⅰ泵的 $H_1\text{-}q_{V1}$ 曲线为驼峰型，两泵并联后的合成性能曲线Ⅰ+Ⅱ。当合成性能曲线与 DE 特性曲线有两个以上交点时会出现不稳定运行工况，如图中 L 工况点。因为此工况对应Ⅰ泵的工作点为 L_1，Ⅱ泵的工作点为 L_2，L_1 处于不稳定工况区，为不稳定工作点。

2. "抢风"与"抢水"现象

性能相同的马鞍形或驼峰形 $H(p)\text{-}q_V$ 曲线的泵与风机并联运行时，可能出现一台泵或风机流量很大，另一台流量很小的状况。此运行工况若稍有调节或干扰，则两者迅速互换工作点，原来流量大的变小，流量小的变大。如此反复，以至于两台泵或风机不能正常并联运行的这种不稳定运行工况称为"抢风"或"抢水"现象。

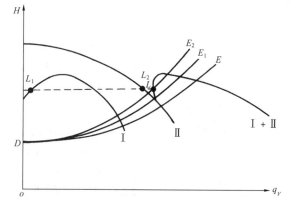

图 5-36　不同性能驼峰型 $H(p)\text{-}q$ 曲线泵或风机并联不稳定运行工况

图 5-37 所示为两台同性能轴流式风机并联运行性能曲线 I 和 II（虚线），其合成性能曲线为 I＋II（实线）。图 5-38 所示为两台同性能驼峰型离心泵并联运行的性能曲线 I 和 II（虚线），合成性能曲线为 I＋II（实线）。如果合成性能曲线与 DE 曲线的交点为 M，则两台泵或风机的工作点均为 A，即运行工况相同，不会出现"抢风"、"抢水"现

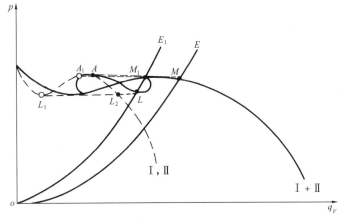

图 5-37 轴流风机并联运行抢风现象分析

象。如果关小挡板或阀门的开度，使管道特性曲线与合成性能曲线有两个交点，如图 5-37 中的 oE_1 曲线及图 5-38 中的 DE_1 曲线，则风机（泵）的工作点可能是 M_1 点（B 点）或者是 L 点。若工作点为 M_1（B）时，每台风机所对应的工作点 A_1 相同，不过这是它们能处于稳定并联运行的极限情况（A_1 为性能曲线驼峰顶点）；工作点 B 的情况同工作点 M 点。若两台风机（泵）的管路阻力稍有差别，或者系统风量稍有波动，其结果会使风机（泵）处于 L 点并联运行，此时一台风机（泵）的工作点为不稳定工况区小流量的 L_1 点，而另一台的

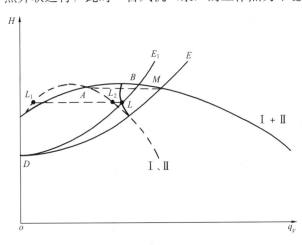

图 5-38 相同性能驼峰型离心泵抢水现象分析

工作点为稳定工况区大流量的 L_2 点。这时，若稍有干扰就会出现两台风机或泵的流量忽大忽小，反复互换的"抢风"或"抢水"现象，使风机或泵的并联运行不稳定。

除了 $H(p)\text{-}q_V$ 曲线具有驼峰的泵或风机并联运行时可能发生"抢水"或"抢风"现象外，$H(p)\text{-}q_V$ 曲线无驼峰的同性能泵或风机并联运行，若采用变速调节时不能保持各泵或风机的转速相同，也可能产生上述现象。

3. 防止措施

为了避免泵或风机并联的不稳定运行工况，应限制其工作区域，保证并联运行泵或风机的工作点落在稳定工况区。采用变速调节的并联泵或风机手动调节时，应保持其转速一致。当泵或风机低负荷时可单台运行，在单台运行流量不能满足后再投入第二台并联运行。此外，可采用动叶调节，使工作点离开∞形区域。当"抢风"、"抢水"现象发生时，应开启排风门、再循环调节门等。

四、磨损

泵与风机的磨损主要发生在输送含较多机械杂质流体的叶轮、机壳以及轴承上。火电厂中磨损较严重的泵与风机是灰渣（浆）泵、引风机和排粉机。燃煤电厂中引风机尤为严重。

因为其叶轮一般采用机翼型空心叶片，运行中每个叶片受灰粒磨损的情况不可能一致，若某个（或少量）叶片先磨穿后内部积灰粒，则会导致转子的不平衡而引起振动，严重时会使风机毁坏。

对易于磨损的泵与风机，除选用合适的叶型外，为延长其使用寿命，对通流部件均应采用耐磨的金属材料。在极易磨损的部位（如空心叶片头部）还可堆焊硬质合金或适当增加其厚度。为减轻锅炉引风机的磨损，烟风系统必须选用除尘效率高的除尘器，目前普遍采用高效的电除尘器。

轴承磨损的主要原因是油质差或油量不足导致润滑不良造成的。机组振动和轴承装配质量差也是产生轴承磨损的重要因素。

五、噪声

随着工业化的高速发展，噪声的污染日趋严重。虽然噪声对设备的安全运行没什么影响，但噪声已严重破坏人类的生存环境，是近代工业的一大公害，故火电厂泵与风机运行、管理人员有必要了解其基本常识。

火力发电厂中，泵与风机是一个主要噪声源，如 300MW 机组的送风机附近的噪声高达 124dB。泵与风机的噪声基本上呈中高频特性，危害人体健康。国家针对噪声的相关环保法规定也越来越严格，要求泵与风机噪声控制在一定的范围内。根据国外的研究，噪声对人听觉的效应与作用时间的长短有极大的关系。表 5-6 中所列出的允许噪声级是国家标准化组织按不同作用时间来制定的。作用时间缩短，噪声标准可相应提高。

表 5-6　　　　　　　　　　　　　不同作用时间的允许噪声级

作用时间	8h	4h	2h	1h	30min	15min	8min	1min	30s
允许噪声级（dB）	90	93	96	99	102	105	108	117	120

为保护环境和改善劳动条件，对泵与风机产生噪声的声源应采取吸声、隔声、隔振和安装消声器等消声措施来减轻噪声的影响。

第六节　火力发电厂泵与风机的运行常识

泵与风机是火力发电厂中主要的辅助动力设备，承担各系统中流体（水、油、空气、烟气等）循环或流动的输送任务。泵与风机运行的好坏直接关系到整个电厂的安全和经济生产。因此，电厂运行、管理人员掌握泵与风机的原理、结构、性能等知识的目的，最终还是为了更有效地服务于泵与风机的运行维护及故障处理。由于泵与风机本身的特点和应用场合的不同，具体的运行操作也有差别，但总的原则基本是一致的。下面先阐述运行中的一般原则问题，然后介绍火力发电厂中最主要的辅机——给水泵变速运行的实例，该部分内容对应发电集控运维职业技能等级证书的相关要求。

一、泵与风机的启动特性

泵与风机的启动过程是转子从静止状态到正常转速的加速过程，此时，加于转子上的转动扭矩，包括转子的加速转矩、各种机械摩擦阻力矩、流体的各种摩擦阻力矩，就是原动机的启动转矩。对于不同的启动方式，各种阻力矩也有所不同。为了随时平衡这些阻力矩，原动机的功率就要随时变化。

离心泵无论是关阀还是开阀启动，其转子的加速转矩是一定的，所不同的是各种摩擦阻力矩。开阀还存在启动加速过程输出流体流量的功耗。图 5-39 中的 ab 曲线为离心泵关阀启动时阻力矩随转速的变化关系。可以看出，泵在关阀启动过程中，开始转子要克服静摩擦，很快又转入动摩擦，阻力矩曲线是由 $n=0$ 时的 a 点下降，然后沿曲线 ab 上升。若离心泵开阀启动，其阻力矩随转速的变化关系曲线 ab' 将快速上升。

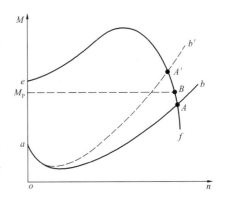

图 5-39　泵启动过程中转速与转矩关系

图 5-39 中 ef 为电动机启动转矩曲线，M_P 为电动机额定功率的转矩，A 为关阀启动的稳定点，A' 为开阀启动的稳定点。显然，离心泵开阀启动的转矩较关阀启动时的转矩大，很可能导致原动机过载而损坏。

为尽量减小机组的阻力矩，对离心泵或风机应关阀启动。轴流式则相反，$q_V=0$ 时的转矩大于额定转矩。因此，轴流泵或风机应开阀启动。对大型动叶可调的轴流式泵或风机，可调节叶片角度在最小的情况下启动，以减小启动阻力矩。

据统计，泵与风机关死点轴功率 P_0 值的变化范围如下：

离心式泵或风机　　　　$P_0=(30\%\sim90\%)P$

混流泵　　　　　　　　$P_0=(100\%\sim130\%)P$

轴流式泵或风机　　　　$P_0=(140\%\sim200\%)P$

式中　P——泵或风机的额定轴功率。

对大型泵或风机采用液力耦合器、油膜滑差离合器等传动均可改善其启动条件。

二、叶片泵的运行

叶片泵的运行，按规程要求包括启动、正常运行维护、停泵、事故处理以及各种连锁保护的定期试验。

（一）启动准备工作

启动准备工作包括有关检修完毕后的交接工作、启动前的检查准备及有关操作等。

1. 启动前的检查

（1）清除工作场地的安全隐患。电气设备、线路，各种联动、控制开关按钮正常，位置正确。检修后应联系恢复送电或按"送电联系单"的执行程序送电。检查电动机的转向正确（可用电磁旋转磁场指示器检查），有关试验项目已按运行规程要求完成。

（2）泵本体连接紧固部件固定完好无松动，联轴器连接良好，护罩完好，人工盘动转子无卡涩、无摩擦、转动灵活，底部放水旋塞已紧固。

（3）轴封填料完好，密封冷却水、轴承冷却水位畅通，冷油器的冷却水系统进出阀门完好，能进行冷却水调节。

（4）就地和控制盘处的进、出口压力表、真空表应齐全完好，声光信号试验正常。

（5）轴承及润滑油检查。滚动轴承油杯油量、滑动轴承油位、立式循环泵导轴承润滑油系统及油箱油位正常，油质良好。

（6）各种电动机调速机构、定速电动机转动变速机构如液力联轴器检查正常，驱动小汽轮机全面检查准备就绪。

轴（混）流泵的动叶调节装置的手动、电动位置能够灵活调节，位置正确；手动调节位置时，电动装置应置于闭锁位置。

（7）采用橡胶轴承的大型轴流或混流泵，启动前，应先启动轴承润滑升压水泵或开启其他清水接管阀门向填料函上的接管引注清水，润滑橡胶轴承，然后关闭轴承排大气阀门或放水阀门。如采用循环水作外接水源，应先开启过滤网入口阀门，关闭排大气阀门或放水阀门，最后开启滤网出口阀，向橡胶轴承送水，并对轴承的注水进行调整。

2. 启动前的操作

（1）充水。泵体内的充水根据泵的吸水方式及系统布置采用不同的方式。对于倒灌进水的泵，用进口阀门直接充水并排除空气。负压吸水的泵，小型泵一般采用灌水法，开启放气旋塞及灌水阀，待放气旋塞连续出水后关闭，灌水过程中盘动转子有利于排尽空气。大型泵可以用真空泵抽空气，观察排空气管连续出水后表明空气已经排尽，真空泵可继续维持运行，直到水泵启动出水正常后停运。

对于大型立式轴流泵和混流泵采用湿坑布置，泵体部分包括叶轮浸入水中，启动前不需灌水，但采用虹吸进水的立式泵，在启动前必须对吸入喇叭口和泵壳进行充水或抽真空后启动。

（2）密封冷却水。调整两端轴封水量以滴水为宜。运行密封水泵向给水泵及前置泵送密封冷却水。

（3）暖泵。高温泵如给水泵必须进行暖泵操作。冷态启动采用正暖方式，暖水从吸入侧进入，然后从末级导叶排出，或折回双层壳体内外壳之间，再从吸入侧排出。热态启动采用倒暖方式，暖水流程与正暖相反。暖水系统布置因机组不同而异。

暖泵按规定程序操作并控制温升率。待泵体上下及螺栓上下、泵壳与螺栓温差以及水温与泵壳温差在规定范围内之后，关闭暖泵门。

（4）泵机组各系统及相关阀门所处位置符合运行规程规定，如出口阀及旁路阀关闭，给水泵再循环阀开启，中间抽头阀均关闭。

（5）润滑油系统。开启油系统管路阀门，投运冷油器油侧或旁路，运行辅助油泵，保证运转正常，油路畅通。

（6）汽动泵小汽轮机按启动程序应进行的启动前准备工作，如汽源切换、暖管、汽轮机各部分的开机前操作等已就绪。

（7）给水泵前置泵已处于正常备用状态。

（8）液力联轴器操纵机构正常，勺管置于规定的启动位置。

（9）大型立式循环泵顶转子，使推力轴瓦进油，建立油膜。

（二）泵的启动

所有的检查和准备操作都已经按照规程规定的项目和顺序完成后，即可启动。

（1）电动离心泵合闸后注意启动电流、返回时间、转速、空载电流和出口压力表读数。检查动静部分有无摩擦、振动和异音，油压、油温、轴承温度及轴向位移是否正常等。油压达规定值后停辅助油泵。

轴流泵应在开启出口阀门后启动，可调节动叶轴流泵的动叶应调整到启动角度后启动，以减小启动电流。

　　混流泵应在关闭出口阀门后启动，启动后再迅速开启出口阀。可调节动叶混流泵启动前叶片应在全关闭位置，启动后才能迅速打开。

　　（2）变速泵在空载运行正常后提升转速。

　　（3）开启泵出口阀。根据给水泵流量增加的情况，逐渐关闭再循环阀。

　　（4）根据油温升高的情况，及时投运冷油器，调整维持冷油器出口油温在正常范围（一般为 35～45℃）内，调整电动机风冷却器。

　　（5）投入泵的连锁及保护。

　　（三）泵的正常运行维护

　　正常运行维护项目主要包括以下三个方面：

　　（1）定时巡视及抄表，根据机组负荷情况对泵的流量进行调节。

　　（2）监视运行设备各项参数的变化如电动机电流、线圈及铁芯的温度和温升、入口风温；进出水真空、压力；各流道轴承油位、油流、回油温度及冷油器出口油温、油箱油位；轴承及泵体噪（异）声和振动、轴向位移、密封装置的工作情况、平衡室压力、泵流量以及系统其他项目，并做好有关调整维护工作，保持泵处于最佳运行状态。

　　立式轴（混）流泵运行中不能中断润滑水，以免烧毁轴及轴承。

　　（3）对运行中出现的不正常工况，进行正确的分析、判断和处理，发生故障或事故，应按规程规定的事故处理原则进行处理或紧急停机。

　　（四）事故处理

　　1. 应按紧急故障停泵步骤停泵的情况

　　（1）发生人身事故，必须停泵才可以消除。

　　（2）泵突然发生强烈振动或泵体内有清晰的金属摩擦声。

　　（3）任一轴承冒烟、断油，回油温度急剧升高超过规定值。

　　（4）电动机冒烟、着火。

　　（5）轴向位移指示超过规定值，且平衡室压力失常。

　　（6）油系统着火，不能迅速扑灭，且威胁安全运行。

　　（7）高压管道破裂无法隔离。

　　2. 应立即启动备用泵，然后停运故障泵的情况

　　（1）水泵发生严重汽化或流量减小、不出水。

　　（2）轴承回油温度缓慢升高达到规定极限。

　　（3）轴密封温度超过规定极限或压盖发热、轴封冒烟，或有大量甩水等情况。

　　（4）润滑油压降至低位极限，启动辅助油泵仍不能恢复。

　　（5）轴承振动异常，原因不明或确无其他明显故障。

　　（6）油箱油位至低位极限且补油无效，油中进水致使油质严重乳化。

　　（7）电动机电流、温度、温升超过额定值。

　　（五）停泵及连锁备用

　　（1）运行泵的正常停运。如有泵处于连锁备用状态，应先断开待停泵的连锁开关，开启再循环阀门，关闭出口阀门，断开辅助油泵的连锁开关，启动辅助油泵后，才能停泵。对于变速泵，停泵前还应逐渐降低转速至最小流量状态。停运后如泵反转，应立即手动关死出口阀。对于立式轴（混）流泵，橡胶导轴承改用外接冷却水源。

轴流泵可以直接断开电源，而混流泵应关闭出口阀后再断开泵电源。对虹吸式泵，应先打开真空破坏阀，再关闭出口阀，待水下落后再停泵。

（2）断开泵电源后，记录惰走时间，时间如果过短，应进行分析，原因不明时应检查泵内是否有摩擦和卡涩。

（3）泵停运后，如需作连锁备用，则应将进口阀门开启，出口阀门关闭。连锁开关应在备用位置，投入辅助油泵和润滑油系统；若密封冷却系统已投入，应调整为运行备用状态；投入给水泵的暖泵系统。

（4）如停泵检修或长期停用，应切断水源和电源，放尽泵体内的余水，并挂标示牌，做好其他安全措施。

（六）定期试验和切换

定期试验、切换和检查的目的是保证泵的安全、经济运行。大型泵的保护项目比较完善，因此试验项目也较多。以给水泵为例，一般有以下连锁保护试验项目，其他泵的试验项目根据泵的结构和任务不同而有所不同。

（1）润滑油压保护试验。该试验包括油压高时辅助油泵的自停，油压低于一定值时分别进行闭锁泵的启动、辅助油泵自启动、报警和运行泵跳闸等。

（2）低水压保护。报警和启动备用泵。

（3）轴向位移保护。报警和跳闸。

（4）轴封水压保护。水压低于一定值时分别进行报警、启动备用密封水泵、闭锁泵的启动和运行泵跳闸等。

（5）故障联动试验。运行泵故障跳闸时，备用泵的自启动。

注：各种泵的试验项目，必须按照相关运行规程规定的具体试验程序和注意事项、试验条件，在做好安全监护和事故预想的情况下进行。

为保持备用泵的良好状态，应定期进行备用泵的切换运行。切换时，应先断开连锁开关，关闭暖泵阀，再按正常启、停步骤操作，启动备用泵，待正常后可停运原运行泵。停泵过程中，逐渐关闭出口阀门，注意观察出水母管压力，如母管压力下降至非正常值，应暂时停止切换，回开出口阀门，查明原因并处理后才能继续，否则停止切换操作。

三、叶片风机的运行

风机的工作条件和泵有较大的区别，因为风机输送的是气体，其进、出口风压均不高，但火力发电厂运行的风机，如引风机、排粉机的工作条件都较差，由于机翼叶片的磨损、穿孔，转子因为积灰造成不平衡振动等问题在运行中要引起重视。

（一）启动前的准备和检查

常规的启动前的准备和检查工作与水泵相同，除应对工作场所、电源及电气设备、指示表计、轴承冷却水等全面进行检查外，还应对以下方面做仔细检查：

（1）风机轴承、联轴器、调节器按制造厂要求，采用规定的润滑油，保证规定油品，保证油位或供油量。

（2）风机动静部分间隙的检查、大修或新安装后，应使各部分间隙符合要求，并手动盘车数周确认无卡涩、摩擦现象。

对于轴流风机，还应检查动叶调节机构，能在调节范围内灵活调节，调节机构开度应在启动位置。检查风机密封装置的严密性，以免外部杂质进入调节机构，防止轴承内润滑油被吸出。

（3）关闭风机进口导流器或挡板及出口挡板。

（4）检查风机各部件的紧固情况，避免启动后振动过大造成螺栓松动而引发故障。

（二）启动、运行维护和停机

（1）完成所有应检查的项目，合闸启动风机。

（2）监视启动电流，检查轴承润滑油流、轴承温度、振动和噪声，一切正常后，即可全开风机出口风门，用进口挡板、导流器或动叶调节机构调节风量。如启动后发现上述参数不正常，必须立即停机。

（3）运行检查和注意事项如下：

1）监视电动机电流正常，风机转速正常；

2）运行中随时注意风机的振动、振幅和噪声应无异常现象；

3）轴承油位、油流正常，各道轴承润滑良好，冷却水畅通，水压正常，轴承温度和温升在规定值内；

4）定期检查风机和电动机润滑油系统的油压、油温和油量；

5）用进口挡板或导流器调节风量，风机转速不正常时不能进行调节；

6）轴流风机的出力是否在高效区域，有无异常噪声，不能在喘振区域或其附近工作。

（4）风机的停运步骤如下：

1）关闭风机进口挡板或导流器，关小出口风门；

2）按下停机按钮，使风机停止运行，注意惰走情况；

3）转速为零后，关闭轴承冷却水，但连锁备用的风机冷却水不能中断；

4）停运检修的风机，应切断电源、水源并挂标示牌。

（5）风机的维护工作如下：

1）定期对停运或备用风机进行手动盘车，将转子旋转120°或180°，避免主轴弯曲；

2）风机每运行3~6个月后，对滚动轴承进行一次检查，滚动元件与滚道表面结合间隙，必须在规定值内，否则需进行更换；

3）定期清洗轴承油池，更换润滑轴；

4）定期对风机进行全面检查，并清理风机内部的积灰、积水。

（三）风机的事故处理

1. 必须紧急停机的工况

（1）风机发生强烈噪声、剧烈的振动或有碰撞声。

（2）轴承温度急剧上升超过规定值或轴承冒烟。

（3）轴承油位不正常或冷却水中断；轴承渗水或严重漏油。

（4）电动机电流持续上升，处理无效或电动机冒烟。

2. 风机的跳闸故障处理

（1）两台送引风机并联运行时，如一台跳闸，而跳闸前无故障现象，跳闸时锅炉未灭火，需做如下操作：强合闸一次，合闸前解除有关连锁。强合闸不成功，将跳闸开关复位，检查关闭跳闸风机入口挡板或导流器（轴流风机在操作动叶调节机构时应避免进入喘振区域），锅炉减负荷。加大运行风机出力，如改低速运行为高速运行，但电流不能超过规定值。查明跳闸原因，消除故障，重新启动风机，调整各运行风机出力。

（2）两台送引风机同时跳闸或单台运行无备用风机时跳闸，应按紧急停炉处理。

（3）单台风机运行，有备用风机时，复位跳闸风机开关，启动备用风机，迅速恢复锅炉运行，如不能恢复，应按紧急停炉处理。

四、给水泵的变速运行

目前，我国 600MW 及以下机组很多采用两台 50％ 容量的汽动给水泵，再配置一台 30％ 容量的启动/备用给水泵的配置型式；1000MW 机组采用两台 50％ 容量、前置泵与主泵同轴的汽动给水泵组、两台机组共设一台 30％ 容量的电动启动/备用给水泵的配置型式，其综合经济性能和可靠性较好。随着汽动给水泵可靠性的提升，为进一步降低厂用电率、提高运行经济性，在新建的大型火电机组中，还可选用单台 100％ 容量汽动给水泵、利用老厂来汽或启动锅炉作为启动/备用汽源的形式。

火电厂大型机组采用双泵并联运行给水系统的布置基本相同，图 5-40 所示为某 600MW 亚临界压力机组给水系统。该系统为单元制，每台机组配置两台 50％ 容量、型号为 80CHTA/4 型的汽动给水泵（主给水泵）及一台 30％ 容量、型号为 50CHTA/6 型的启动备用电动调速给水泵。汽动给水泵由小汽轮机驱动，并与给水泵直联，用改变小汽轮机的转速进行流量的调节，其调速范围为 3000～6000r/min，变速性能曲线如图 5-41 所示，其额定供水压强为 23MPa，水温为 175℃，效率为 82.5％，转速为 5420r/min，轴功率为 8345kW，原动机功率为 9000kW。电动调速给水泵是由电动机通过液力耦合器驱动，液力耦合器装在电动机与给水泵之间，用改变液力耦合器的转速来改变给水泵的转速，从而进行流量的调节，为间接变速方式，调节范围为 1450～5990r/min。

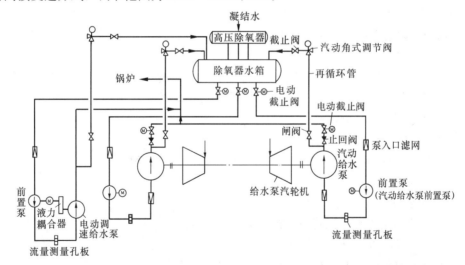

图 5-40　600MW 机组给水系统图

为提高给水泵的抗汽蚀性能，在给水泵前均装有前置泵。前置泵由低速电动机驱动，并与主给水泵串联运行。正常工作时两台半容量的汽动给水泵并联运行，满足机组出力的需要。当一台汽动给水泵故障时，可启动电动给水泵与另一台汽动给水泵并联运行。若电动给水泵为 50％ 容量，则不会影响机组的满负荷运行。

图 5-40 中，由凝结水系统输送来的凝结水经除氧器除氧后，自除氧水箱经进水管道进入前置泵，由前置泵升压后，经连通管进入主给水泵，再由主给水泵升压到需要的压力后输出，

经止回阀，出口电动阀门去高压加热器，再经给水调节阀门进入锅炉省煤器。前置泵、给水泵进口处均装有磁性滤网，以防止铁屑进入泵内。因给水泵在小流量时极易发生汽蚀，为保证有足够的流量通过给水泵，以防止汽蚀，在出水管止回阀前接有再循环管。当给水流量低于规定的最小流量时，再循环阀自动打开，部分给水在再循环阀中节流后，流回除氧器水箱。

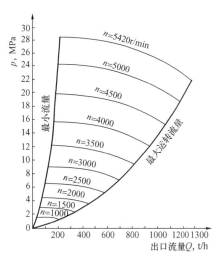

图 5-41　80CHTA/4 型给水泵
变速性能曲线

汽动给水泵正常运行时，小汽轮机的汽源一般由主汽轮机四段抽汽提供。主蒸汽作为低负荷时的备用汽源，当负荷降到 40%，两个汽源自动切换；而当负荷降至 25% 时，全部切换至主蒸汽供汽。另外，从高压辅助汽源站提供的汽源，可实现汽动给水泵启动。下面以 80CHTA/4 型给水泵为例说明变速给水泵的运行。

（一）泵启动前的准备

给水泵启动前应对系统、设备及热工仪表及保护、调节回路进行全面的试验检查，以确认泵组及系统具备启动状态，保证启动后设备运行正常。因此，必须进行下列准备工作。

（1）检查主给水泵及前置泵密封冷却水系统：检查轴端冷却水、密封水冷却器，并打开冷却水供水阀门，全开循环冷却水排放空气阀门。

（2）检查油系统：投运电动油泵，使径向轴承、推力轴承和联轴器齿轮事先润滑，并查看各部油压和各结合面处的泄漏情况。冷油器通水排空后，全开出口门，关闭入口门。当油温低于 30℃ 时，应投入电加热装置。

（3）对前置泵及主给水泵进行充水：稍开前置泵入口门，由给水箱给水对给水泵及系统管路和压力表接头进行充水排气，并开启给水泵再循环门。检查除氧器水位在正常位置。

（4）检查测量和控制仪表：检查给水泵及给水系统有关表计工作正常，通知热工（电气）投运有关控制回路。

（5）进行给水泵组的保护连锁试验：包括泵组低油压试验，轴承温度高模拟保护试验，出口门、再循环门压力及流量联动试验，备用泵模拟连锁试验，以及给水泵汽轮机保护试验等内容。

（6）备用给水泵液力耦合器试验检查：检查液力耦合器工作油压、控制油压等参数正常，活动其勺管控制机构，动作平稳，就地位置指示与表盘相符。

（7）进行给水泵汽轮机调节、保安系统静态特性试验及给水系统自动调节系统静态模拟试验。

（二）给水泵的暖泵

给水泵在启停前的均匀加热暖泵，是启停水泵的重要操作程序之一。特别是给水泵汽轮机驱动的给水泵，启动前必须低速暖机、暖泵，停用前最好也应低速盘车，使汽动泵壳体的上、下温差不致过大，否则就会引起外壳变形，轴承座偏移，转子弯曲，动静部件接触，造成启动过程振动增大、动静部分磨损、抱轴等事故。

给水泵停运后，由于轴封低温水的引入和泵体的散热等原因，使给水冷热密度不等，从而自发地形成热虹吸作用，热水上升，冷水下降，造成上、下泵壳间的温差。如果给水泵体温度较低，而给水箱水温较高时，给水泵启动后就会产生较大的热冲击，直接影响给水泵的使用寿命，并可能产生设备损坏事故。因此，采取正确的暖泵方式，保证必要的暖泵时间，合理地控制金属温升和温差，是达到充分暖泵的重要条件。

暖泵分为正暖和倒暖两种形式，在给水泵全部停运的情况下，或主机运行中、给水泵检修后启动时，一般采用正暖形式。当给水泵处于热备用状态时，采用倒暖形式。暖泵时应避免泵体下部产生死角区（正暖较突出），以达到泵体全面受热的目的。

泵体在 55℃ 以下为冷态，暖泵时间一般 2～4h。泵体温度在 90℃ 以上为热态，暖泵时间为 1～2h。暖泵时必须注意，泵在升温过程中严禁盘车，以防产生拖轴事故。暖泵是否充分，由外壳体上下温差（15～25℃）和外壳体与入口水温度差（小于 30℃）来判断。

图 5-42 所示为 80CHTA/4 型给水泵的暖泵系统。当采用正暖时，其暖泵水引自前置泵出口，经管 1 或管 2 从给水泵低压端下部接管进入泵内，暖泵后由高压端下部接管经阀 4 排放至冷凝水回收的汇集箱。该正暖方式避免了暖泵水排地沟的浪费和泵壳体下部受热不均匀的问题。当泵采取倒暖时，暖泵水可由给水母管（由运行前置泵出口通过阀 5 或阀 6 提供）经过减压后倒回，由高压端下部接管进入泵内，然后自吸入管经前置泵倒流入除氧器水箱。

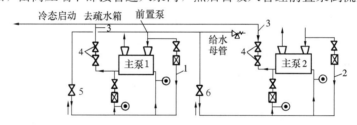

图 5-42　600MW 机组主给水泵的暖管水管路系统

1、2—暖泵进水管；3—暖泵回水管；4—暖泵回水阀；5、6—暖泵进水阀

暖泵时应注意保证密封冷却水系统投运，并注意调整暖泵水量，控制泵体温升率为 5℃/min 左右。汽动给水泵启前停后的盘车，是保证给水泵均匀暖冷的重要手段。因此要求充分盘车，但盘车前必须确认给水泵已充分注水，并已投入密封冷却水，开启再循环门。

（三）给水泵的启动

给水泵各项试验准备工作完毕，根据机组整体运行要求投运给水泵。下面以引进 600MW 机组冷态启动过程来说明给水泵的启动步骤及注意事项。

1. 电动泵的启动

（1）启动辅助油泵，检查液力耦合器工作油压、各部润滑油压正常，进行勺管升降试验，并使勺管放置于 0 位。

（2）检查给水箱水位正常，进一步对进水管、前置泵和主给水泵进行充水排空。

（3）关闭出水门，停用暖泵系统，开启给水泵再循环门。

（4）启动前置泵，检查其运行参数正常，工作状态良好。

（5）确认主给水泵具备启动状态，启动主给水泵。

（6）主泵启动后，逐步调整勺管位置，使其出口压力达到 8.0MPa，进行全面检查。特别注意再循环管工作情况，轴承油压、油温情况，及时投冷油器水侧，并检查平衡室压力及回水温度正常，检查密封水压、水温、轴端漏水、温度正常。

（7）确认泵工作状态良好，根据锅炉要求，打开出水阀，开启给水管路注水阀、排空门逐级注水，排空至锅炉给水调节阀前。

（8）系统注水完毕，可通知锅炉上水，（一般锅炉先用30％旁路上水），对给水管道进行冲洗。此时再循环仍在运行中，直至给水流量大于200t/h后，方可关闭再循环门。在锅炉点火、升压过程中，及时调整勺管位置，以适应锅炉给水要求，但必须注意其出水参数是否在泵运行安全区内，否则应找出原因并进行调整。

（9）电动泵可满足主机30％以内负荷时的给水量要求，但具体到汽动泵与电动泵切换工况的负荷点，则与主机及给水泵汽轮机的运行方式有关。600MW机组设置两台汽动泵，实际运行中，存在电动泵单独运行、电动泵与一台汽动泵并联运行、单台汽动泵运行、两台汽动泵并列运行的切换过程。

2.汽动泵的启动

（1）电动泵启动后，汽动泵应投入正暖泵系统，并对汽动泵及其管路进行进一步排空，汽动泵投运盘车装置，进行汽动泵的均匀暖泵。

（2）汽动泵的启动，首先应完成给水泵汽轮机的启动操作。这主要包括：连续盘车、给水泵汽轮机抽真空、送轴封汽、供汽管路暖管、冲转、低速暖机、中速暖机、过临界、定速及定速后的有关试验及检查。给水泵汽轮机冲转可采用主蒸汽（辅助蒸汽）进行，也可采用主机抽汽进行。

（3）当采用主蒸汽进行冲转时，一般在主机并网后开始冲转，并依次进行有关启动操作及试验检查，直至给水泵汽轮机至最低稳定运行转速后，进行定速后的试验，然后逐步提升转速。当汽动泵出口压力达到给水泵母管压力时，可开启汽动泵出口门，并逐步接带负荷与电动泵并联运行。当主汽轮机抽汽压力随着负荷上升至一定压力时，给水泵汽轮机汽源开始由主汽轮机抽汽替换新汽（切换点在25％负荷左右），在给水泵汽轮机双汽源工作的情况下，可逐步减小电动泵的负荷，切换至单台汽动泵运行。当主汽轮机负荷至40％负荷时，就可由主汽轮机抽汽单独供汽运行，同时可起动另一台汽动泵，并逐步转为两台泵并联运行。

（4）给水泵汽轮机冲转采用抽汽进行时，一般在主汽轮机30％负荷时进行给水泵汽轮机的启动；主汽轮机达到50％负荷时，可启动另一台汽动泵，并可停用电动泵，然后两台汽动泵逐步转为并联运行。当然，给水泵汽轮的主蒸汽供汽应处于良好的热备用状态。

（四）给水泵正常运行与调节

给水泵正常运行下的出水量，是根据锅炉负荷的改变，通过三冲量信号（汽包水位、蒸发量、给水量）进入调节器，由三冲量调节器发出脉冲信号，经过电液转换器去改变给水泵汽轮机高低压调节门的开度来控制进汽量，从而改变给水泵汽轮机的转速，实现给水泵的工况调节。三冲量给水调节系统原理如图5-43所示。由于汽动泵效率和主机抽汽参数随主机负荷的改变而改变，调节门开度与转速并非成线性比例关系。为此，必须随时控制调节阀开度，使其适应于负荷变化规律。本机组汽动泵的运

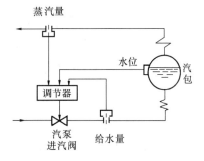

图5-43　三冲量给水调节
系统原理示意

行范围为 20%～105%额定负荷。但当主汽轮机负荷降至 40%时，给水泵汽轮机高压蒸汽进汽；降至 25%时，全部由主蒸汽供汽；再降至 20%时，跳闸停用，并自动投入备用电动泵。

应当指出，上述为亚临界压力机组给水泵调节的控制情况，由于超临界压力直流锅炉没有汽包，负荷控制方案与上不同，所以给水控制系统也有差别。直流锅炉负荷控制方案有两种：①燃水比控制系统，即用给水流量调整主汽压或发电机功率，燃料量跟踪给水流量，然后，再由某一反映两者是否成适当比例的信号来校正燃料量；②燃水比控制方式，即用燃料量调整主汽压或发电机功率，给水流量跟踪燃料流量，然后，再由某一反映两者是否成适当比例的信号来校正给水流量。以燃水比控制系统为例，给水控制器是根据锅炉负荷指令和给水流量反馈信号来调节给水泵汽轮机的进汽量，从而改变给水泵的转速，实现给水泵的工况调节。

为保证泵组正常运行，给水泵带负荷后，应检查和监督以下内容：

（1）任何负荷下，水泵应平稳地运行，振动在 0.05mm 以下。

（2）监视径向轴承、推力轴承温度小于其极限值，超限时应紧急停用。

（3）轴向推力平衡装置出水压力应比泵入口压力高 0.1～0.2MPa，如发现平衡室压力升高且超限时，应检查原因。

（4）润滑油压应保持在 0.1～0.2MPa 为宜，当发现油压降低时应查明原因，并进行必要的调整。

（5）调整润滑冷油器出口油温为 35～45℃，轴承回油温度小于 65℃，超过 70℃时应紧急停用，并注意润滑油滤网差压不得越限。

（6）保持泵入口滤网的清洁，以便差压超限时应紧急停用并及时清理。

（7）检查轴端密封泄漏情况，保证密封水压、水温正常。

（8）运行中应保证各冷却水正常运行。

（9）注意保持除氧器水位，控制除氧器压力下降速度，尤其在主机降负荷时，要注意及时投入除氧器备用汽源，防止给水泵汽化。

（10）对电动泵，特别应注意液力耦合器的工作情况，控制其勺管回油温度不得越限。

（11）对汽动泵应防止其超速，还应注意运行转速不得低于最低稳定转速。

（12）严防给水泵超出安全工作区运行，注意调整给水泵流量，在给水泵启、停及切换时，应开启再循环门。

（13）避免长时间在出口门关闭下运转，并严防给水泵干转，决不允许在低于要求的最小流量下运行。

（五）给水泵停用

电动泵停用时，首先降速、减负荷，并开启给水泵再循环门，启动辅助油泵，关闭出口门，确认出口门全关后，再停泵。电动泵停用后，应关闭冷油器和电机空冷器入口水门，但一般继续油循环一段时间。若停用后不作备用，可关闭进水阀、冷却水供水阀、供油阀，并打开放水阀，放水停用；若停用后作备用泵，则不必进行上述操作，但应投入倒暖系统，并保持各冷却水的密封水正常供给，冷油器和电动机空冷器可关闭其入口门，并重新开启泵出口门。

汽动泵正常停运，应检查和监督以下内容：

（1）逐渐减速，将出力转移至另一台泵。

（2）及时投入再循环。

（3）转速减至最低工作转速后，打闸停机，并关闭进汽阀、出水阀。

（4）观察水泵惰走情况，记录惰走时间。

（5）投运盘车装置。

（6）视该泵是否备用，决定能否停用真空系统及进行其他有关操作。

（7）在给水泵汽轮机汽缸温度及上下缸温差达允许值时，停用盘车。

（六）给水泵事故停用

当给水泵组设备及给水系统故障危急设备及人身安全时，应紧急停用该设备或全停给水系统设备。紧急停用应首先打开再循环门，关泵出口门，启用辅助油泵，对汽动泵必要时应破坏真空，进行其他停泵操作，做好有关善后工作。

当汽动泵故障需紧急停用时，打闸后，电动泵及其前置泵应自动投运。当一台汽动泵停用时，电动泵与另一台汽动泵并联运行应维持主机 75％负荷运行；两台汽动泵均停用时，主机维持 30％负荷运行。

当主机发生甩负荷事故时，由于机组动态过程致使锅炉压力上升 5％左右，对于汽包锅炉，其水位会下降。从而给水流量瞬间要增加 10％，导致给水泵在瞬间内以 110％额定转速运转。这时，为了减少除氧器压力的衰减速度，避免给水泵进水汽化，应控制进入除氧器的低温凝结水的流量，而除氧器应维持在最低水位下继续运行。待瞬间过后，给水量随即迅速减少（因主汽轮机进汽已截止），此时汽动泵应打开再循环门，关闭出水阀，保持汽动泵在最小流量下运转。然而，因主汽轮机抽汽已中断，在锅炉新汽尚未完全中断时，应改为投运电动泵及其前置泵维持运行，并投运其再循环管，这样，可避免给水中断，并且可以随时恢复出力。而除氧器由于进入凝结水量和输出水量同时减少，因此在具有备用汽源条件下，仍可在正常水位范围内继续运行。国外有的机组设置了低压加热器出口凝结水旁路自动保护系统，当机组故障时，可引部分凝结水至给水泵（前置泵）入口，可以彻底避免整个暂态过程中给水的汽化，其旁路水量一般不超过给水量的 10％，就能满足给水泵既可靠又稳定地适应除氧器滑压运行的要求。当然，如果系统设计不合理，造成两路水混合得不好，形成进入水泵的给水高、低温分层流动，则不但不能排除汽化威胁，又会影响水泵安全运行。

五、泵与风机的故障分析及处理

（一）泵与风机的异常振动分析

异常振动现象是泵与风机运行中的典型故障，严重时将危及泵或风机的安全运行，甚至会影响整个机组的正常运行。泵与风机在运行中的异常振动（以下简称振动）原因很复杂，有时会是多种因素共同造成的。特别在当前，机组容量日趋大型化，泵与风机的振动问题尤为突出。泵与风机振动的原因大致可分为两类。

1. 流体流动引起的振动

在管路系统中，因泵与风机本身的性能、管路系统的设计原因及运行工况的变化，均会引起流体流动的不正常而导致泵或风机的振动。

（1）水力冲击。由于给水泵叶片的涡流脱离的尾迹要持续一段很长的距离，在动静部分产生干涉现象。当给水由叶轮叶片外端经过导叶和蜗壳舌部时，就要产生水力冲击，形成有一定频率的周期性压力脉动。它传给泵体、管路和基础，引起振动和噪声。若各级动叶和导叶组装位置均在同一方位，则各级叶轮叶片通过导叶头部时的水力冲击将叠加起来，引起振动。如果这个振动频率与泵本身或管路的固有频率接近，将产生共振。

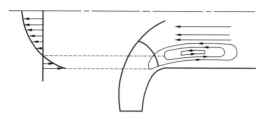

图 5-44 反向流示意

（2）反向流。当泵的流量减小达到某一临界值时，其叶轮入口处将出现反向流，形成局部涡流区和负压，并随叶轮一起旋转，如图 5-44 所示。在进口直径较大的叶轮中，小流量的反向流工况下运行时会发生低频的压力脉动，即压力忽高忽低，流量时大时小，使泵运行不稳定，导致压力管道的振动，严重时甚至损坏设备和管路系统。

（3）汽蚀（前面已介绍）。当泵叶轮入口液体的压强低于相应液温的汽化压强时，泵会发生汽蚀。一旦汽蚀发生，泵就会产生剧烈的振动，并伴有噪声。

（4）旋转失速（前面已介绍）。当泵与风机在非设计工况下运行时，由于入流（冲）角超过临界值，使叶片后部流体依次出现边界层分离，产生失速现象，导致相应叶片前后流体压力变化而引起的振动。

（5）不稳定运行工况（包括泵或风机单独和并联运行，前面已介绍）。由于泵与风机的流量发生突跃改变或周期性反复波动而造成的水击现象和喘振，导致泵与风机及系统出现强烈的振动。

另外，双吸式风机两侧进风量不一致也会引起振动。

2. 机械原因引起的振动

（1）转子质量不平衡引起的振动。在现场发生的泵或风机的振动原因中，属于转子质量不平衡的振动占多数，其特征是振幅不随机组负荷大小及吸水压头的高低而变化，而是与该泵或风机转速高低有关。造成转子质量不平衡的原因很多，例如运行中叶轮叶片的局部腐蚀或磨损，叶片表面有不均匀积灰或附着物（如铁锈），翼型风机叶片局部磨穿进入飞灰；轴与密封圈发生强烈的摩擦，产生局部高温使轴弯曲致使重心偏移，叶轮上的平衡块质量与位置不对，或检修后未找转子动、静平衡等，均会产生剧烈振动。为保证转子质量平衡，对高转速泵或风机必须分别进行静、动平衡试验。

（2）转子中心不正引起的振动。如果泵或风机与原动机联轴器不同心，接合面不平行度达不到安装要求（机械加工：精度差或安装不合要求），就会使联轴器间隙随轴旋转而忽大忽小，因而发生和质量不平衡一样的周期性强迫振动。造成转子中心不正的主要原因是：①泵或风机安装或检修后找中心不正；②暖泵不充分造成温差使泵体变形，从而使中心不正；③设计或布置管路不合理，其管路本身重量使轴心错位；④轴承架刚性不好或轴承磨损等；⑤联轴器的螺栓配合状态不良或齿形联轴器的齿轮啮合状态不佳等。

（3）转子的临界转速引起的振动。当转子的转速逐渐增加并接近泵或风机转子的固有频率时，泵或风机就会猛烈地振动起来，转速低于或高于这一转速时，就能平稳地工作，通常把泵或风机发生猛烈振动时的转速称为临界转速 n_c。泵或风机的工作转速不能与临界转速相重合、相接近或成倍数，否则将发生共振现象而使泵或风机遭到破坏。

泵或风机的工作转速低于第一临界转速的轴称为刚性轴，高于第一临界转速的轴称为柔性轴。泵与风机的轴多采用刚性轴，以扩大调速范围；随着泵的尺寸的增加或为多级泵时，泵的工作转速则经常高于第一临界转速，一般采用柔性轴。

（4）油膜振荡引起的振动。滑动轴承里的润滑油膜在一定的条件下也能迫使转轴做自激振动，称为油膜振荡。柔性转子在运行时有可能产生油膜振荡，消除方法是使泵轴的临界转速大于工作转速的一半，现场中常常是改轴瓦，如选择适当的轴承长径比，合理的油楔和油膜刚度，及降低润滑油黏度等。

（5）平衡盘设计不良引起的振动。多级离心泵的平衡盘设计不良也会引起泵组的振动。例如平衡盘本身的稳定性差，当工况变动后，平衡盘失去稳定，将产生较大的左右窜动，造成泵轴有规则的振动，同时动盘与静盘产生碰磨。

（6）联轴器螺栓节距精度不高或螺栓松动引起的振动。在这种情况下，只由部分螺栓承担传递的扭矩。这样就使本来不该产生的不平衡力加在泵轴上，引起振动，其振幅随负荷的增加而变大。

（7）动、静部件之间的摩擦引起的振动。若由热应力而造成泵体变形过大或泵轴弯曲，或其他原因使转动部分与静止部分接触发生摩擦，则摩擦力作用方向与旋转方向相反，对转轴有阻碍作用，有时使轴剧烈偏转而产生振动。这种振动是自激振动，与转速无关，其频率等于转子的临界速度。

（8）基础不良或地脚螺钉松动引起的振动。基础下沉，基础或机座（泵座）的刚度不够或安装不牢固等均会引起振动。例如，泵或风机基础混凝土底座打得不够坚实，泵或风机地脚螺钉安装不牢固，则其基础的固有频率与某些不平衡激振力频率相重合时，就有可能产生共振。遇到这种情况就应当加固基础，紧固地脚螺钉。

（9）原动机不平衡引起的振动。驱动泵与风机的原动机由于本身的特点，也会产生振动。如泵由小汽轮机驱动，其作为流体动力机械本身也有各种振动问题，形成轴系振动。此外，原动机为电动机时，电动机也会因磁场不平衡、电源电压不稳、转子和定子的偏心等引起的振动。

此外，转动部分零件松动或破损，轴承或轴颈磨损，轴瓦与轴承箱之间紧力不合适，滚动固定圈松动，管道支架不牢固，机壳刚度不够而产生晃动，轴流式动叶片位置不对，二级轴流式风机两级叶片调节不同步，因挡板误动或其他原因致使气道不畅通，风道损坏或风机内有杂物落下等，均会引起泵或风机运行时的振动。

泵或风机运行中出现振动现象，应及时查明原因，采取相应措施加以消除。

（二）泵与风机的故障、原因及处理

泵与风机在运行中出现的故障，主要包括性能故障、机械及电气和热工故障两大类。各种故障产生的原因较多，因此运行人员必须学会对这两类中的各种故障现象进行综合分析、判断和处理。表5-7～表5-10列出了叶片式泵与风机运行中常见的性能、机械方面的故障现象、故障原因及消除方法，以便分析比较。

造成电气故障和热工故障的因素较多，其事发比较突然，特别是给水泵，由于保护装置较多，问题更复杂。因此运行人员必须了解相关的厂用电气接线方式、电动机及其断路器和保护装置、泵与风机的有关连锁和保护装置，作为正确判断故障的依据。对于泵与风机的各种保护装置所发出的报警信号，一定要对照现场设备的就地仪表和设备实际运行状况进行正确判断，识别电气、热工保护装置的误发误报警，连锁装置的误动、拒动，正确处理并避免扩大事故。

表 5-7　　　　　　　　　　　　　　　　泵的吸水、性能故障及消除方法

故 障 现 象	故 障 原 因	消 除 方 法
泵不吸水,压力表及真空表的指针剧烈摆动	1. 启动前或抽真空不足,泵内有空气 2. 吸水管及真空表管、轴封处漏气 3. 吸水池液面降低,吸水口吸入空气 4. 叶轮反转或装反 5. 泵出口阀体脱落	1. 停机,重新灌水或抽真空 2. 查漏并消除缺陷 3. 降低吸入高度,保持吸入口浸没水中 4. 改变电机接线或重装叶轮 5. 检修或更换出口阀门
泵不出水,真空表数值高	1. 滤网、底阀或叶轮塞 2. 底阀卡涩或漏水 3. 吸水高度过高,泵内蚀 4. 吸水管阻力太大 5. 轴流式,动叶片固定失灵、松动	1. 清洗滤网,清除杂物 2. 检修或更换底阀 3. 降低吸水高度,开大进口阀或投入再循环 4. 清洗或改造吸水管 5. 检修动叶片固定机构,调整叶片安装角
运行中电流过大(功率消耗太多)	1. 泵体内动静部分摩擦 2. 泵内堵塞 3. 轴承磨损或润滑不良 4. 流量过大 5. 轴封填料压得太紧或冷却水量不足 6. 电压过高或转速偏高 7. 轴弯曲或转子卡涩 8. 联轴器安装不正确	1. 停机检、修各部分动静间隙及磨损状况 2. 拆卸清洗 3. 修复或更换润滑油 4. 关小出口阀 5. 拧松填料压盖或开大轴封冷却水 6. 降低转速 7. 校轴并修理或检查转子消除卡涩 8. 重新安装找正
压力表有指示,但压水管不出水	1. 输水管道阻力太大 2. 水泵反转或叶轮装反 3. 叶轮堵塞	1. 清洗或改造管道,减小管道阻力 2. 调整电机接线相位或重新拆装叶轮 3. 清洗叶轮
流量不足	1. 吸水头滤网淤塞或叶轮堵塞 2. 泵内密封环磨损,泄漏太大 3. 转速低于额定值 4. 阀门或动叶开度不够 5. 动叶片损坏 6. 吸水管浸没深度不够 7. 底阀或止回阀卡涩或规格过小 8. 泵内发生汽蚀	1. 清洗滤网或叶轮 2. 更换密封环 3. 清除电动机故障 4. 开大阀门或动叶 5. 更换动叶片 6. 降低吸水高度 7. 检修或更换底阀或止回阀 8. 检查吸入池液位及吸入管道有无阻塞
运行中扬程降低	1. 泵内密封环磨损 2. 压水管损坏 3. 叶轮或动叶片损坏 4. 转速降低	1. 检修或密封环 2. 检修压水管道 3. 检修更换叶轮和动叶片 4. 检查电源电压和频率是否降低

表 5-8　　　　　　　　　　　　　　　　泵的机械故障及消除方法

故 障 现 象	故 障 原 因	消 除 方 法
轴承过热	1. 轴承安装不正确或间隙不适当 2. 轴承磨损或松动;轴弯曲 3. 轴承润滑不良(油质变坏或油量不足) 4. 带油环带油不良 5. 润滑油系统循环不良 6. 轴承或油系统冷却器冷却水断水 7. 泵、耦合器和电动机轴不对中或不平行	1. 重新安装轴承,调整轴承配合及间隙 2. 检修或更换轴承;直轴或换轴 3. 清洗轴承,更换润滑油 4. 检查油位及油环,加、放油或更换油环 5. 检查油系统是否严密,油温、油压、油质及油泵、管道是否正常 6. 检查冷却水道、冷却水泵及水道阀门,疏通冷却水道 7. 检查连接轴,使之对中

续表

故 障 现 象	故 障 原 因	消 除 方 法
泵不能启动或启动负荷太大	1. 轴封填料压得过紧 2. 未通入轴封冷却水 3. 离心泵开阀、轴流泵关阀启动	1. 调整填料压盖紧力 2. 开通轴封冷却水或检查水封管 3. 关闭或开启出口阀
振动	参见前面振动分析	
异声	1. 轴承磨损 2. 转动部件松动 3. 动静部件摩擦	1. 检修或更换轴承 2. 紧固松动部件 3. 检查原因或调整动静部件间隙
填料箱过热或填料冒烟	1. 填料压得过紧或位置不正 2. 密封冷却水中断 3. 水封环位置偏移 4. 填料套与轴不同心 5. 轴弯曲 6. 轴或轴套表面损伤	1. 调整填料压盖，以滴水为宜 2. 检查有无堵塞或冷却水阀是否开启 3. 重新装配，使环孔对正密封水管口 4. 重新安装 5. 校轴或更换泵轴 6. 修复轴表面，更换轴套
轴封漏水过大	1. 填料磨损 2. 压盖紧力不足 3. 填料选择或安装不当 4. 冷却水质不良导致轴颈磨损	1. 更换填料 2. 拧紧填料压盖或加一层填料 3. 选用适当填料，并正确安装 4. 修理轴颈，采用洁净的冷却水

表 5-9   **风机的性能故障及消除方法**

故 障 现 象	故 障 原 因	消 除 方 法
压力偏高，风量减小	1. 气体温度降低、含尘量增加，密度增大 2. 风道或风门堵塞 3. 风道破裂、法兰泄漏 4. 叶轮磨损严重或入口间隙过大	1. 测量气体密度，消除密度增大的原因 2. 清扫风道，开大进风调节 3. 焊补裂口，更换法兰垫 4. 更换叶片或叶轮、重装导向器
压力偏低，风量增大	1. 输气温度增高，气体密度减小 2. 进风道破裂或法兰泄漏	1. 测量气体密度，消除密度增大的原因 2. 焊补裂口，更换法兰垫

表 5-10   **风机的机械故障及消除方法**

故 障 现 象	故 障 原 因	消 除 方 法
振动	参见前面振动分析	
轴承过热	1. 轴与轴承安装位置不正，主轴连接不同心，导致轴瓦磨损 2. 轴瓦研刮不良 3. 轴瓦裂纹、破损、剥落、磨纹、脱壳等 4. 乌金成分不合理，或浇铸质量差 5. 轴承与轴承箱之间紧力不当，导致轴与轴瓦间隙不当 6. 滚动轴承损坏 7. 油号不适或变质，油中含水量增大 8. 油箱油位不正常或油管路阻塞 9. 冷却器工作不正常或未投入 10. 风机振动	1. 重新浇铸或补瓦，装配找正中心 2. 重新浇铸，研刮轴瓦 3. 重新浇铸、焊补或研刮 4. 重新配制合金浇铸 5. 调整轴承与轴承箱孔间的或轴承箱与机座之间的垫片 6. 修理或更换滚动轴承 7. 更换润滑油，或消除漏水缺陷，换油 8. 向油箱加油或疏通油道 9. 开启冷却器 10. 查出振动原因，消除振动

续表

故 障 现 象	故 障 原 因	消 除 方 法
电动机电流过大和温升过高	1. 启动时进气管道挡板或调节门未关 2. 烟风系统漏风严重，流量超过规定值 3. 输送的气体密度过大，全压增大 4. 电动机本身的原因 5. 电机输入电压过低或电源单向断电 6. 联轴器连接不正或间隙不均匀 7. 由于轴承座剧烈振动	1. 启动时关闭挡板或调节门 2. 加强堵漏，关小挡板开度 3. 查明原因，提高气温或减小流量 4. 查明原因 5. 检查电源是否正常 6. 重新找正 7. 消除振动
风机出力不能调节	1. 控制油压太低（滤油器堵塞） 2. 液压缸漏油 3. 调节杆连接损坏 4. 电动执行机构损坏 5. 叶片调节卡住	1. 疏通滤油器 2. 检查旋转密封 3. 及时检修或更换连接杆 4. 更换电动执行器 5. 查明原因，清除卡涩物

思 考 题

5-1　管路特性曲线与泵或风机 $H(p)$-q_V 性能曲线的物理含义有何区别？它们是如何绘制的？

5-2　何谓泵或风机的工作点？它与泵或风机的工况点之间有何区别和联系？

5-3　为什么不用数学方法而是用作图法确定工作点？

5-4　为什么管路特性曲线与泵或风机 $H(p)$-q_V 性能曲线的交点是工作点？

5-5　泵与风机串联工作的目的是什么？串联后的输出流量、扬程（全压）如何变化？

5-6　泵与风机并联工作的目的是什么？并联后的输出流量、扬程（全压）如何变化？

5-7　影响串、并联运行效果的因素有哪些？

5-8　泵与风机串联、并联运行的性能特点是什么？如何绘制联合运行的合成性能曲线？

5-9　泵与风机串联、并联运行时，如何确定每台泵或风机的运行工况？

5-10　不同性能的泵或风机联合运行时，如何划定安全工作区域？

5-11　何谓泵与风机的调节？调节的途径有几条？

5-12　叶片式泵与风机有哪些调节方式？试说明常用调节方式的调节原理、优缺点及其在电厂中应用。

5-13　为什么高比转数的轴流式泵与风机不宜采用节流调节方式？

5-14　何谓泵与风机的综合性能曲线？

5-15　离心风机入口导流器调节与轴流风机动叶调节比较，哪种调节效率高？为什么？

5-16　简述轴流式泵与风机采用动叶调节的原理及其优缺点。

5-17　为什么说单凭泵与风机的最高效率值来衡量其运行经济性高低是不恰当的？

5-18　两台性能相同的泵并联运行，其中一台泵进行变速调节，试分析变速泵与定速泵的流量和功率值如何变化。

5-19　转速改变时，相似工况点如何变化？工作点如何变化？

5-20　变速调节有哪些变速方式？火力发电厂中采用了哪几种？

5-21　调速型液力耦合器的工作原理、调速原理和特点各是什么？

5-22　何谓泵与风机的不稳定运行工况？叶片式泵与风机有哪几种不稳定运行工况？

5-23　不稳定运行工况有什么危害？如何防止？

5-24　何谓喘振？何谓旋转失速？它们发生的条件是什么？两者的区别和联系是什么？

5-25　什么是"抢风"现象？发生的条件是什么？如何防止和消除？

5-26　为什么要求离心式泵与风机空负荷（关阀）启动？而轴流式要带负荷启动？

5-27　试叙述叶片式泵与风机启动的基本程序。

5-28　给水泵启动时为何要暖泵？如何暖泵？

5-29　导致泵与风机运行时异常振动的原因有哪些？

5-30　泵与风机运行中的故障有哪几类？

习　　　题

5-1　14NL-14 型立式凝结水泵在转速 $n＝1490 r/min$ 时的性能曲线如图 5-45 所示。若凝汽器内压强 $p_1＝3500Pa$，除氧器内压强 $p_2＝600kPa$。凝汽器热水井水面至凝结水管路出口位置高差 $H_z＝14m$。管路系统的总阻力系数 $\zeta_0＝516$，且管路直径 $d＝350mm$。（1）试问凝结水泵此时的流量、扬程、效率及轴功率各是多少？（2）若该泵的转速降低到 $n_1＝1340 r/min$ 时，管路中的流量减少了百分之几？已知凝结水的温度为 26℃。

5-2　为满足管路系统能量的需求，将Ⅰ与Ⅱ两台性能不同的泵串联于管路系统中运行。Ⅰ、Ⅱ两台泵的性能曲线和其工作管路的特性曲线如图 5-46 所示，问串联后总扬程、总流量各为多少？此时各泵的扬程和流量与每台泵在同一系统中单独运行时相比，有何变化？

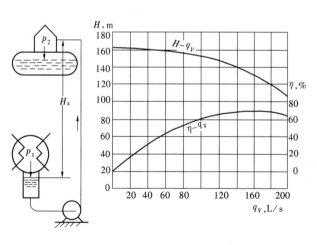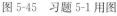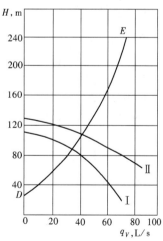

图 5-45　习题 5-1 用图　　　　　　　　图 5-46　习题 5-2 用图

5-3　某离心风机的性能曲线如图 5-47 所示，其工作管路系统的特性方程为 $p_c＝24q_V^2$（q_V 单位为 m^3/s）。（1）试问此时风机的轴功率是多少？（2）为提高风机输出的全压，将两台性能相同的风机串联运行，求出串联运行时风压提高的百分数。（3）串联后每台风机的轴功率是多少？

5-4　如图5-48所示，在管路特性方程为$H_c = 20 + 20\,000\,q_V^2$（$m^3/s$）的管路系统中工作，其流量为多少？如果并联一台同性能泵联合运行，总流量又是多少？增加了百分之几？并联后每台泵的轴功率为多少？

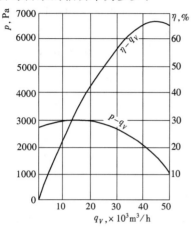

图 5-47　习题 5-3 用图

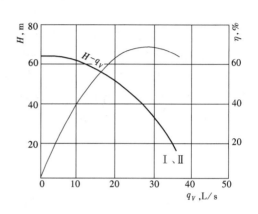

图 5-48　习题 5-4 用图

5-5　为了增加对管路的送风量，将 No.2 风机和 No.1 风机并联运行，管路特性方程为$p_c = 52\,q_V^2$（m^3/s）。No.2 风机和 No.1 风机的性能曲线绘于图5-49 中，问并联运行后管路中的风量与 No.1 风机单独运行比较，增加了多少？

5-6　$n_1 = 950 r/min$ 时，水泵的性能曲线绘于图5-50 中，其工作管路的特性方程为$H_c = 10 + 17\,500\,q_V^2$（$m^3/s$）。试问当水泵转速减少到 $n_2 = 750 r/min$ 时，管路中的流量减少了百分之几？

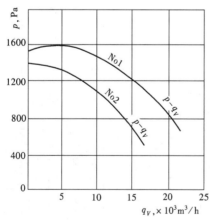

图 5-49　习题 5-5 用图

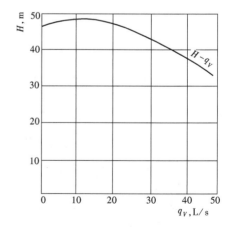

图 5-50　习题 5-6 用图

5-7　在转速 $n_1 = 2900 r/min$ 时，IS125-100-135 型离心泵的 $H\text{-}q_V$ 性能曲线如图5-51 所示。工作管路的特性方程为 $H_c = 60 + 9000\,q_V^2$（m^3/s）。若采用节流和变速两种调节方式使泵的流量 $q_V = 200 m^3/h$，问各自的轴功率是多少？并求出变速调节后的转速 n_2。

5-8　某电厂锅炉送风机在 $n_1 = 960 r/min$ 时的性能曲线如图5-52 所示。欲使风机的风量

从 $q_{V1}=120\ 000\text{m}^3/\text{h}$ 降为 $q_{V2}=80\ 000\text{m}^3/\text{h}$ 时，试计算采用节流和变速两种方式所消耗的轴功率各是多少，并求出变速调节后的转速 n_2。

5-9　DG500-200 型锅炉给水泵在 $n=2970\text{r/min}$ 时的性能曲线如图 5-53 所示。已知给水管路系统的特性方程为 $H_c=1700+19\ 400\ q_V^2\ (\text{m}^3/\text{s})$，给水泵年运行时间为 8000h。若将

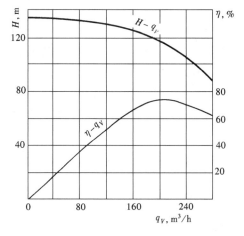

图 5-51　习题 5-7 用图

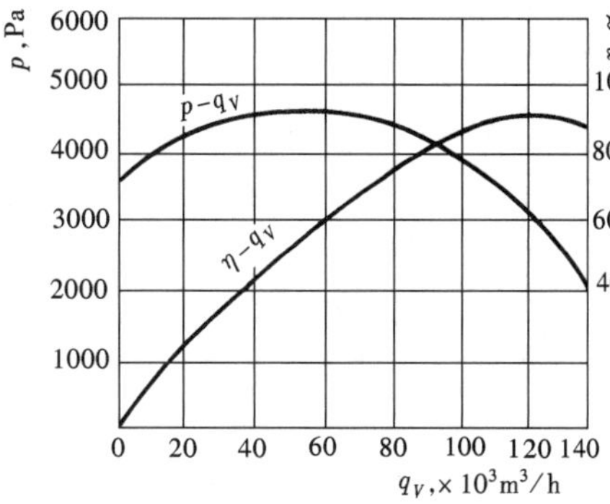

图 5-52　习题 5-8 用图

给水量调节到 100L/s 时，试问全年采用变速调节比节流调节省多少电能（设给水密度为 $\rho=705\text{kg/m}^3$）。

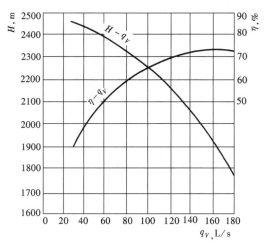

图 5-53　习题 5-9 用图

第六章 泵与风机的选型与节能

【导读】 在家庭装修时,选择灯具往往会考虑照明的需求和灯光的舒适性。同样,工厂在设计时,设计人员也会考虑所选的泵与风机是否能满足系统运行的性能要求。在满足照明条件的情况下,我们往往会选择更加节能灯具。同样工厂也会在性能满足要求的前提下选择节能型的泵与风机。

本章定性介绍了泵与风机选型步骤和方法及泵与风机节能的主要途径,是泵与风机选型及节能方面的引导性知识。泵与风机的转速不变时,定量改变叶轮外径可以改变其性能,是泵与风机在选型不当、型号无法适应管路系统需求或管路系统发生改变等情况下进行改造的常用方法。

第一节 泵与风机的选型

选型即用户根据使用要求,在泵与风机的已有系列产品中选择一种合适的泵与风机。选型的主要内容包括两部分:①选定泵与风机的种类(即形式);②决定它们的大小(即规格)。此外还需确定其台数、转速以及与之配套的原动机等。

一、选型的基本原则

选型的基本原则有以下几条:

(1)在选择泵与风机之前,应该广泛地了解国内(必要时包括国外)泵与风机的生产和产品质量情况,如泵与风机的品种、规格、质量、性能的总体评价等,以便做出选择的初步方案。

(2)选择的泵与风机必须满足运行中需要的最大负载,其正常工作点应尽可能靠近设计工况点,使泵与风机能长期在高效区运行。

(3)如果有两种及以上的泵与风机可供选择时,在综合考虑各种因素的基础上,应优先选择效率较高、结构简单、体积小、重量轻、设备投资少(即高转速的泵与风机)、调节范围比较大的一种。

(4)运行时安全可靠。选择的泵与风机性能曲线形状合适,保证在工作区不发生汽蚀、喘振等不稳定现象。

(5)在选择泵与风机时应尽量避免采用泵或风机的串联或并联工作。当不可避免时,应尽量选择同型号、同性能的泵或风机进行联合工作。

(6)风机噪声要低。

(7)对于有特殊要求的泵或风机,除上述要求外,还应尽可能满足其他的要求,如安装位置受限时应考虑体积要小,进出口管路能配合等。

二、选型条件

1. 输送流体的物理化学性能

输送流体的物理化学性能直接影响泵的性能、材料和结构,是选型时需要考虑的重要因素。流体的物理化学性能包括:流体名称、流体特性(如腐蚀性、磨蚀性、毒性等)、固体颗粒含量及颗粒大小、密度、黏度、汽化压强等。

2. 选型参数

选型参数是泵与风机选型的最重要依据。

（1）确定管路系统需要泵或风机提供的实际运行参数（流量、扬程或全压等）。针对选型需要，搜集原始资料，进行现场实际考察，计算运行参数，必要时对运行系统设备进行实际参数测量，获得选型所需要的各种基础数据作为选型的原始依据。

（2）根据泵或风机运行的最大流量与压头，合理确定流量及扬程的裕量。裕量取得过小满足不了工作需要，裕量取得过大会使工作点偏离高效率区，一般流量裕量为（5%～10%）$q_{V\max}$，比转数大则流量裕量取小值；扬程（全压）裕量为（10%～15%）$H_{\max}$，比转数大则流量裕量取大值。

（3）进口压强 p_1 和出口压强 p_2。进、出口压强指泵与风机进、出接管法兰处流体的压强，进、出口压强的大小影响到壳体的耐压和轴封的要求。

（4）被输送流体的温度 t，即工作过程中泵与风机进口处流体的正常、最低和最高温度。

（5）被输送流体的密度 ρ 及当地大气压强 p_a。

（6）装置汽蚀余量。

3. 现场条件

现场条件包括泵或风机的安装位置、环境温度、相对湿度、大气腐蚀状况及危险区域的划分等级等。

三、选择类型

泵与风机的类型应根据装置的工作参数、输送介质的物理和化学性质、工作周期、调节方式及其结构特性等因素合理选择。一般可以先由泵与风机的使用范围（见图6-1和图6-2）大致决定选用泵与风机的类型，然后选出同时能满足要求的几种形式进行全面的技术经济比较，最后确定一种类型。叶片式泵与风机具有结构简单，输出流量、压头无脉动，运行工况调节简单等优点，因此应优先选用。

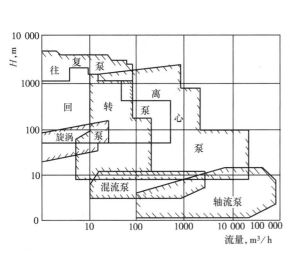

图 6-1　各种泵的使用范围

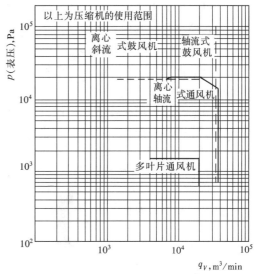

图 6-2　各种风机的使用范围

四、确定型号（规格）

（一）叶片式泵的选型方法

泵的实际选型方法有两种。

1. 利用"水泵性能表"确定型号

根据初步确定的泵的形式，采用最新版的《水泵产品目录》查出已确定泵型的水泵性能表，找到与所需要的流量和扬程相一致或接近的一种或几种型号的泵。若有两种以上都能基本满足要求，再对其进行比较，选定一种。如果在这种类型的泵系列中找不到合适的型号，则可换一种水泵系列或暂选一种型号接近要求的水泵，通过改变外径或改变转速等措施，使之满足工作参数要求。

选定泵的型号后，进一步核查泵在系统中的运行情况，看其在流量、扬程变化过程中工作点是否都在高效区内。若不满足要求，需另行选择。

2. 利用"泵系列型谱图"确定型号

泵系列型谱图是将同一类型不同规格型号的所有泵合理的工作范围（四边形）表示在同一坐标图上，如图 6-3 和图 6-4 所示。图 6-3 所示的"四边形"是以叶轮切割与不切割的 H-q_V 曲线和与设计点效率相差不大于 8% 的等效率曲线所组成的，即泵在"四边形"范围内工作时，效率不低于最高效率的 92%。利用泵系列型谱图选择泵的具体步骤如下所述：

（1）选定泵的转速 n，根据选型参数计算出泵的比转数 n_s。

（2）根据 n_s 的大小，初步确定泵的形式（包括泵的级数和台数）。在决定泵的选型时，应考虑泵的工作特点，性能要求及工作方式等。

（3）由所选定的形式在该形式的"泵系列型谱图"上选取最合适的型号，并查出泵的功率、效率、转速及工作范围。

（4）从"水泵样本"中查出所选型号泵的性能曲线，再根据泵在系统中的运行方式绘出运行方式的性能曲线（见第五章第二节）。

（5）根据管路水力设计计算，绘出管路特性曲线，确定泵的工作点及工作范围。如果效率（工作点在四边形内）满足要求，则选型工作完成。如果额定运行工况点不落在四边形内，则可采用调整管路设计来达到选型要求。经调整仍不能达到选型要求时，可重复上述步骤另选其他型号或其他形式的泵，直到满意为止。

（二）叶片式风机的选型方法

风机的选型方法有三种。无论哪种方法，首先须将风机的实际工作参数换算为风机设计规范中的标准工作参数。

一般通（送）风机按下式换算：

全压 $$p_{20} = \frac{p \times 101\,325}{p_{amb}} \times \frac{273+t}{293} \tag{6-1}$$

轴功率 $$P_{20} = \frac{P \times 101\,325}{p_{amb}} \times \frac{273+t}{293} \tag{6-2}$$

引风机按下式换算

全压 $$p_{165} = \frac{p \times 101\,325}{p_{amb}} \times \frac{273+t}{438} \tag{6-3}$$

轴功率 $$P_{165} = \frac{P \times 101\,325}{p_{amb}} \times \frac{273+t}{438} \tag{6-4}$$

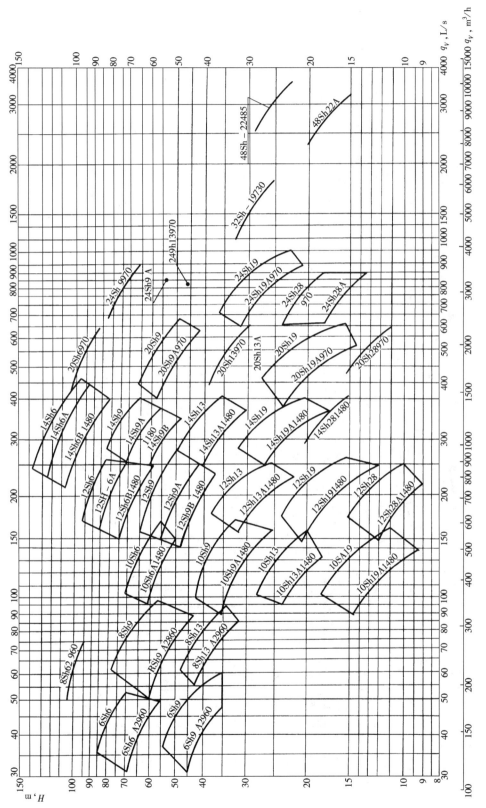

图 6-3　Sh 型泵系列型谱

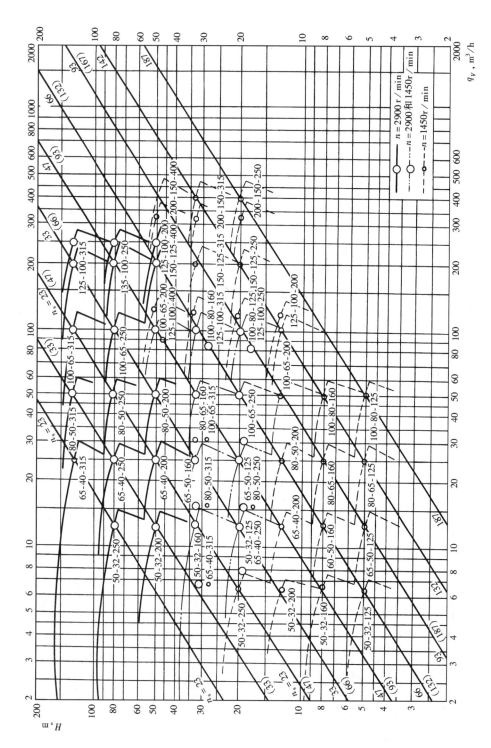

图 6-4　IS 型单级单吸离心泵系列型谱

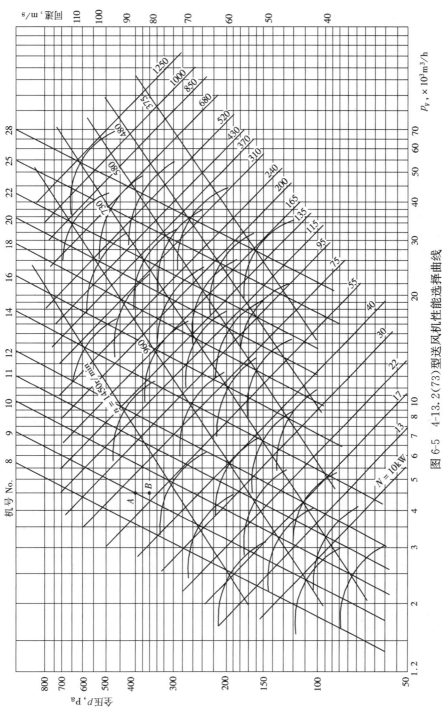

图 6-5　4-13.2(73)型送风机性能选择曲线

（进口温度 20℃，进口压强 101 325Pa，介质密度 1.2kg/m³；轴向导流器，导叶片全开）

1. 利用"风机性能表"确定型号

此方法与利用泵性能表选择泵类似，不再重复。

2. 利用"风机性能选择曲线"确定型号

风机性能选择曲线是把同一形式不同规格风机的全压、轴功率、转速与流量的关系表示在同一张对数坐标图上所构成的曲线。图 6-5 所示为 4-13.2(73) 型风机性能选择曲线，图中等值线 D_2 和等值线 n 通过性能曲线上效率的最高点。性能选择曲线的曲线长度表示为 92% 最佳工况点效率以上的工作范围，具体选择步骤如下：

（1）根据风机在装置管道系统中的工作方式，考虑到联合工作对流量或风压的影响，正确确定单台风机的工作参数。

（2）按合理的裕量确定风机选型的流量 q_V 和全压 p，并换算成标准状态下的选型参数。

（3）按选型参数求出风机比转数 n_y，确定风机性能选择曲线系列。

（4）根据选型参数查找选择曲线确定型号。首先在选择曲线的纵横坐标上找到选型的流量 q_V 与全压 p，分别以 q_V 和 p 作垂直线找到两条垂线的交点，如图 6-6 所示。往往交点不会刚好落在选择曲线上，如图中点 1。这时应保持风量不变的条件下垂直向上找，找到最接近的一条选择曲线。如果最接近的曲线有两条，如图中点 2 和点 3，最好确定转速高，叶轮直径小的那条性能曲线，并沿着这条曲线的最高效率点查出所选风机的机号、转速。由于性能曲线上每一点的功率都不一样，只能按插入法查出所选曲线上最高效率点处的功率。

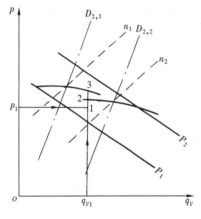

图 6-6　风机选择曲线的使用曲线

（5）对所选型号的风机进行技术经济综合比较，最后选定一种。

3. 利用无因次性能曲线确定型号

无因次性能曲线为几何相似的同类风机的公共性能曲线，可适应不同的叶轮外径和转速，还可实现不同类型风机的性能比较。因此，利用无因次性能曲线既可确定型号，又能选择形式。其选型方法如下所述。

（1）根据所需风机的要求和工作特点，选择与 n_y 相近的几种风机形式，分别查出最高效率点的无因次系数 $\overline{q_V}$、$\overline{p}$、$\overline{P}$、$\overline{\eta}$。将几种形式的参数进行列表计算，便于比较选择。

（2）根据无因次系数 $\overline{q_V}$、$\overline{p}$ 两个定义式联立，消除 u_2 计算叶轮外径 D_2，计算式为

$$D_2 = \sqrt[4]{\frac{16q_V^2\,\overline{p}\rho}{\pi^2 p\,\overline{q_V^2}}} \tag{6-5}$$

式中　D_2——风机叶轮的计算外径，m；

　q_V、p、ρ——风机选型的流量、全压、气体密度；

　$\overline{q_V}$、$\overline{p}$——选型风机最高效率点的流量系数和全压系数。

（3）用计算的 D_2 从所选形式风机生产的机号中选取接近的叶轮外径 D_2'，由 D_2' 按下式求出选型风机的转速 n，即

$$n = \frac{60}{\pi D_2'} \sqrt{\frac{p}{\rho \bar{p}}} \qquad (6\text{-}6)$$

(4) 根据选型确定的 q_V、p、D_2' 及 n，再由 $\bar{q}_V$、$\bar{p}$ 两个定义式校核计算 $\bar{q}_V$ 和 $\bar{p}$。

(5) 由 $\bar{q}_V$ 与 $\bar{p}$ 返查所选类型的无因次性能曲线，如果由 $\bar{q}_V$ 和 $\bar{p}$ 所决定的点紧靠 $\bar{q}_V$-$\bar{p}$ 曲线下方，而且 η 值不低于最高效率的 92%，即认为合适，否则应加大 D_2' 或转速 n 进行重选，直到满意为止。

(6) 根据最后确定的 $\bar{q}_V$ 和 $\bar{p}$ 在 $\bar{q}_V$-$\bar{p}$ 无因次性能曲线上查得风机的效率 η，计算风机的轴功率和原动机功率。

(7) 将所选各类型风机的结果进行比较，选出最合适的风机型号。

随着泵与风机技术的发展和计算机数据库技术的广泛应用，计算机辅助选型已成为发展趋势，目前已有泵与风机辅助选型软件系统。风机选型软件与 CAD/CAM 一起，逐渐成为风机选型的主要手段，这样可以大大提高泵与风机选型的自动化程度、科学准确性和选型速度。但这种选型方法还存在着一些问题，有待进一步完善。

第二节　泵与风机的节能概述

节约能源是我国现代化建设的一项基本国策，也是我国今后长期的战略任务。我国电力工业所消耗的一次能源占有很大的比例。因此，节约电能在整个节能工作中具有非常重要的意义。

泵与风机是耗电量较大的通用设备，它们被广泛地应用于国民经济的各部门及各种生活设施方面。它们的数量众多、分布面极广、耗电量总和巨大，泵与风机的总耗电量为总发电量的 1/3 以上。目前，我国使用的泵与风机的效率比 20 世纪有一定的提高，但多数比工业先进国家的同类产品的效率要低；而生产实际中泵与风机的运行效率与工业先进国家相比，差距更大。上述情况表明：开展泵与风机的节能（节电）、降耗工作，是非常必要的。

火力发电厂是耗电大户，据统计，全国燃煤电厂的平均厂用电率为 6% 左右，核电厂比火电略低，垃圾焚烧电厂厂用电率高达 19.8%。其中泵与风机的耗电量占厂用电的 75% 左右。所以在火力发电厂中，大力开展泵与风机的节电，是节约厂用电、降低发电煤耗与成本、提高全厂总效率的主要途径。目前，我国火力发电厂的一些中小型机组的泵与风机，还普遍存在着效率低、设计参数与主机的需要不匹配、调节效率低等问题，也就是说，还有较大的节电潜力可挖。对那些设备先进些的大型机组的泵与风机，尽管已有了较高的运行经济性，但随着电力事业的迅速发展、机组容量的不断增大、电网调峰任务的加大，以及新型高效调速方式的出现和不断完善，又对这些泵与风机的调节技术进步和节电、降耗工作起了积极促进作用。所以，它们同样具有节电的潜力。为此，火力发电厂运行、管理人员了解泵与风机的节能是十分必要的。

泵与风机的节能是一个综合性经济问题。它受到设计、制造、管路系统的设计和现状、选型、选配原动机、选用运行方式与调节方式、安装、检修、运行管理及投资与维护成本等多种条件和因素的影响。下面从使用方面简要介绍泵与风机节能的主要途径。

一、运行的安全可靠性

对于火力发电厂的电力生产过程，泵与风机运行的安全可靠性是最基本的节能途径。因为泵与风机在运行中出现安全问题，不仅影响电力生产，带来经济损失，还得再度投资进行修复或更换。对于电厂中的主要泵与风机，设计时就采用了适当降低效率来换取可靠性的提高。如锅炉给水泵的密封环和轴向推力平衡装置采用稍大的动静间隙，轴封采用泄漏量较大的迷宫（螺旋）密封等，以提高可靠性。这样虽然本身效率略有降低，但从全局的节能效果看，仍是值得的。就安全可靠性而言，应做到以下几点：①在泵与风机的选型、选配原动机、选用运行与调节方式等方面应综合考虑，把安全可靠性放在首位；②在安装、检修方面必须保证质量；③运行维护和故障处理方面，运行人员应按泵与风机的运行规程进行操作和维护，及时发现运行中的故障，判断故障原因，尽快准确地消除故障，确保系统正常运行。

二、正确合理选型

（1）正确选定泵与风机的工作参数和裕量（前面已经介绍）。选用泵或风机的额定参数既能满足系统所需的最大流量及相应扬程，又要防止容量过大而导致其长期在低效工况区运行。

（2）选用高效节能型产品是泵与风机节能的前提和基本措施。因此，应该广泛地了解国内（必要时包括国外）泵与风机的生产和产品质量情况，如泵与风机的品种、规格、质量、性能的总体评价等，择优选用。

（3）选用合适的原动机型号、功率。首先，根据泵与风机的具体情况确定合理的驱动、调节方式，选用新型高效的原动机。其次，无论原动机采用电动机还是小汽轮机，其本身也存在运行效率高低的问题，一般原动机处于额定功率时效率最高。因此，选配原动机的裕量应尽可能小，保持其经常性负荷在额定功率附近，使机组整体能够高效运行。

三、选择最合适的调节方式

火力发电厂主机机组的负荷是经常变化的，尤其是调峰机组的负荷，因此电厂的一些主要的泵与风机也需要经常进行相应的调节。如果泵与风机调节方式选用不当，将会造成很大的能量损失，成为泵与风机能量浪费的主要根源。因此随着火电机组容量的不断增大和电网调峰任务的增加，对泵与风机选用经济而可靠的流量调节方式就显得更加必要了。

前面已介绍了电厂泵与风机通常采用的工况调节方式。对于具体使用的泵或风机，究竟选择哪种调节方式则不能一概而论，还应作具体分析。例如压差不大、流量改变较小，且不常调节的泵或风机采用节流调节就是一种较好的选择；锅炉离心式送引风机采用双速电动机加入口导流器也是一种合适的选择。一般而言，不同的调节方式各有其适用的特定场合，但选择调节方式总的原则是既要安全可靠，又要调节效率高。

在确保泵与风机及其装置系统能安全可靠地工作，并能满足工作需要的前提下，通过综合经济技术的分析比较，得出泵与风机及其装置系统的初投资、运行耗电费、维护管理费三项之和为最低的方案，一般即认为是最合适的调节方式。应该指出，调节效率最高的调节方式不一定就是最合适的调节方式。这是因为最合适的调节方式既与调节装置的效率有关，又与调节装置的初投资、泵或风机本身的规格与性能、工作对象特性等因素有关。下面介绍与选择调节方式密切相关的一些主要因素。

1. 泵或风机工作流量的变化规律

泵或风机工作流量的调节范围及变化规律［指在某一周期（如一昼夜）内工作流量随时间的变化特点］往往是选择其调节方式的主要依据。通常，工作流量变化范围大，则选用变速调节装置时转速的变化范围也大。在这种情况下，选用变速调节装置就可取得较大的节能效果。另外，根据变速范围的大小，还应选用不同的变速装置。

2. 管路系统装置的静扬程 H_{zp} 的大小

当泵或风机选择变速调节时，装置静扬程 $H_{zp}(p_{zp})$ 在总扬程 H_c 中所占的比例与变速调节的节能效果密切相关。$H_{zp}(p_{zp})$ 值越小，变速调节的节能效果越显著。

当 H_{zp} 可忽略时（例如火电厂微负压锅炉的送、引风机装置系统），管路特性曲线为通过坐标原点的二次抛物线，与相似抛物线重合，各工作点参数之间的对应关系可应用比例定律进行分析。例如，当风机流量减少到额定流量的 60% 时，由 $n_2/n_1 = q_{V2}/q_{V1}$ 知，转速也降低到额定转速的 60%。若不计变速调节装置本身的功率损耗，则此时风机的功率消耗将减小到额定功率的 $0.6^3 = 0.216$ 倍 $[P_2/P_1 = (n_2/n_1)^3]$。

当 H_{zp} 不为零时，此时管路特性曲线是一条不经过原点的较平的二次抛物线，变速前后工作点不在同一相似抛物线上，如图 6-7 中的 M 点与 M_1 点。图中 M 点与 C 点在同一相似抛物线上，为变速前后的等效率工况点。显然，H_{zp} 增大，M_1 与 C 的差距加大，故 H_{zp} 很大时，变速调节的节能效果就不显著了。在这种情况下是否值得采用变速调节方式，值得慎重考虑。

3. 泵与风机容量的大小

泵或风机容量大小也是选择调节方式的一个重要因素。小容量的泵或风机若采用初投资高的高效调节方式，则其每年节约的电费往往比高效调节方式的初投资要少得多，得不偿失。对于大功率的泵与风机，宜采用高效的调速装置，因其耗电电费远大于设备初投资。大功率的泵与风机在选择调节方式时，主要应考虑其调节效率的高低，其次才考虑调节装置的投资。

4. 调速装置系统的功率因数

调速装置功率因数的高低对泵与风机的节能效益有时有很大的影响，功率因数（$\cos\varphi$）越低，视在功率越大，这意味着大量无功功率白白浪费在线路上，使线路损耗增加，电压质量下降。

5. 泵与风机的额定转速值

有一些泵与风机的变速调节装置的工作适应性及装置费用，与泵与风机的额定转速直接有关，因而在选择调速装置时，应考虑到泵与风机的额定转速值的高低。如同属于通过传动装置变速的液力耦合器与电磁滑差离合器，它们的调节

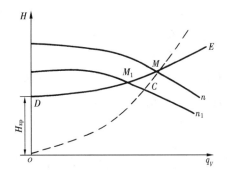

图 6-7 静扬程对变速调节节能效果的影响分析图

效率特性是很相似的，但它们对转速的适应性是不同的。液力耦合器更适宜用于额定转速较高的泵与风机，而电磁滑差离合器却只适用于额定转速较低的泵与风机。

6. 安全可靠性

关于调节设备的安全可靠性，除取决于设备本身的质量外，还取决于使用条件，如使用单位技术、管理、维护水平，环境条件，使用经验。一般来说，采用新的、运行经济性高的调节方式会使整个泵或风机装置系统更复杂，其安全可靠性相对要低一些。所以首先应该选用经大量实践证明运行经济性高和安全可靠的设备。

7. 泵与风机装置系统的服务年限长短

一般而言，泵或风机装置系统的服务年限或寿命越长，选用初投资高，调节效率也高的装置就越有利。因为服务年限长，高效率的调节装置就可以多发挥它的作用，节能节电的数字也越大。因此，从经济上讲，对于泵与风机调节装置的改造项目，由于整个装置系统已工作了一段时间，其寿命比新建项目要短，所以在采用初投资高，调节效率高的调节装置时，应经过慎重考虑和详细论证。

四、改进或改造原有泵与风机

1. 及时淘汰、更换落后的旧型号泵与风机

随着泵与风机制造厂家产品的更新换代，目前电厂（尤其老电厂）中还有些效率低、噪声大、质量差的旧型号泵与风机。此外，还存在泵与风机的选型与管路系统设计不匹配，导致泵与风机长期处于低效率工况下运行的情况。国内近年来生产的新型泵与风机效率和使用寿命较之旧型号大大提高了。因此，更换新型泵与风机的节能效果也是十分可观的。

2. 原有泵与风机及调节装置的改造

对原有设备的节能改进，如果更换新型号设备的经济意义不显著时，可以结合本单位的技术力量，对旧型号泵与风机的通流部分（如叶轮、蜗壳、导叶等部件）进行改造。例如，将电厂中 DG-270-140 型锅炉给水泵的叶轮和导叶的水力设计作了改进和流道做打光，并适当缩小密封环的间隙，减小泄漏量，可使该泵效率由原来的 69% 提高到 75% 以上，同时也提高了泵的出力。

另外，对调节装置的改进。如将离心式送引风机入口简易导流器改为轴向导流器，投资费用很少，但可获得明显的节电效果；循环水泵定速电机改换为双速电机运行，既增加了调节的灵活性，又可获得较显著的节电效果。

3. 高效率泵与风机运行不适的改造

泵与风机在设计工况及附近运行时，具有较高的效率。但由于选型不当、机炉额定出力的变化或管路阻力变化等原因，使泵或风机的容量过大（过小），这样高效泵与风机也难以高效运行。容量过大，将引起调节时的节流损失增大；容量过小，不能满足要求。在实际工作中，常常需要对这类泵或风机进行简单必要的改造，以提高其运行效率。具体改造方法如下所述。

（1）对于流量裕量过大，扬程（全压）裕量合适的离心式泵与风机，可采用减小叶轮宽度的办法减小其额定流量值。

（2）对于流量合适，扬程（全压）裕量过高的多级泵，可拆除一、二级叶轮，以降低扬程（全压）。注意，拆除后要在空段处加装导水管。

（3）对于流量和扬程（全压）裕量均过大（过小）的泵与风机，应视具体情况而定。如果裕量大（小）得较多，可考虑将原动机的转速降低（升高）一至二级。若裕量大（小）得不多，现场最简单有效的方法是：将离心（混流）式泵与风机叶轮的叶片在允许范围内进行切割或加长。切割叶轮的叶片使泵的流量、压头、功率降低；相反，加长叶轮的叶片会使流量、压头、功率增加。

4. 改造不合理的管路系统

泵与风机的运行能否获得最佳经济效益，不仅取决于其本身的良好性能，还与装置系统

的通流特性密切相关。管路系统存在的问题主要有设计不合理和运行后的改变（如结垢、锈蚀、积灰垢堵塞、泄漏等）。管路系统的改造应做到：①尽可能减少管路的沿程和局部阻力损失；②在风机或泵入口附近管道内应尽量设法使气、液流速均匀分布；③管路系统特性应与泵或风机的性能相匹配（工作点位置合适）；④防止管路系统的泄漏。

五、保证泵与风机的安装、检修质量

1. 保证泵或风机动、静部件之间的合理间隙和转子的中心位置

泵与风机动、静间隙应在确保运行安全可靠的条件下，尽量减小，因为其内高压侧流体向低压侧泄漏量随间隙的增大而增加，使泵与风机的容积效率下降。此外，转子的偏心除影响安全运行外，还会造成偏心侧的动静部件摩擦，导致动静间隙迅速增大而降低效率。

2. 提高泵与风机叶片与流道的光滑程度

流体在泵与风机内的流动阻力损失除与流道的形状有关外，还与叶片与流道的粗糙度密切相关。试验表明，铸铁的泵体内壁涂漆后，由于减小了相对粗糙度，从而减少了轮盘摩擦阻力损失等，泵的效率可提高 2%～4%。对泵体内壁过流部分、叶轮盖板和叶轮内部过流部分的粗糙表面用砂轮磨光细致加工后，泵的效率可明显提高（10%左右）。

3. 保持、修复泵与风机流道的型线

泵或风机因流道结垢、积灰或由于磨损、汽蚀等原因，改变了流道原来的型线，或使壁面凸凹不平，都会导致泵或风机的性能变坏，效率下降，故应及时清理或修复。

六、泵与风机的经济运行

在已经建立了泵与风机系统节能的条件下，泵与风机的运行是实现节能的最终环节。经济运行是节能的关键，经济运行的核心是保持所有单独或联合运行泵与风机的经常性负荷在高效工况区内。火力发电厂中为达到泵与风机经济运行的目的，应做到：①加强运行技术管理，保持在役设备的完好率和良好状态；②对泵与风机联合工作系统各种运行方式的组合进行技术经济比较，制订出各种工况下的最佳运行调度方案；因为泵与风机联合工作系统各种运行方式的组合，随外界负荷变化，在相同的外负荷下，投运方式不同，所消耗的能量不一样。

（一）泵的经济运行

火力发电厂的大容量泵主要是锅炉给水泵和循环水泵，这两类泵的经济运行对全厂的节能降耗有显著作用。

1. 给水泵的经济运行

电厂给水系统分为母管制和单元制两种布置方式，大容量单元机组均采用单元制给水系统。如果系统中配置两台 50% 容量的变速给水泵，在机组负荷小于额定值时，应采用改变运行泵台数或同时改变泵转速的方式进行运行工况的调节。

单元制给水系统中给水泵的调节必须注意以下几点：

（1）在满足负荷需求的条件下，运行单台泵比两台泵并联运行经济性好；

（2）采用变速运行比采用定速运行经济性好；

（3）机组滑压运行时，给水泵变速变压运行比变速定压运行经济性好。

例如某火力发电厂一台主蒸汽压力为 16.548MPa 的 321MW 机组，配置两台 50% 容量的调速给水泵，在 50% 负荷（给水流量为 605.76m³/h）时采用各种运行方式时的泵轴功率

试验结果见表 6-1。从表中可以看出，机组在相同负荷下，采用不同的给水泵运行方式，其消耗的功率差别很大。因此单元机组的给水泵在各种负荷工况下，应尽可能采用变速、机组滑压运行并尽可能减少一台泵运行的方案。

表 6-1   给水泵变工况调节数据比较

运行方式	泵转速 （r/min）	扬程 （N·m/N）	泵效率 （%）	总轴功率 （kW）	液力耦合器变速传动损失功率 （kW）	电动机总输出 （kW）
两台泵定速定压运行	3570	2863	65.6	6480	—	6480
单台泵定速定压运行	3570	2363	80.4	4363	—	4363
两台泵变速定压运行	2876	1829	73.8	3679	1028.8	4787.8
单台泵变速定压运行	3187	1829	81.2	3343	517.2	3860.2
两台泵变速滑压运行	2442	1364	80.0	2531	1284	3815
单台泵变速滑压运行	2876	1364	81.0	2497	698.7	3195.7

在母管制给水系统中，每台机组的锅炉均通过高压给水母管供水，由于各台机组的负荷工况不同，给水泵均不可能采用变速及滑压运行，且一般还存在下述问题。

（1）由于机组型号、容量不同，对应配置的给水泵流量、扬程也不尽相同。

（2）各台泵的实际效率、设备完好性不同。

对于母管制给水泵，并联运行时应考虑以下问题：

（1）选择并联投运的台数及组合，除了应保证向锅炉安全地供给所需的水量外，同时尽可能降低给水母管的压力。一般情况下，保持最低母管压力在安全供水范围的泵组运行台数组合是最经济的。

（2）使各台泵尽量工作在高效区域，负荷变化时，相同容量的泵，应让效率高的泵先开后停。不同容量的泵，应按先小后大安排先开后停。

（3）不论是母管制还是单元制，给水泵启动时投入的再循环管，应在负荷流量达到规定值后及时关闭，避免分流损失。

2. 循环水泵的经济运行

对于单元制循环水系统，当主机负荷或环境条件（如温度、水位等）变化时，根据所配循环水泵的具体型式，或者利用两台容量大小不等的泵通过切换、停启，或者改变动叶片的角度来满足负荷的要求。对于母管制循环水系统，当主机负荷或环境条件变化时，根据循环水量，确定在一定工况下定速运行循环水泵启、停的台数；对于动叶可调或变速调节的循环水泵，可通过计算确定出最优状态下的动叶角度或转速，用以制定实际运行中各种工况下的循环水量调节方案。

（二）风机的经济运行

风机的运行工况有自身的特点。风机在运行中，由于要适应锅炉负荷的变化，风量调节比较频繁，容易出现喘振、抢风等现象。由于积灰、磨损等造成的不平衡振动、漏风、管路或系统设备堵塞及气体温度和密度的变化等原因，出力和效率将会改变，因此，风机经济运行主要是改善其运行条件，具体应注意以下方面：

（1）保持锅炉除尘设备的运行效率，减小引风机的磨损、积灰和不平衡振动。

（2）风机的进、出风道必须保证完好，不能有积灰、堵塞而使管路阻力增大。

（3）运行中随时检查进、出口管道必须严密不漏风。

（4）保持调节机构能灵活调节，运行中应及时根据负荷变化进行调节。

（5）离心式风机如有变速调节装置，则尽量不采用单一的节流调节，而采用变速调节或结合节流调节的方式调节风量。

（6）避免并联运行时的"抢风"现象，使风机尽可能在稳定区域工作，发生"抢风"现象时，采用分流调节方式（开放风门、人孔门、再循环门）增加风机出力，以保证风机安全运行。

（7）一般单台引、送风机能满足70％的额定负荷需要。锅炉点火时及较低负荷时，可停用一台风机，保持单机工作，这时必须将停运风机与系统隔离，以免运行风机因气流倒流循环降低有效出力。

（8）控制好锅炉的排烟温度，以免因气体密度变化而增大引风机消耗的功率。

第三节　叶轮叶片的切割与加长

在转速不变的情况下，叶轮叶片外径的改变对泵与风机的性能曲线有平移作用。D_2 增大，曲线上移；反之曲线下移。故可通过 D_2 的改变来调整离心（混流）式泵与风机的性能。

叶轮外径切割与加长后，与原叶轮在几何形状上已不相似。但当改变量不大时，可以近似地认为叶片切割前后的出口安装角 β_{2y} 不变，流动状态（运动速度三角形）近乎相似，由此可以推导出切割定律，对切割前后的性能参数进行定量分析。

一、切割定律及切割曲线

叶轮外径的改变，对流量、压头、功率的影响在不同的比转数下是不同的。

对于低比转数的泵与风机，其叶轮外径由 D_2 切削到 D'_2 后，叶轮出口宽度几乎没有改变，即 $b_2 = b'_2$，如图6-8（a）所示。若转速保持不变，其流量、压头和功率的变化关系（切割定律）为

$$\frac{q'_V}{q_V} = \frac{\pi D'_2 b'_2 v'_{2r} \psi'_2}{\pi D_2 b_2 v_{2r} \psi_2} = \frac{D'_2 v'_{2r}}{D_2 v_{2r}} = \left(\frac{D'_2}{D_2}\right)^2 \qquad (6-7)$$

$$\frac{H'}{H} = \frac{p'}{p} = \frac{u'_2 v'_{2u}}{u_2 v_{2u}} = \left(\frac{D'_2}{D_2}\right)^2 \qquad (6-8)$$

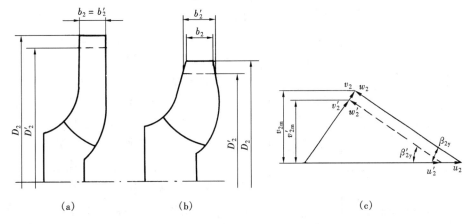

（a）　　　　　　（b）　　　　　　（c）

图6-8　叶轮外径切割

（a）低比转速叶轮；（b）中、高比转速叶轮；（c）叶轮出口速度三角形

$$\frac{P'}{P} = \frac{\rho g q'_V H'}{\rho g q_V H} = \left(\frac{D'_2}{D_2}\right)^4 \tag{6-9}$$

式中 q'_V、H'、p'、P'——切割后泵与风机的流量、扬程、全压、轴功率;

  q_V、H、p、P——切割前泵与风机的流量、扬程、全压、轴功率。

对中、高比转数的泵与风机来说,其叶轮外径由 D_2 切削到 D'_2 后,叶轮出口宽度稍有增大,如图 6-8(b)所示,但可认为切割前后叶轮出口面积近似相等,即 $D_2 b_2 = D'_2 b'_2$。若转速保持不变,其流量、压头和功率的变化关系(切割定律)为

$$\frac{q'_V}{q_V} = \frac{\pi D'_2 b'_2 v'_{2r} \psi'_2}{\pi D_2 v_{2r} \psi_2} = \frac{v'_{2r}}{v_{2r}} = \frac{D'_2}{D_2} \tag{6-10}$$

同理

$$\frac{H'}{H} = \frac{p'}{p} = \left(\frac{D'_2}{D_2}\right)^2 \tag{6-11}$$

$$\frac{P'}{P} = \left(\frac{D'_2}{D_2}\right)^3 \tag{6-12}$$

实际应用切割定律确定切割量时,通常采用绘制切割曲线的方法。现以中高比转数的切割定律为例加以说明。由式(6-10)与式(6-11)消去 (D'_2/D_2) 后可得

$$\frac{H'}{(q'_V)^2} = \frac{H}{(q_V)^2} = K' \tag{6-13}$$

即

$$H = K' q_V^2 \tag{6-14}$$

式(6-14)称为切割曲线方程。由切割曲线方程绘制切割曲线与相似曲线的作法相同。切割曲线上的点反映了切割前后对应工况 H 与 q_V 的变化关系,只有在同一条切割曲线上的点才满足切割定律。要利用切割定律确定切割量,必须通过切割曲线寻找到原性能曲线上与切割后工作点之间满足切割定律的对应工况点。

二、切割定律的应用

通过叶片切割可扩大泵与风机使用范围,以适应工程实际的要求。

应用切割定律可以求出切割后的叶轮外径,并可作出切割后泵或风机的性能曲线。当需要利用切割定律确定切割量 $\Delta D_2 = D_2 - D'_2$ 时,首先应根据比转数大小确定选用合适的切割定律,然后通过切割后(所需)工作点的 q_V 和 $H(p)$ 求出切割曲线方程中的 K',作出切割曲线。用该曲线在原性能曲线上交得工况点的参数与切割后工作点参数之间按相应的切割定律求出切割后的直径 D'_2 即可。

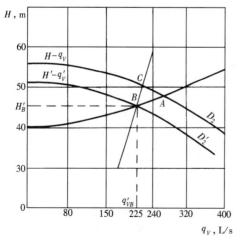

图 6-9 例 [6-1] 用图

【例 6-1】 某电厂有一台 14Sh-13 型离心泵的工作压头长期偏高。为降低泵的轴功率而采用切割叶轮外径的方法,使其扬程降低 5%,问泵的叶轮直径应切割多少?并判断是否在切割极限之内。泵的性能曲线与管道特性曲线见图 6-9。泵叶轮外径 $D_2 = 410mm$。

解 由图 6-9 可查得工作点 A 的扬程 $H_A = 48m$。

而使泵扬程降低 5% 的泵扬程为

$$H'_B = 0.95H_2 = 0.95 \times 48 = 45.6 \text{（m）}$$

根据 H'_B 在管路特性曲线正确定车削后的工作点 B，对应的流量为 $q'_{VB} = 225\text{L/s}$。过 B 点作切割曲线，其切割常数 K' 为

$$K' = \frac{H'_B}{(q'_{VB})^2} = \frac{45.6}{225^2} = 0.000\ 9$$

切割曲线方程式为

$$H = K'q_V^2 = 0.000\ 9q_V^2$$

由表 6-2 所示的数据绘出切割抛物曲线。

表 6-2

q_V（L/s）	160	200	240	280
H（N·m/N）	23.04	36	51.84	70.56

切割抛物曲线绘于图 6-9 中，并与 $q_V - H$ 性能曲线相交 C 点。且 B、C 两点必须满足切割定律。查出 C 点的参数为 $q_{VC} = 235\text{L/s}$，$H'_C = 5\text{m}$。从泵型号中可知该泵比转数 $n_S = 130$，属中比转数叶轮。由式（6-10）得出切割后的直径 D'_2 为

$$D'_2 = D_2 \frac{q'_{VB}}{q_{VC}} = 410 \times \frac{225}{235} = 392 \text{（mm）}$$

叶轮的切削值为

$$\Delta D_2 = D_2 - D'_2 = 410 - 392 = 18 \text{（mm）}$$

$$\frac{\Delta D_2}{D_2} \times 100\% = \frac{18}{410} \times 100\% = 4.39\%$$

由表 6-1 中查得 $n_S = 130$ 时的切削极限量为 14% 左右。显然计算的叶轮切割量低于切割极限量，切割后泵的效率下降很少，满足切割要求。

三、切割极限及注意事项

切割定律是一个近似关系式，叶轮外径的切割量增大，性能换算的误差增大，泵与风机的效率将明显下降。因此，实际应用中叶轮的切割量不允许超出最大切割量。最大切割量随比转数值的增大而减小，见表 6-3。

表 6-3　　　　　　　**不同比转数叶轮的切割极限量与效率下降值**

泵的比转数	60	120	200	300	350	350 以上
允许最大切割量 $D_2 - D'_2/D_2$	20%	15%	11%	9%	7%	0
效率下降值	每切割 10% 下降 1%			每切割 10% 下降 1%		

在应用切割定律进行叶轮切割时要注意以下问题：

（1）切割叶片有两种方式，一种是只切割叶片，不切割前盖与后盘；另一种是盖、盘一起切割。前一种方式较好，对效率的影响可忽略。此外，切割时要逐次试探切割、避免一次切割超量。

（2）切割高比转数离心泵或混流泵时，可采用斜切，前盖板切割量小于后盖板，即切割后前盖直径大于后盘，如图 6-10 所示。也可以只切叶片，保留盖盘。

（3）叶轮切割往往破坏叶轮的动、静平衡，因此，切割后要做转子平衡试验。

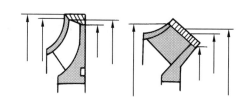

（4）切割后用锉削的方法把叶片末端修复到接近切割前的形状，锉削有两种方法：一是锉削叶片工作面，可恢复原来叶片出口角；二是锉削叶片背面，可扩大叶轮出口有效面积，使流量增加。

（5）对于多级离心泵，如果多余扬程低于单组扬程的 0.2 倍时。只切割末级叶轮的叶片即可；若多余扬程大于 0.2 倍单级扬程时，则

图 6-10　高比转数离心泵及
混流泵的切割方式

首级叶轮之后各级叶轮的叶片都进行切割；多余扬程达一个单级叶轮扬程时，则可拆除一级叶轮。

（6）泵与风机出力不足可以将叶轮加大，叶片加长。其加长量的计算要符合上述关系式，但是一定要进行叶轮、轴强度校核和功率计算，以免电动机过载。

资源46 风机的
检修

思　考　题

6-1　简述泵与风机选型的原则、方法和步骤。

6-2　选型时泵与风机的基本参数如何确定？

6-3　为什么说提高火电厂主要泵与风机及其装置系统的可靠性，是泵与风机节能最重要的节能途径？

6-4　为什么泵与风机的实际裕量往往比安全裕量要大？

6-5　对安全裕量大的泵与风机，如何才能提高其运行经济性？

6-6　当采用入口导流器调节的离心风机的裕量较大时，为什么会导致高效风机低效运行的状况？

6-7　为什么说调节效率高的调节方式未必是最经济的？

6-8　泵与风机改进有哪些常采用的措施？

6-9　为什么说对火电厂风机，通过减少管路系统的局部阻力，对节能往往可取得明显的效果？

6-10　单元制和母管制给水系统中，给水泵经济运行的具体要求有何不同？

6-11　泵与风机节能的主要措施有哪几方面？

6-12　中高比转数泵与风机的切割定律与比例定律有何异同？

6-13　如何利用切割曲线来确定叶轮的切割量？

6-14　泵与风机叶轮的切割为何不能一次完成？

习 题

6-1 某一中比转数离心泵叶轮直径为 $D_2 = 174$mm，泵的性能曲线和工作管路特性曲线如图 6-11 所示，原工作点 A 的流量 $q_{VA} = 27.3$L/s，扬程 $H_A = 33.8$N·m/N，若用切割叶轮外径的方法使流量减少 10%，试求出叶轮的切割量和相对切割量。

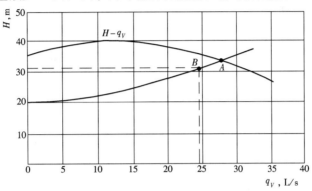

图 6-11 习题 6-1 用图

6-2 某锅炉引风机，叶轮外径 $D_2 = 1.6$m，$p\text{-}q_V$ 性能曲线见图 6-12，因锅炉提高出力，需该风机在 B 点（$q_V = 14 \times 10^4$m³/h，$p = 2452.5$Pa）工作，若采用加长叶片的方法达到此目的，问叶片应加长多少？

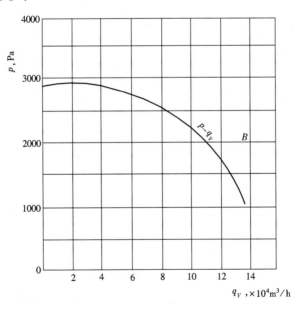

图 6-12 习题 6-2 用图

附录 A　泵与风机的型号编制

　　国产叶片式泵与风机的种类较多，由于用途不同，型号编制方法也有差别，至今尚未统一。下面介绍一些定型的、火电厂中常用的叶片式泵与风机的型号，供查阅。

一、叶片式泵的型号

　　叶片泵的型号由表示名称和型号的基本型号及表示该泵性能参数或结构特点的补充型号组成，见附表 A-1。

1. 基本类型及其代号（列表）

附表 A-1　　　　　　　　　　　　　　泵的基本类型及代号

泵 的 类 型	类型代号	泵 的 类 型	类型代号
单级单吸离心泵	IS(B)	单吸离心式油泵	Y
单级双吸离心泵	S(Sh)	筒型离心式油泵	YT
分段式多级离心泵	D	单级单吸卧式离心灰渣泵	PH
立式多级筒型离心泵	DL	液下泵	FY
分段式多级离心泵首级为双吸	DS	长轴离心式深井泵	JC
分段式锅炉多段离心泵	DG	井用潜水泵	QJ
圆筒型双壳体多级卧式离心泵	YG	单级单吸耐腐蚀离心泵	IH
中开式多级离心泵	DK	高扬程卧式耐腐蚀污水泵	WGF
中开式多级离心泵首级为双吸	DKS	低扬程立式污水泵	WDL
前置泵（离心泵）	GQ	闭式叶轮立式混流泵	HB
多级前置泵（离心泵）	DQ	半开式叶轮立式混流泵	HK
热水循环泵	R	立轴蜗壳式混流泵	HLWB
大型单级双吸中开式离心泵	湘江	单吸卧式混流泵	FB
大型立式单级单吸离心泵	沅江	立式混流泵	HL
卧式凝结水泵	NB	半调节立式轴流泵	ZLB
立式凝结水泵	NL	半调节卧式轴流泵	ZWB
立式多级筒袋型离心式凝结水泵	LDTN	全调节立式轴流泵	ZLQ
卧式疏水泵	NW	全调节卧式轴流泵	ZWQ

2. 型号组成形式

形式一

　　第一组：泵入口（或出口）直径（mm 或 in）

　　第二组：泵的比转数除以 10 的整数值或泵的设计点单级扬程（m）

第三组：泵的级数（单级不表示）

第四组：泵的变型代号（无变型不表示）

【例1】 10Sh-13A 型单级双吸中开卧式清水离心泵，泵吸入口直径为 10in，比转数 n_s＝130，叶轮外径经过第一次切割。

注：S(Sh)型泵输送温度低于 80℃ 的清水或物理、化学性质类似于水的其他液体。

性能参数范围：流量 q_V＝72～12 500m³/h

扬程 H＝10～140N·m/N

【例2】 200D-43×9 型分段式多级离心式清水泵，泵吸入口直径为 200mm，设计点单级扬程为 43（N·m/N），9 级叶轮。

【例3】 800ZLB-125 型半调节单级立式轴流泵，泵出口直径为 800mm，比转数 n_s＝1250。

形式二

第一组：泵入口直径（mm）或设计点流量（m³/h 或 m³/s）

第二组：泵出口直径（mm）或出口压强（kgf/cm²）或设计点单级扬程（m）或比转数 1/10 的整数值

第三组：泵的级数（单级不表示）

第四组：叶轮名义直径（mm）（有时不表示）

【例4】 IS80-65-160 型单级单吸清水离心泵，泵入口直径为 80mm，泵出口直径为 65mm，泵叶轮名义外径为 160mm。

注：IS(B)型泵输送温度低于 80℃ 的清水或物理、化学性质类似于水的其他液体。

性能参数范围：流量 q_V＝6.3～400m³/h

扬程 H＝5～125N·m/N

转速 n＝2900～1450r/min

配用功率 P_0＝0.55～90 kW

【例5】 DG46-30×5 型多级分段式锅炉给水泵，泵设计工作点流量为 46m³/h，泵设计工作点单级扬程为 30（N·m/N），泵级数为 5。

【例6】 DG500-180 型多级分段式锅炉给水泵，泵设计工作点流量为 500m³/h，泵设计点出口压强为 180（kgf/cm²）。

【例7】 LHB8.5-40 型半调节立式混流泵，泵设计工作点流量为 8.5m³/s，n_s＝400。

二、离心式风机的型号

离心风机的型号仍由基本型号和补充型号组成，编制包括：名称、型号、机号、传动方式、旋转方向和出风口位置等六部分内容。基本型号为数字，即为 10 倍全压系数值和比转数。其组成形式如下：

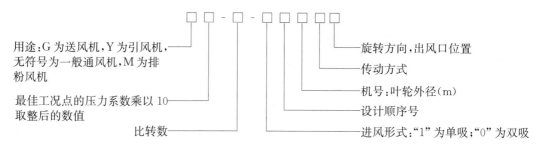

用途:G 为送风机,Y 为引风机,无符号为一般通风机,M 为排粉风机

最佳工况点的压力系数乘以 10 取整后的数值

比转数

旋转方向,出风口位置

传动方式

机号:叶轮外径(m)

设计顺序号

进风形式:"1" 为单吸;"0" 为双吸

【例 8】 Y4-13.2（4-73）-01No28F 右 180°型离心风机型号的意义为：Y-锅炉引风机，4-全压系数为 0.4，13.2-比转数值，0-双吸叶轮，1-第一次设计，28-叶轮外径 $D_2＝28$dm，F-F 型传动方式（见附图 A-1），右 180°-旋转方向为右旋且出风口位置是 180°（见附图 A-2）。

三、轴流式风机的型号

1. 常规型号的组成

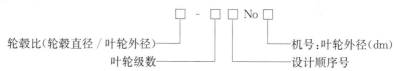

轮毂比(轮毂直径/叶轮外径)

叶轮级数

机号:叶轮外径(dm)

设计顺序号

【例 9】 G0.7-11No23 型锅炉轴流式送风机，轮毂比为 0.7，单级叶轮，第一次设计，叶轮外径为 23dm。

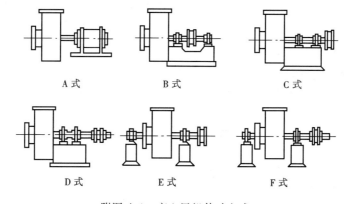

A 式　　　　　B 式　　　　　C 式

D 式　　　　　E 式　　　　　F 式

附图 A-1　离心风机传动方式

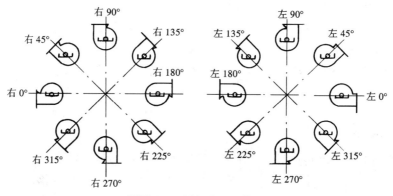

附图 A-2　风机出风口位置

2. 新产品的型号组成

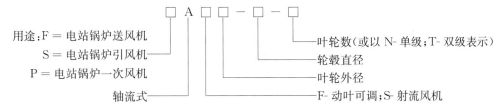

用途:F = 电站锅炉送风机
　　 S = 电站锅炉引风机
　　 P = 电站锅炉一次风机
　　　　　 轴流式

叶轮数(或以 N- 单级;T- 双级表示)
轮毂直径
叶轮外径
F- 动叶可调;S- 射流风机

【例 10】 FAF20-10 1 型锅炉轴流式送风机，动叶可调，叶轮外径为 20dm，轮毂直径为 10dm，一级叶轮。该型式风机由上海鼓风机厂引进德国 TLT 公司专利技术生产，主要用于火力发电厂锅炉送、引风机。

此外，由沈阳鼓风机厂引进丹麦 NOVENCO 公司专利技术生产的 ASN 型轴流风机，其型号组成示例：

$$ASN\text{-}1950/1000$$

A——轴流风机；S——动叶可调。

第三项有四种情况：N——铸铝叶片　单级叶轮，T——铸铝叶片　双级叶轮。
　　　　　　　　　　F——铸钢叶片　单级叶轮，K——铸钢叶片　双级叶轮。

1950——叶轮外径（mm）；1000——轮毂直径（mm）。

附录 B　4-13.18 型离心式风机空气动力学图

1. 4-13.18(4-73)型风机空气动力学图见附图 B-1。
2. 4-13.18(4-73)型风机无因次性能曲线见附图 B-2。
3. 4-13.18(4-73)型风机无因次性能参数见附表 B-1。

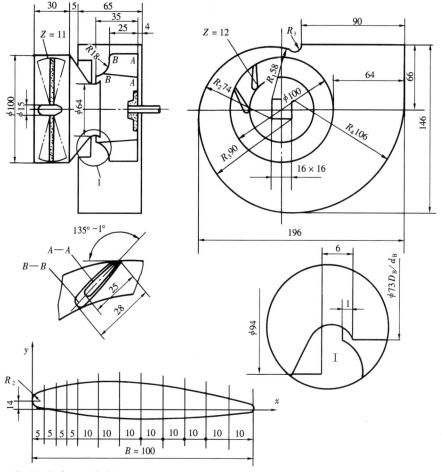

注：$\phi64$ 尺寸，双面进风风机 $\phi68$。

叶片厚度为叶片径向长度 B 的百分数

x	5	10	15	20	30	40	50	60	70	80	90	100
y	4.6	6.0	6.8	7.25	7.6	7.4	6.85	6.08	5.1	3.95	2.65	1.2
$-y$	1.15	1.5	1.7	1.81	1.9	1.85	1.71	1.52	1.28	0.99	0.66	0.30

附图 B-1　4-13.18(4-73)型风机空气动力学图

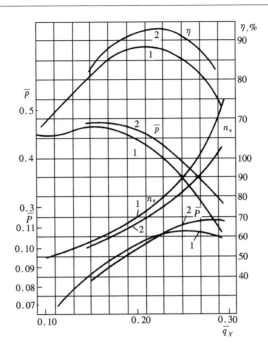

附图 B-2　4-13.18(4-73)型风机无因次性能曲线

1—带进气箱；2—自由进气

附表 B-1　　　　　　　　　4-13.18(4-73)型风机无因次性能参数

$\overline{q}_V$	0.154	0.173	0.192	0.211	0.230	0.249	0.268	0.287
$\overline{p}$	0.470	0.470	0.465	0.454	0.437	0.408	0.372	0.333
n_s	56.5	60.2	64.0	68.0	73.0	80.5	89.0	100
η（%）	83.7	88.5	91.2	92.5	93	90.5	87.2	84

参 考 文 献

［1］ 杨诗成，王喜魁. 泵与风机. 4版. 北京：中国电力出版社，2012.

［2］ 何川，郭立君. 泵与风机. 4版. 北京：中国电力出版社，2008.

［3］ 安连锁. 泵与风机. 北京：中国电力出版社，2008.

［4］ 杨诗成. 轴流风机. 北京：水利电力出版社，1995.

［5］ 徐晓云. 泵与风机. 北京：中国电力出版社，1995.

［6］ 毛正孝，赵友君. 泵与风机. 北京：中国电力出版社，2000.

［7］ 毛正孝. 泵与风机. 2版. 北京：中国电力出版社，2007.

［8］ 侯文纲. 工程流体力学泵与风机. 北京：水利电力出版社，1984.

［9］ 吴民强. 泵与风机. 北京：水利电力出版社，1992.

［10］ 吴民强. 泵与风机节能技术. 北京：水利电力出版社，1994.

［11］ 吴达人. 泵与风机. 西安：西安交通大学出版社，1989.

［12］ 江文贱，杜中庆. 泵与风机. 北京：中国电力出版社，2014.

［13］ 博努力(北京)仿真技术有限公司. 发电集控运维职业技能等级证书培训教材. 北京：中国电力出版社，2020.

［14］ 博努力(北京)仿真技术有限公司. 垃圾焚烧发电职业技能等级证书培训教材. 北京：中国电力出版社，2020.

［15］ 周乃君，乔旭斌. 核能发电原理与技术. 北京：中国电力出版社，2014.

［16］ 王勇. 垃圾焚烧发电技术及应用. 北京：中国电力出版社，2020.